U0754943

编委会

主　编

张永康　宁夏职业技术学院　　　　　　　　　　　副教授

王粉琴　吴忠市红寺堡区农业农村局　　　　　　　高级畜牧师

杨　刚　宁夏职业技术学院　　　　　　　　　　　副教授

副主编

李世满　吴忠市红寺堡区农业农村局　　　　　　　农业技术推广研究员

梁彩云　吴忠市红寺堡区农业农村局　　　　　　　高级兽医师

梁彩琴　彭阳县动物疾病预防控制中心　　　　　　高级兽医师

杨文琳　宁夏职业技术学院　　　　　　　　　　　讲师

徐婧祎　宁夏职业技术学院　　　　　　　　　　　副教授

徐兆坤　宁夏职业技术学院　　　　　　　　　　　助理讲师

编　委

李生虎　宁夏职业技术学院　　　　　　　　　　　副教授

赵　娜　宁夏职业技术学院　　　　　　　　　　　副教授

李　勇　宁夏职业技术学院　　　　　　　　　　　教授

贺林芝　宁夏职业技术学院　　　　　　　　　　　讲师

杨鸿斌　吴忠市红寺堡区农业农村局　　　　　　　高级畜牧师

马建明　吴忠市红寺堡区农业农村局　　　　　　　兽医师

赵小刚　吴忠市红寺堡区农业农村局　　　　　　　高级兽医师

朱鹏智　吴忠市红寺堡区农业农村局　　　　　　　高级兽医师

海　梅　吴忠市红寺堡区农业农村局　　　　　　　兽医师

杜　龙　吴忠市红寺堡区农业农村局　　　　　　　技术员

赵连龙　吴忠市红寺堡区农业农村局　　　　　　　技术员

施新梅　吴忠市红寺堡区农业农村局　　　　　　　兽医师

纳海龙　吴忠市红寺堡区农业农村局　　　　　　　兽医师

马健伟　青铜峡市农业农村局动物疾病预防控制中心　助理兽医师

张　波　盐池县惠安堡镇畜牧兽医站　　　　　　　兽医师

刘岩峰　隆德县神林畜牧兽医工作站　　　　　　　助理畜牧师

慕彦彤　隆德县联财畜牧兽医工作站　　　　　　　助理兽医师

杨魁奇　同心县农业农村局兴隆畜牧兽医工作站　　助理兽医师

张　昊　盐池县青山乡畜牧兽医站　　　　　　　　助理兽医师

ROUNIU YANGZHI JISHU

肉牛养殖技术

张永康 王粉琴 杨 刚 主编

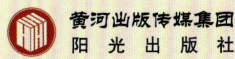

黄河出版传媒集团
阳光出版社

图书在版编目（CIP）数据

肉牛养殖技术 / 张永康，王粉琴，杨刚主编.

银川：阳光出版社，2024.8. -- ISBN 978-7-5525

-7505-7

Ⅰ. S823.9

中国国家版本馆CIP数据核字第 2024NB8247 号

肉牛养殖技术　　　　张永康　王粉琴　杨　刚　主编

责任编辑　马　晖　赵　倩
封面设计　赵　倩
责任印制　岳建宁

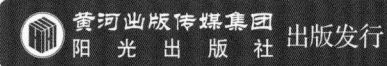 黄河出版传媒集团　阳　光　出　版　社　出版发行

出 版 人　薛文斌
地　　址　宁夏银川市北京东路139号出版大厦（750001）
网　　址　http://www.ygchbs.com
网上书店　http://shop129132959.taobao.com
电子信箱　yangguangchubanshe@163.com
邮购电话　0951-5047283
经　　销　全国新华书店
印刷装订　宁夏凤鸣彩印广告有限公司
印刷委托书号　（宁）0029851

开　　本　880 mm×1230 mm　1/16
印　　张　17.25
字　　数　230千字
版　　次　2024年9月第1版
印　　次　2024年9月第1次印刷
书　　号　ISBN 978-7-5525-7505-7
定　　价　58.00元

版权所有　翻印必究

目 录

第一篇 饲养管理部分 / 001

第一章 牛场建设与环境控制 / 003
第一节 牛场建设 / 003
第二节 牛场配套设施 / 011

第二章 肉牛品种 / 014
第一节 国外优质肉牛品种 / 014
第二节 兼用品种 / 022
第三节 中国黄牛 / 025

第三章 牛的饲料与营养需要 / 031
第一节 牛的消化生理 / 031
第二节 牛的饲料 / 032

第四章 牛的繁殖 / 048
第一节 母牛的发情 / 048
第二节 牛的配种时机与人工授精 / 052
第三节 母牛的妊娠与分娩 / 056

第五章　肉牛的饲养管理 / 065

第一节　肉用牛的饲养管理 / 065

第二节　肉用牛的肥育 / 074

第三节　高档牛肉生产技术 / 086

第四节　肉牛全混合日粮（TMR）调制及饲喂技术 / 089

第五节　常用饲料在肉牛肥育上的应用 / 093

第六章　牛场的经营与管理 / 097

第一节　牛场劳动管理 / 097

第二节　劳动定额管理 / 101

第三节　牛场生产管理 / 102

第四节　牛场经济效益评价 / 103

第五节　牛的产业化经营 / 106

第二篇　疾病部分 / 109

第七章　牛传染病 / 111

第一节　病毒性传染病 / 111

第二节　细菌性传染病 / 122

第八章　牛寄生虫病 / 147

第一节　吸虫病 / 147

第二节　绦虫病 / 150

第三节　原虫病 / 156

第四节　线虫病 / 160

第五节　蜘蛛昆虫病 / 165

第六节　牛皮肤真菌病 / 167

第九章 牛营养代谢病部分 / 170

第一节 糖、脂肪、蛋白质代谢障碍病 / 170

第二节 矿物质代谢障碍病 / 178

第十章 常见内科病防治 / 187

第一节 消化系统疾病 / 187

第二节 呼吸系统疾病 / 225

第三节 循环系统疾病 / 241

第四节 泌尿系统疾病 / 242

第五节 神经系统疾病 / 244

参考文献 / 246

附 录 一般牛场管理防疫制度 / 247

肉牛养殖场人员管理制度 / 247

肉牛养殖场兽医技术员职责 / 248

肉牛养殖场饲料及投入品管理制度 / 249

肉牛养殖场卫生防疫管理制度 / 250

肉牛养殖场药物使用管理制度 / 251

肉牛养殖场消毒管理制度 / 252

肉牛养殖场免疫制度 / 253

肉牛养殖场防疫信息报告制度 / 254

肉牛养殖场外引动物隔离制度 / 255

养殖场无害化处理制度 / 256

养殖场养殖档案管理制度 / 257

养殖场疫病监测及疫情报告制度 / 258

肉牛养殖场检疫申报制度 / 259

肉牛养殖场生产管理制度 / 260

卫生防疫管理制度 / 261

动物防疫制度 / 262

动物免疫制度 / 263

消毒制度 / 264

病死畜禽无害化处理制度 / 265

动物疫情报告制度 / 266

动物检疫申报制度 / 267

进出人员管理制度 / 268

畜禽隔离观察制度 / 269

免疫标识管理制度 / 270

第一篇

饲养管理部分

第一章　牛场建设与环境控制

第一节　牛场建设

一、场址选择

牛场场址的选择要点如下。

1. 规划依据

牛场要依据城镇建设发展规划、农牧业发展规划、农田基本建设规划和农业产业化发展的政策导向等来规划选址。

2. 卫生防疫

牛场要符合兽医卫生和环境卫生的要求，并得到卫生防疫、环境保护等部门审查同意。必须遵循社会公共卫生准则，使牛场不致成为周围环境的污染源，同时也不受周围环境所污染。要与交通要道、工厂及住宅区保持500 m以上的距离，并在居民区的下风向，以防牛场产生的有害气体和污水等对居民的侵害，以利防疫及环境卫生。

3. 市场需求

牛场要适应现代养牛业的发展趋势，因地制宜发展肉牛、奶牛产业，以满足市场的需求。并根据资金、技术、场地和饲料等资源情况确定养殖规模。

4. 地形地势

牛场要求开阔整齐，方形最为理想，地形狭长或多边形都不便于场地规划和建筑物布局。场区面积可根据饲养规模、管理方式、饲料贮存和加工等来确定，同时考虑留有发展余地。如存栏400头奶牛场需要6 hm²以上的场区面积。牛场地势高、干燥，避风向阳，地下水位2 m以下，平坦稍有缓坡，坡度以1%～3%较宜，最大坡度不得超过25%。切不可建在低洼或低风口处，以免汛期积水，造成排水困难及冬季防寒困难。若在山区坡地建场，应选择在坡度平缓，向南或向东南倾斜处，以避北方寒风，有利阳光照射，通风透光。土质以砂壤土为佳，其透水性、保水性好，可防止病原菌、寄生虫卵等生存和繁殖。

5. 饲草来源

牛场应选择牧地广阔，牧草种类多、品质好的场所，牛场附近有可种植牧草的优质土地供种植高产牧草，以补天然饲草不足。南方农区以舍饲为主，更要有足够的饲料饲草基地或饲料饲草来源。若利用草山草坡放牧养牛，也应有充足的放牧场地及大面积人工草地。

6. 水电条件

牛场用水量很大，要有清洁而充足的水源，以保证生活、生产用水。自来水饮用安全可靠，但成本较高。井水、泉水等地下水水量充足，水质良好，且取用方便，设备投资少，是通常的解决方案。切忌在严重缺水或水源严重污染地区建场。现代化牛场饲料加工、饲喂、机械挤奶、牛奶冷却以及清粪等都需要电，因此，牛场要设在供电方便的地方。

7. 交通通信

牛场每天都有大量的饲料、牛奶、粪便和人员的进出。因此，牛场的位置应选择在距离饲料生产基地和放牧地较近，交通通信便利的地方。较大的牛场要有专用道路与主干道相接，供电及通信电缆也需同时考虑。

二、规划与布局

按照畜牧业养殖设施与环境标准化的要求，进行科学规划与布局，使设施与环境达到工厂化生产，以提高集约化程度和生产效率，保证养殖环境的净化和生产安全健康的畜产品。

（一）按功能分区的规划布局

场区的平面布局应根据牛场规模、地形地势及彼此间的功能联系合理规划布局，确保实现两个三分开：即人（住宅）、牛（活动）、奶（存放）三分开；奶牛的饲喂区、休息区、挤奶区三分开。尽量减少脏与净的道路交叉污染。为便于防疫和安全生产，应根据当地全年主风向和场址地势、顺序安排以上各区。

1. 生活区

生活区指职工生活住宅与文化活动区。应在牛场上风向和地势较高地段，并与生产区保持100 m以上距离，以保证生活区良好的卫生环境。为了减少生活区和办公区外来人员及车辆的污染，有条件的应将生活区和办公区设计在远离饲养场的城镇中，把牛场变成一个独立的生产机构，这样既便于生活和信息交流以及商品销售，又有利于牛场疾病的防控。

2. 管理区

管理区或叫生产辅助区，包括与经营管理、产品加工销售有关的建筑物，如办公楼、仓库、产品加工和销售间等，管理区的经营活动经常与社会发生密切的联系。因此，该区的位置应设在靠近交通干线、靠近场区大门的地方，和生产区严格分开，并保证50 m以上距离，外来人员只能在管理区活动，场外运输车辆、牲畜严禁进入生产区。

3. 生产区

生产区应设在场区的较下风向位置，场外人员和车辆不能直接进入生产区，保证生产区安全和安静。大门口应设立门卫传达室、消毒室、更衣室和车辆消毒池，出入人员和车辆必须经消毒室或消毒池进行严格消毒后方可进出。

饲料库、干草棚、饲料加工车间和青贮池，离牛舍要近一些，位置适中一些，便于车辆运送草料，减小劳动强度，但必须防止牛舍和运动场的污水渗入而污染草料。

4. 隔离区

该区是卫生防疫和环境保护的重点，包括兽医室、隔离牛舍、尸体剖检和处理设施、贮粪场与污水贮存及处理设施等。设在生产区内，下风向地势较低处，与生产区应有300 m距离。要注意防止病牛、污水、粪尿等废弃物污染环境。

（二）生产区内的规划布局

1. 充分利用地形地势

以有利于排水，保持牛舍内干燥，便于施工减少土方量，方便建设后的饲养管理为宜。牛舍长轴应与地势等高线平行，两端高差不超过1.0%~1.5%。在寒冷地区，为了防止寒风侵袭，除应充分利用有利地形挡风及避开风雪外，还应使牛舍的迎风面尽量减少，在主风向可设防风林带、挡风墙。在炎热地区，可利用主风向对场区和牛舍通风降温。

2. 合理利用光照，确定牛舍朝向

由于我国养牛省份大部分地处北纬20°～50°，太阳高度角冬季小，夏季大，为使牛舍达到"冬暖夏凉"，应采取南向即牛舍长轴与纬度平行，这样冬季有利于阳光照入牛舍内以提高舍温，而夏季可防止强烈的太阳光照射。因此，在全国各地均以南向配置为宜，并根据纬度的不同有所偏向，偏向东或偏向西。修建牛舍多栋时，应采取长轴平行配置，当牛舍超过4栋时，可以2行并列配置，前后对齐，相距10 m以上。

3. 根据生产工艺进行布局

养牛生产工艺包括牛群的组成和周转方式，挤奶、运送草料、饲喂、饮水、清粪等，也包括测量、称重、采精输精、防疫治疗、生产护理等技术措施。修建牛舍必须与本场生产工艺相结合，否则，必将给生产造成不便，甚至使生产无法进行。

4. 放牧饲养生产区的配置

要考虑与放牧地、打草场和青饲料地的联系。亦即应与放牧地、草地保持较近的距离，交通方便（含牧道与运输道）。放牧季节也可在牧地设野营舍。为减少运输负荷，青饲料地宜设在生产区四周。放牧驱赶距离奶牛1.0～1.5 km，1岁以上青年牛2.5 km，犊牛0.5～1.0 km。

三、养牛小区建设

养牛小区标准化生产是全面提高畜产品质量安全，增强市场竞争力，促进养牛业可持续发展的一项战略性举措。养牛小区具有投资主体多元化、组织形式多样化、管理服务统一化和人畜分离、相对集中、专业饲养、适度规模化等基本特征，是将一家一户分散饲养经营，向规模化、集约化、标准化和产业化生产转变的一种养牛经营模式。

（一）小区的优缺点

1. 有利于控制动物疫病，建立公共卫生防疫体系，确保人畜安全

养牛小区养牛既能充分利用村头荒地和废弃耕地，解决农民群众发展畜牧业无场所的问题，又有利于扩大规模，改变传统的庭院养殖，实现生产区与生活区的分离，实行严格的畜禽养殖、卫生防疫和环境控制标准，达到控制动物疫病，建立公共卫生防疫体系，确保人畜安全的目的。

2. 有利于采用先进的科学技术，提高养牛的生产效率和生产水平，增加农民收入

在小区内养牛客观上形成了一个"比、学、赶、帮、超"的养殖环境，并通过集中培训，提高农民素质，促进新技术、新成果的推广应用，促进畜产品质量的提高，增强市场竞争能力。

3. 有利于缓解小生产和大市场之间的矛盾，提高产业化经营水平，推进结构战略性调整

养牛小区能较好地实现"区域化布局、专业化生产、企业化管理、规模化经营"等产业化发展的要求，同时为各涉农部门为农民服务找到了联系纽带，有利于推进社会化服务，还在客观上形成了一个小市场，便于集中销售和管理。

4. 有利于改善农村居民的生产生活环境，实现经济社会与环境的协调发展

推行小区化养牛，可以大幅度扩大牛群饲养量，既充分利用饲草饲料资源，调整优化畜牧业内部结构，增加农民收入，又可以通过秸秆过腹还田等为农业提供大量的有机肥料，降低种植业生产成本，增强农业生产发展的后劲。

5. 养牛小区的不利因素

由于高度集约化饲养，饲养户数多，技术管理水平参差不齐，环境污染和疾病防控压力大，一旦某一个养殖户牛群发病，很难控制疫情。因此，应注意场与场、户与户之间有一定的距离，防止传染病的交叉感染，同时要做好牛场废弃物的处理和综合利用，防止污染环境。

（二）小区建设的原则

1. 因地制宜，分类指导

根据当地的自然和社会经济条件，结合养牛的特点，充分发挥资源优势，

突出区域特色，因地制宜发展奶牛业、肉牛业。推行以效益为中心的统一规划、统一设计、统一管理、统一服务、统一销售、分户饲养的方式。

2. 政策扶持，科学引导

从实际出发，制定扶持政策，重点加强对分散饲养的规范和引导，加大对适度规模养牛农户的扶持和帮助，推进养殖方式的转变。坚持一区一品，不搞混养。栏舍建设科学适用，既能满足牛只基本需要、符合防疫卫生和环境保护的基本要求，又经济实用。

3. 突出重点，稳步推进

必须有重点、有步骤地围绕优势产区、主导品种，在实现人畜分离和强化动物疫病控制等关键环节上实现突破，稳步推进适度规模养殖，为实现畜牧业现代化奠定基础。按适当集中，适度规模，人畜分离的要求逐步推进。一般肉牛养殖10～20户／区，10～20头／户；奶牛养殖10～20户／区，泌乳母牛5～20头／户。

4. 综合建设，自主经营

既要重视基础设施建设，又要重视小区制度和协会建设，通过小区服务组织不断提高养牛户科技水平、操作技能和组织化程度，不断提高小区综合效益和可持续发展能力。要注意先种草后养牛，以确保草料及时、足额供给。

（三）小区的组织形式

1. "龙头企业＋农户"型

龙头企业和农户共同出资建设，或龙头企业出资建设承租给农户，或龙头企业与合伙人出资建设由合伙人承租给农户，小区作为龙头企业的初级产品生产基地，龙头企业为农户供应种牛、饲料，提供防疫、技术服务，回收产品，龙头企业或合伙人进行小区的管理。

2. 村镇集体投资型

村镇集体出资统一建设承租给农户，或村镇集体提供土地统一设计，由农户自建，规定具有一定的养殖规模的农户进入，村镇集体进行小区管理。

3. 股份制型

这种形式有企业、村镇集体和农户组成的合作社，有农户自发组成的养牛协会，有农户间的自由组合，出资各方协商各自的义务和权益，由选出的管委会或代表进行小区的管理。

4. 政府项目扶持型

地方政府给予设施补贴，或给予优惠政策，或以项目的形式提供基础设施建设，按统一规划设计，农户承租或农户自建，由政府委托的项目单位或乡镇政府进行管理。

四、牛舍建筑与设计

（一）肉牛舍

1. 拴系式肉牛舍

目前国内采用舍饲的肉牛舍多为拴系式，尤其高强度育肥肉牛。拴系式饲养占地面积少，节约土地，管理比较精细，牛只活动少，饲料报酬高。拴系式牛舍内部排列，与奶牛舍相似，也分为单列式、双列式和四列式三种。双列式跨度10~12 m，高2.8~3.0 m；单列式跨度6.0 m，高2.8~3.0 m。每25头牛设一个门，其大小为2.0~2.2 m×2.0~2.3 m，不设门槛。母牛床1.8~2.0 m×1.2~1.3 m，育成牛床1.7~1.8×1.2 m；送料通道宽1.2~2.0 m，除粪通道宽1.4~2.0 m，两端通道宽1.2 m。

最好建成粗糙的防滑水泥地面，向排粪沟方向倾斜1%。牛床前面设固定水泥槽，饲槽宽60~70 cm，槽底为"U"字形。排粪沟宽30~35 cm，深10~15 cm，并向暗沟倾斜，通向粪池。

2. 围栏式肉牛舍

围栏式肉牛舍又叫作无天棚、全露天牛舍。是按牛的头数，以每头繁殖牛占地30 m²、幼龄肥育牛需占用13 m²的比例加以围栏，将肉牛养在露天的围栏内，除树木、土丘等物和饲槽外，栏内一般不设棚舍或仅在采食区和休息区设凉棚。肉牛这种饲养方式投资少、便于机械化操作，适用于大规模饲养。

（二）塑料暖棚牛舍

1. 塑料暖棚采光面与地平面夹角

塑料暖棚采光面与太阳光射入的角度垂直时，所吸收的太阳辐射量最强，也就是得到了太阳辐射最大的热量。根据这一原理，应首先确定本地区在大寒（最冷）这一天，正午时的太阳高度角，即太阳的入射光线与地面所成夹角，以确定塑料暖棚采光面与地平面夹角。

从总体优化角度出发，既考虑塑料暖棚牛舍使用季节内太阳位置的变化又考虑采光面的形状，在暖棚牛舍的南面底脚附近，角度应保持在60°～70°，中部应保持在30°左右，上部靠近屋脊处10°～20°北面斜屋面的仰角应保持一定角度，仰角太小势必遮光太多，屋面的仰角应视使用季节而定，但至少应略大于当地冬至正午时的太阳高度角，以保证冬季阳光能照满后墙，增加后墙的热量，一般应保持在35°～45°。

2. 牛舍的朝向

牛舍的朝向，直接影响牛舍的自然采光及防寒防暑。根据北方地区冬季寒冷且时间长，风多且偏西北这一特点，故畜舍坐北朝南为好，有利于保温。一年中最冷的时间是在大寒前后，而东北、西北早晨比傍晚寒冷得多或是早晨多雾的地区，太阳的辐射强度在9 h后才能达到较大值，因此牛舍的建筑朝向为南向偏西5°～10°为最好。在生产实践中还有比如北京地区，冬季并不严寒且大雾不多，牛舍的建筑朝向为南向偏东5°～10°，可以更充分利用上午的阳光。

3. 牛舍建筑参数

根据牛舍建筑的卫生要求，可设定单排牛舍的跨度为6.80 m，牛的朝向为头朝南尾朝北。

4. 设置通风窗及排气孔

为加强通风，降低湿度，排出有害气体，确保牛舍内的环境卫生符合要求。在北墙设通气窗，每间隔3 m设一通气窗，规格为0.80 m×0.60 m。南墙设地窗，每隔3 m设一个，规格为0.30 m×0.30 m，不同地区可根据棚内温度的高低调节通气量。还可在顶棚设排气孔。

5. 其他要求

在东西两侧各留1.20 m的过道，并用简易门封闭料道，以防止牛进入破坏塑料暖棚。南北墙及山墙厚0.37 m，可用砖或夯实土。塑料膜选用聚乙烯无滴膜（蔬菜大棚用膜），塑料膜可分上下两层设计，有条件的可在夜间加盖棉被、草帘等保温。地面最好采用水泥地面或三合土地面，屋顶采用民房建筑的材料即可。另外，外界的温度适宜时，可以撤去塑料棚膜；搭上遮阳凉棚，可以起到防暑降温的目的。保证棚舍封闭性良好，塑料与墙和前坡的接触处，要用泥封严，要将塑料膜绷紧，并固定牢固，防止被强风刮掉。下雪时，应及时清除塑料膜表面的积雪，当塑料膜出现漏洞时应及时修补。

第二节　牛场配套设施

一、运动场和凉棚

奶牛场必须有较宽敞的运动场，一般为牛舍面积的3~4倍，设在每幢牛舍的一侧，牛可从牛舍直接进入运动场，是牛休息、运动的场所。运动场地面最好用三合土夯实或水泥混凝土地面，要求平坦且有2%的坡度，以利排水，周围应设排水沟，便于排除场内积水，保持运动场地干燥、整洁。

运动场内应设补饲槽和饮水槽，补饲槽的大小、长度根据牛群大小而定，以免相互争食、争饮而打斗。水槽长3~4 m，宽70 cm，槽底40 cm，槽高60~80 cm，槽底向场外开排水孔，以便经常清洗，保持饮水清洁。也可设置自动饮水装置。

夏季炎热，运动场应设凉棚，以防夏季烈日暴晒及雨淋，凉棚应建在运动场中央，以砖木、水泥结构为好，棚顶覆盖石棉瓦隔热。一般棚顶净高3.5 m或略高一点，凉棚地面应为三合土硬地面，大小按成年奶牛每头平均4 m为宜。运动场三面或两面用钢管做栏杆，围栏上管高80 cm、下管高40 cm。围栏也可用砖砌成围墙。运动场可设1~2个250 cm宽的推拉门，以便牛群放牧和运输牛粪。

二、饲料库

饲养牛所需的饲料，特别是粗饲料需求量大，不宜运输。牛场应距秸秆、青贮和干草饲料资源较近，以保证草料供应，减少运费，降低成本。最好在离每栋牛舍的位置都较适中，而且位置稍高的地方建饲料库，既干燥通风，又利于成品料向各牛舍运输。

三、干草棚及草库

尽可能地设在下风向地段，与周围房舍保持50 m 以上距离，单独建造，既防止散草影响牛舍环境美观，又要达到防火安全。

四、青贮窖或青贮池

建造选址原则同饲料库。位置适中，地势较高，防止粪尿等污水浸入污染，同时要考虑出料时运输方便，减小劳动强度。一般1 m³青贮窖容积可贮青玉米600～800 kg。

五、人工授精室

包括采精及输精室、精液处理室、器具洗涤消毒室。采精及输精室应卫生、光线充足；精液处理室的建筑结构应有利于保温隔热，并与消毒室、药房分开，以防影响精子的活力。

六、防疫设施

为了加强防疫，在生产区周围应建造围墙或围栏。生产区门口要有消毒池、消毒间等消毒设施，车辆进入车轮需经消毒池，人员进入需更衣、换鞋，脚踩消毒池，并在消毒间经紫外线照射或喷雾杀菌消毒。

七、兽医室、病牛舍

应设在牛场下风向，而且相对偏僻的一角，便于隔离，减少空气和水的污染传播。

八、粪场及贮尿污水池

每天每头牛要排放粪尿几十千克，一个大型牛场每天排粪量在10 t以上，因此必须有贮粪及贮尿的地方。一般设在牛舍的北面，离牛舍有一定的距离，且方便出粪，方便运输和存放。粪场面积约500 m²，三面有1 m高的砖墙或石墙。贮尿污水池要有1 000 m³，最好是筑塘贮污水，可利用来灌、淋作物，过多时也可排放。

九、牛场绿化

绿化是整个牛场建设的一部分，应有统一的计划和方案。场内绿化应把遮阴、改善小气候和美化环境结合起来考虑。在牛舍、运动场四周以种植树干和树冠高大的乔木为主。牛场的主要道路两旁可种植乔木或灌木与花草结合起来。此外，还应利用一切可以栽种场地、边角地种植各种常绿灌木花草，以美化环境。

第二章　肉牛品种

第一节　国外优质肉牛品种

世界上主要的肉牛品种，按体型大小和产肉性能，大致可分为三大类：一是中小型早熟品种，主产于英国。一般成年公牛体重550~700 kg，母牛400~500 kg。成年母牛体高在127 cm以下为小型，128~136 cm为中型。主要品种有海福特牛、短角牛、安格斯牛等。二是大型品种，主产于欧洲大陆。成年公牛体重1 000 kg以上，母牛700 kg以上，成年母牛体高137 cm以上。代表品种有夏洛来牛、利木赞牛、契安尼娜牛、皮埃蒙特牛。三是兼用品种，多为乳肉兼用或肉乳兼用，主要品种有西门塔尔牛、丹麦红牛、蒙贝利亚牛等。

一、夏洛来牛

（一）原产地及分布

夏洛来牛原产于法国，属大型肉牛品种，目前已成为欧洲大陆最主要的肉牛品种之一。我国于1694年开始从法国引进夏洛来牛，主要分布在内蒙古黑龙江、河南等地。

（二）外貌特征

被毛为全身白色或乳白色，无杂毛色。体形大，体躯呈圆筒状，腰臀丰满，腿肉圆厚并向后突出，常呈"双肌"现象。[①]

---

① "双肌"现象：双肌是肉牛臀部肌肉过度发达的形象称呼，而不是说肌肉是双的或有额外的肌肉，在200年以前就已发现牛的这一现象。

夏洛来牛、皮埃蒙特牛、安格斯牛、利木赞牛、短脚牛、海福特牛等品种中均有出现，其中以夏洛来牛、皮埃蒙特牛双肌性状的发生率较高。

双肌牛胴体优点是脂肪沉积较少，肌肉较多。用双肌牛与一般牛配种，后代有1.2%~7.2%为双肌牛，因不同

图2-1　夏洛来牛

公牛和母牛品种有较大变化。如母本是乳用品种，后代的肌肉量提高2%~3%；母本是肉用品种或杂种肉用品种，则后代的肌肉量提高14%。双肌公牛与一般母牛配种所产犊牛初生重和生长速度均有所提高。

双肌牛的主要缺点是饲养条件要求比较高，在饲料条件差或无补饲条件的地区不能充分发挥其优势；繁殖力较差，怀孕期延长，难产增多。其含双肌基因的品种如皮埃蒙特牛和夏洛来牛等品种只能是做终端杂交公牛，应避免级进杂交。实践证明，我国黄牛及其杂种母牛产犊性能较好，与皮埃蒙特公牛终端杂交，难产率也较低。

（三）生产性能

夏洛来牛生长发育快，周岁前肥育平均日增重达1.20 kg，周岁体重达390 kg。牛肉大理石花纹丰富，屠宰率67%，净肉率57%。犊牛初生重大，公犊46 kg，母犊42 kg，难产率高，平均为13.7%，故有"夏洛来，夏洛来，配上下不来"的说法，即提醒人们注意所配母牛的选择，以防止难产。

（四）适应性及改良效果

夏洛来牛适应放牧饲养，耐寒，耐粗饲，对环境适应性强，是我国肉牛杂交的优秀父系之一。夏洛来牛与西门塔尔改良牛的杂交为出口和涉外宾馆提供了大量的合格肉源，杂交公犊强度肥育之下平均日增重可达1.20 kg。夏洛来牛在眼肌面积改良上作用最好，臀部肌肉发达，在生产西冷和米龙等高价分割肉块方面具有优势。

二、利木赞牛

图2-2　利木赞牛

（一）原产地及分布

利木赞牛原产于法国，也是欧洲重要的大型肉牛品种。我国于1974年开始引入，主要分布于山东、河南、黑龙江、内蒙古等地。

（二）外貌特征

毛色为黄红色，但深浅不一，背部毛色较深，四肢内侧、腹下部、眼圈周围、会阴部、口鼻周围及尾帚毛色较浅，多呈草白或黄白色，角白色，蹄红褐色。体型高大，早熟，全身肌肉丰满。

（三）生产性能

利木赞牛肉嫩，脂肪少，是生产小牛肉的主要品种，国际上常用的杂交父本之一。在良好饲养管理条件下，日增重达1.00 kg以上，10月龄活重达400 kg，12月龄达480 kg。屠宰率64%，净肉率52%。利木赞牛犊牛初生重不大，公犊36 kg，母犊35 kg，难产率不高。

（四）适应性及改良效果

因为利木赞牛毛色非常接近我国黄牛，所以较受欢迎。用于第二或第三次轮回杂交，其后代难产率较低，母犊继续留作母本是比较好的组合。其改良后代后躯变得丰满，体型增大，性成熟提前。

三、皮埃蒙特牛

（一）原产地及分布

皮埃蒙特牛原产于意大利，是目前正在向世界各国传播的肉牛品种。我国于1986年先后引进公牛细管冻精和冻胚。现种牛主要饲养于北京、山东、河南等地。

（二）外貌特征

被毛灰白色，鼻镜、眼圈、肛门、阴门、耳尖、尾帚等为黑色。犊牛初生时为浅黄色，慢慢变为白色。成年牛体型较大，体躯呈圆桶形，肌肉发达，皮薄，各部位肌肉块明显，呈"双肌"现象，外观似"健美运动员"。

（三）生产性能

皮埃蒙特牛以高屠宰率（70%）、高瘦肉率（82%）、大眼肌面积（可改良夏洛来牛的眼肌面积）以及鲜嫩的肉质和弹性度极高的皮张而著名。优质高档肉比例大，是提供优质西式牛排的肉源。犊牛初生重，公犊42 kg，母犊40 kg，难产率较高。早期增重快，周岁公牛体重达400～430 kg。皮埃蒙

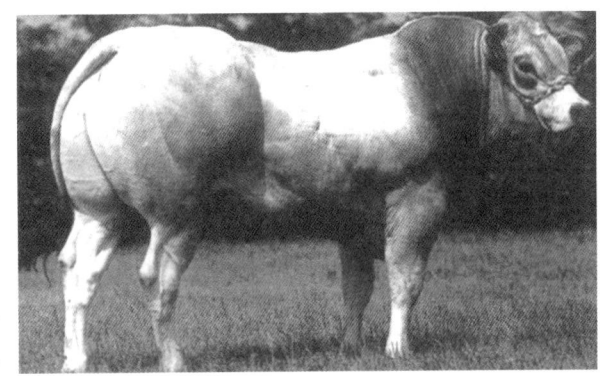

图2-3　皮埃蒙特牛

特牛具有较高产奶能力，280 d产奶量为2 000～3 000 kg。

（四）适应性及改良效果

现在全国12个省（市）推广应用，已显示出良好的杂交改良效果。在河南南阳地区用以改良南阳牛，通过244 d的肥育，2 000多头皮南杂交后代，创造了18月龄耗料800 kg、活重500 kg、眼肌面积114.1 cm²的国内最佳纪录，生长速度达国内肉牛领先水平。

四、契安尼娜牛

（一）原产地及分布

契安尼娜牛原产于意大利，是目前世界上体型最大的肉牛品种，与瘤牛有血缘关系。该品种近年来输入加拿大、阿根廷、巴西等国家。1986年意大利国家研究委员会向我国赠送契安尼娜公牛冻精500份，开始少量与中国南阳黄牛进

图2-4 契安尼娜牛

行杂交试验。

（二）外貌特征

毛色纯白，尾帚呈黑色。除腹部外，皮肤上均有黑色素。犊牛出生时被毛为深褐色，在60日龄内逐渐变成白色。体躯长，四肢高，体格大，结构良好。

（三）生产性能

早熟，初生至18月龄的幼牛生长速度最快。12月龄体重，公牛480 kg，母牛360 kg；18月龄体重，公牛690 kg，母牛470 kg；24月龄体重，公牛850 kg，母牛550 kg。肉品质好，具有大理石纹状结构，而且细嫩。屠宰率58%，瘦肉率也很高。犊牛初生重较大，公犊47～55 kg，母犊42～48 kg，但头额窄，难产少。

（四）适应性及改良效果

契安尼娜牛对环境条件的适应性好，繁殖性能好，一次配种受胎率高达85%。抗晒耐热，宜于放牧。

五、短角牛

（一）原产地及分布

短角牛原产于英国英格兰东北部。约1600年在梯姆斯河流域开始系统选育，1783年前后输往苏格兰和美国等地。1822年开始品种登记，1874年成立品种协会。20世纪初，短角牛已成为闻名的良种肉牛。1950年以后，随着世界奶牛业的发展，一部分短角牛又向乳用方向选育，至今形成了肉用和乳用短角牛两个类型。我国曾多次引入兼用型短角牛，主要饲养在东北、内蒙古、河北等地，并与蒙古牛杂交育成了中国草原红牛。

（二）外貌特征及生产性能

1. 肉用短角牛

外貌特征：被毛以红色为主，也有白色和红白交杂的沙毛个体，相当数量的个体腹下或乳房部有白斑，深红毛色较受重视。鼻镜粉红色，眼圈色淡。头短，额宽平。角短细，向下稍弯，呈蜡黄或蜡白色，角尖黑。颈部被毛长且卷曲，

图2-5 短角牛

额顶有丛生的较长被毛。背腰宽且平直，尻部宽广、丰满，体躯长而宽深，具有典型的肉用牛体型。

生产性能：据英国测定，肉用短角牛200日龄公犊平均体重209 kg，400日龄可达412 kg。肥育期日增重可达1.00 kg以上。母牛泌乳性能好。

2. 兼用短角牛

美国官方称其为乳用短角牛。

外貌特征：与肉用短角牛相似，但乳用特征明显，乳房发达，体格较大，成年母牛体重700～800 kg，公牛1 000 kg，有些成年公牛体重达1 500 kg。

生产性能：平均产奶量3 310 kg，乳脂率3.69%～4.0%，高产牛产奶量可达5 000～10 000 kg，甚至更多。

（三）适应性及改良效果

短角牛耐寒，抗病力强，适于放牧饲养。在东北、内蒙古等地改良当地黄牛，体型改善，体格加大，产奶量提高，杂交优势明显。中国草原红牛的培育形成，充分体现了该品种在我国具有良好适应性和利用价值。

六、海福特牛

（一）原产地及分布

海福特牛原产于英国英格兰西部，是世界上最古老的中型早熟肉牛品种，其培育已有2 000多年的历史，现分布于世界各地，尤其是在美国、加拿大、墨西哥、澳大利亚和新西兰饲养较多。我国在1949年以前就开始引进海福特牛，现分布全国各地。

图2-6　海福特牛

（二）外貌特征

体躯的毛色为橙黄或黄红色，并具"六白"特征，即头、颈垂、耆甲、腹下、四肢下部和尾帚为白色，鼻镜粉红。分有角和无角两种，角呈蜡黄色或白色。公牛角向两侧伸展，向下方弯曲，母牛角尖向上挑起。体型宽深，前躯饱满，颈短而厚，垂皮发达，中躯肥满，四肢短，背腰宽平，臀部宽厚，肌肉发达，整个体躯呈圆筒状，皮薄毛细。初生母犊重32 kg。

（三）生产性能

海福特牛早熟，增重快，从出生到12月龄的平均日增重达1.40 kg，18月龄体重725 kg（英国）。据我国黑龙江省资料，海福特牛哺乳期平均日增重，公犊1.14 kg，母犊0.89 kg，7～12月龄的平均日增重，公牛0.98 kg，母牛0.85 kg。屠宰率一般为60%～65%，经肥育后，可达70%。肉质嫩，多汁，大理石纹好。海福特牛年产奶量1 100～1 800 kg，母性较好。

（四）适应性及改良效果

20世纪70年代以来，我国许多省（区）引入海福特牛改良当地黄牛，一般反映，对南方与北方类型黄牛以及小型中原黄牛的体型、后躯发育、体重增长速度、屠宰率、净肉率、肥育饲料报酬均有较大提高。但是，杂种一代均比当地黄牛行走缓慢，不善攀登，在陡坡山地或植被稀疏的牧场，采食能力不良。

七、安格斯牛

（一）原产地及分布

安格斯牛为英国古老的中小型肉牛品种。现已是美国加拿大等国的主要肉牛品种，现在世界上主要养牛国家都有饲养。我国自1974年开始引入，但现在只在部分区域推广，如山东省滨州地区渤海黑牛的改良。

（二）外貌特征

安格斯牛无角，有红色和黑色两个类型，其中以黑色安格斯为多。头小而方，额宽。体躯深、圆，腿短，颈短，腰部肌肉丰满，有良好的肉用体型。

（三）生产性能

安格斯牛生长快、早熟、易肥育，在良好的饲养条件下，从出生至周岁可保持1.00 kg以上的日增重速度。屠宰率65.0%，净肉率52.0%。安格斯牛体形中等，难产率低。犊牛初生重，公犊36 kg，母犊35 kg。

（四）适应性及改良效果

安格斯牛对环境适应性好，耐粗，耐寒，比蒙古牛对严寒气候的耐受力更强。性情温和，易于管理。改良黄牛，后代生长速度明显加快，但对体形改进不明显。

图2-7　安格斯牛

第二节　兼用品种

现在世界上比较受欢迎的兼用品种，是指其产肉性能和产奶性能均可与一般的专用肉牛和奶牛相媲美。生产中，母牛作"奶牛"，公牛作"肉牛"。我国引入的主要品种有：

一、西门塔尔牛

（一）原产地及分布

西门塔尔牛主产于瑞士，德国、奥地利、法国也有分布，是世界著名的大型乳、肉、役兼用品种。我国自20世纪初即开始引入。我国于1981年成立中国西门塔尔牛育种委员会。经过多年的努力，我国已培育出自己的西门塔尔牛，即"中国西门塔尔牛"。在我国北方各省及长江流域各省区设有原种场。

（二）外貌特征

毛色多为黄白花或淡红白花，头、胸、腹下、尾、四肢及尾帚为白色，皮肤为粉红色。体格高大，成年公牛体重1 000～1 200 kg，体高142～150 cm；成年母牛体重550～800 kg，体高134～142 cm。额与颈上有卷曲毛。四肢强壮，蹄圆厚。乳房发育中等，乳头粗大，乳静脉发育良好。

图2-8　西门塔尔牛

（三）生产性能

西门塔尔牛的肉用、乳用性能均佳。平均产奶量4 000 kg以上，乳脂率4%。初生至1周岁平均日增重可达1.32 kg，12～14月龄活重可达540 kg以上。较好条件下屠宰率为55%～60%，肥育后屠宰率可达65%。犊牛初生重大，公犊为45 kg，母犊为44 kg，难产率较高。中国西门塔尔牛核心群平均产奶量已突破4 500 kg。四川阳坪种牛场77号母牛305 d产奶量达8 400 kg。

（四）适应性及改良效果

西门塔尔牛是至今用于改良我国本地牛范围最广、数量最大，杂交最成功的牛种。西门塔尔改良牛在全国已有700多万头，占到我国黄牛改良数的1／3以上，并形成了不少地方类群，如在科尔沁草原和辽吉平原，川北的乌蒙山区，南疆和北疆不同气候的农牧区，太行山区等都发挥了很好的经济效益，是异地肥育基地架子牛的主要供应区。

西门塔尔牛的杂交后代，体格明显增大，体型改善，肉用性能明显提高。在2～3个月的短期肥育中一般具有平均日增重1.13～1.25 kg的水平，有的由于补偿生长在第一个月达到平均2.00 kg的速度。16月龄屠宰时，屠宰率达55%以上；强度肥育，20月龄屠宰时，屠宰率达60%～62%，净肉率为50%。它的另一个优点是能为下一轮杂交提供很好的母系，后代母牛产奶量成倍提高。

二、丹麦红牛

（一）原产地及分布

丹麦红牛原产于丹麦。1878年形成品种。以乳脂率、乳蛋白率高而著称。我国从1984年开始引进，饲养于吉林省畜牧兽医研究所和西北农林科技大学等地。

（二）外貌特征

被毛为红或深红色，公牛毛色通常较母牛深。鼻镜浅灰至深褐色，蹄壳黑色，部分牛只乳房或腹部有白斑毛。皮薄而有弹性。体型大，体躯深、长，胸宽，背腰平直，四肢粗壮结实。角短且致密。乳房大，发育匀称。成年公牛体重1 000～1 300 kg，体高148 cm，成年母牛体重650 kg，体高132 cm。犊牛初生重40 kg。

（三）生产性能

该品种具有较好的乳用性能。美国2000年53 819头母牛的平均产奶量为

7 316 kg，乳脂率4.16%；高产牛群的平均产奶量9 533 kg，乳脂率4.53%；最高单产12 669 kg，乳脂率5%。丹麦红牛也具有良好产肉性能，12~16月龄小公牛，在良好的肥育条件下，平均日增重可达1.01 kg，屠宰率57%，胴体瘦肉率65%~72%。

（四）适应性及改良效果

1984年我国首次引进丹麦红牛30头，分别饲养在吉林省畜牧兽医研究所和西北农林科技大学等地。据测定，平均产奶量为5 400 kg，高产个体达7 000 kg以上，乳脂率4.21%。用于改良秦川牛，杂种一代平均初生重30~32 kg，母牛头胎平均产奶量1 750 kg，高产个体可达2 415 kg，其乳脂率为5%。

三、蒙贝利亚牛

（一）原产地及分布

蒙贝利亚牛原产于法国东部。我国部分省份有饲养，用于改良西门塔尔牛与本地黄牛的杂交后代。

（二）外貌特征

被毛具有明显的"胭脂红色花斑"，有色毛主要分布在颈部、尾根与坐骨端，其余部位多为白色。体型高大，成年公牛体重900~1 100 kg，体高148 cm；成年母牛体重650~750 kg，体高136 cm。后躯发达，乳房发育好。犊牛初生重，公牛46.0 kg，母牛42.4 kg。

（三）生产性能

乳房结构好，排乳速度快，适于机械化挤奶。2001年，法国374 869头蒙贝利亚牛平均产奶量6 110 kg，乳脂率3.88%，乳蛋白3.24%蒙贝利亚牛生长速度快。12月龄公牛体重为354.7 kg，母牛255.6 kg。18月龄公牛体重485.4 kg，母牛339.6 kg。24月龄公牛体重531.1 kg，母牛416.2 kg。以玉米青贮为主的日粮饲养到14~15月龄屠宰，日增重可达1.20~1.35 kg。

四、中国草原红牛

（一）原产地及分布

中国草原红牛为乳肉兼用型品种，主产于中国吉林白城地区、内蒙古赤峰市、锡林郭勒盟南部和河北张家口地区。它是用乳肉兼用型短角牛与蒙古牛级进杂交二、三代后，横交固定、自群繁育而成的一个新品种。1985年8月20日，经农牧渔业部授权吉林省畜牧

图2-9　中国草原红牛

厅，在内蒙古赤峰市对该品种进行了验收，正式命名为中国草原红牛，并制定了国家标准。

（二）外貌特征

毛色多为深红色，少数牛腹下、乳房部分有白斑，尾帚有白毛。全身肌肉丰满，结构匀称。乳房发育较好。成年公牛体重825.2 kg，体高138 cm；成年母牛体重482 kg，体高119 cm。犊牛初生重，公犊31.9 kg，母犊30.2 kg。

（三）生产性能

泌乳期220 d，平均产奶量1 662 kg，乳脂率4.02%，最高个体产奶量为4507 kg。产肉性能亦好，肉质良好，纤维细嫩，肌肉呈大理石状。据测定，18月龄的阉牛，经放牧肥育，屠宰率为50.8%，净肉率为41%。短期催肥的屠宰率为58.1%，净肉率为49.5%。中国草原红牛耐粗饲，适应性强。

第三节　中国黄牛

《中国牛品种志》载有黄牛品种28个，按地理分布区域和生态条件，将我

国黄牛分为中原黄牛、北方黄牛和南方黄牛三大类型。中原黄牛包括分布于中原广大地区的秦川牛、南阳牛、鲁西牛、晋南牛、郏县红牛、渤海黑牛等品种。北方黄牛包括分布于内蒙古、东北、华北和西北的蒙古牛，吉林、辽宁、黑龙江3省的延边牛，辽宁的复州牛和新疆的哈萨克牛。产于东南、西南、华南、华中、台湾以及陕西南部的黄牛均属南方黄牛。我国黄牛品种，大多具有适应性强、耐粗饲、牛肉风味好等优点，但大都属于役用或役肉兼用体型，体型较小，后躯欠发达，成熟晚、生长速度慢。

一、蒙古牛

（一）原产地及分布

蒙古牛原产于蒙古高原地区，广泛分布于内蒙古、黑龙江、新疆、河北、山西、陕西、宁夏、甘肃、青海、吉林、辽宁等省（自治区）。在内蒙古，主要分布湿润度在27%以上的草原地区。乌珠穆沁牛属蒙古牛的一个优良种群，素以体大、力强、肉多、味美而驰名。

（二）外貌特征

毛色多为黑色或黄色，次为狸色、烟熏色。头短宽、粗重，角长、向上前方弯曲，呈蜡黄或青紫色。体格中等，四肢粗短，乳房发育良好。

（三）生产性能

泌乳力较好，产后100 d平均产奶量518.0 kg，平均乳脂率5.22%；中等体况

图2-10　蒙古牛

阉牛屠宰率53.0%，净肉率44.6%，眼肌面积56.0 cm²。终年放牧，在 −50～35℃不同季节能常年适应，抓膘能力强，发病率低。

二、秦川牛

（一）原产地及分布

秦川牛主产于陕西省渭河流域的关中平原，其中以兴平、乾县、礼泉、武功、扶风和杨陵、秦都等地最为著名。

图2-11　秦川牛

（二）外貌特征

毛色以紫红色最多，其次是红色，也有少数红黄色个体。鼻镜、眼睑及角多为粉红色。角短而钝，多向外下方或向后稍弯。中躯长广，后躯较短。

（三）生产性能

在中等饲养水平下，18月龄时的平均屠宰率为58.3%，净肉率为50.5%，眼肌面积79.82 cm²；产后100 d母牛产奶量715.8 kg，乳脂率4.70%。母牛可繁殖到14～15岁，个别可达17～20岁。

三、南阳牛

（一）原产地及分布

南阳牛主产于河南省南阳盆地、白河及唐河流域广大平原地区。开封和洛阳等地也有少量分布。

（二）外貌特征

毛色有黄、红、草白3种，以深浅不等的黄色为最多，一般牛的面部、腹下和四肢下部毛色较浅。公牛角基较粗，以萝卜头角为主；耆甲高，肩峰

图2-12　南阳牛

8～9 cm。母牛角较细。胸部深度不够，体长不足，后躯发育较差。

（三）生产性能

产肉性能良好，15月龄肥育牛，屠宰率55.6%，净肉率46.6%，眼肌面积73.14 cm²；泌乳期6～8个月，产奶量600～800 kg。已被全国22个省区引入，与当地黄牛的杂种牛适应性、采食性和生长能力均较好。

四、晋南牛

（一）原产地及分布

晋南牛主产于山西省西南部的运城、临汾地区，其中以万荣、河津和临猗三县数量最多、质量最好。

（二）外貌特征

毛色以枣红为主，鼻镜粉红，顺风角，体大结实，颈短粗，胸宽深，臀端较窄。

图2-13　晋南牛

（三）生产性能

肉用性能较好，18月龄时屠宰，屠宰率53.9%，净肉率40.3%；经强度肥育后屠宰率59.2%，净肉率51.2%，眼肌面积79.00 cm²；成年阉牛屠宰率62.6%，净肉率52.9%。

五、鲁西牛

（一）原产地及分布

鲁西牛主产于山东省西南部的菏泽、济宁地区，其中郓城、鄄城、梁山三县为纯种繁育区。聊城和泰安也有分布。

图2-14　鲁西牛

（二）外貌特征

毛色以黄色为主，多数牛具有"三粉"特征，即眼圈、腹下与四肢内侧毛色较浅，呈粉色。公牛多平角或龙门角；母牛角形多样，以龙门角居多。体格较大，后躯欠丰满。

（三）生产性能

肉用性能良好，18月龄肥育，公、母牛平均屠宰率为57.2%，净肉率为49.0%，眼肌面积76.65 cm²。肉质良好，大理石纹明显，市场占有率较高。

六、延边牛

（一）原产地及分布

延边牛又称朝鲜牛，主产于吉林省延边朝鲜族自治州的延吉、和龙、汪清、珲春及毗邻各省，分布于东北三省。

（二）外貌特征

毛色多黄色，鼻镜淡褐带黑斑，被毛长而密。公牛头方额宽，角基粗大，多向外后方伸展成一

图2-15　延边牛

字形或倒八字角；母牛角细而长，多为龙门角。四肢较高。

（三）生产性能

适于水田作业，善走山路。180 d肥育牛平均屠宰率57.7%，净肉率47.2%，眼肌面积71.00 cm²；泌乳期6～7个月，产后100 d产奶量500～700 kg，乳脂率5.8%～8%；耐寒，耐粗饲，抗病性好，适应能力强。

第三章　牛的饲料与营养需要

第一节　牛的消化生理

一、消化特点

牛是反刍动物,胃分四室:瘤胃、网胃、瓣胃和皱胃,只有皱胃能分泌胃液,又称真胃。由于反刍动物消化器官的特殊构造,草料进入口腔稍加咀嚼就经食道进入瘤胃,在瘤胃内浸泡、软化、混合发酵。之后经过反刍仔细咀嚼再咽入瘤胃、网胃中进一步发酵,从而产生挥发性脂肪酸(VFA),被瘤胃和网胃壁吸收进入血液。剩余食糜经皱胃进行消化吸收,进入小肠,经继续消化吸收进入血液,最后随粪便排出体外。因此,牛具有两个特殊的消化特点。

（一）瘤胃消化

牛消化道长,容积大,成年牛胃容量平均为193 L。其中瘤胃容量约占4个胃总容量的80%。瘤胃虽然不分泌消化液,但它却有强大的肌肉环和多种微生物的活动,使牛能大量利用粗纤维饲料,利用非蛋白氮合成菌体蛋白质,从而使瘤胃成为牛体内一个庞大的、高度自动化的饲料发酵罐。因此,牛的第一个特殊的消化特点是:瘤胃具有大量贮存、加工和发酵食物的特殊功能。

（二）反刍

牛采食粗糙,草料仅混以大量唾液形成食团进入瘤胃,使食物搅拌发酵,通过反刍才能得以消化。反刍包括逆呕、再咀嚼、再混唾液和再吞咽4个过程。正常情况下牛采食后0.5～1.0 h后开始反刍,每昼夜反刍6～8次,每次40～50 min,每昼夜分泌唾液100～200 L。因此,牛的第二个特殊的消化特点是:通过反刍,调节瘤胃的消化代谢。

二、采食特性

牛的唇不灵活，不利于采食饲料，但牛的舌长、坚强、灵活，舌面粗糙，适于卷食草料，并被下腭门齿和上腭齿垫切断而进入口腔。同时，由于牛的特殊消化方式，采食的草料进入瘤胃后形成的食团又定期地经过反刍回到口腔，经二次咀嚼后再行咽下，方可消化。而且牛的消化道长，容积大。因此，牛的采食特点是：进食草料速度快而咀嚼不细，每顿进食量大，采食后有卧槽反刍（倒嚼）的习惯，且反刍时间长。在适宜温度下自由采食时间一般为每昼夜6～7 h，气温高于30 ℃，白天的采食时间就会减少，因此炎夏要注意早晨和晚上饲喂。牛的采食量按干物质计算，一般为自身体重的2%～3%，个别高产奶牛可高达4%。

根据上述特点，在牛的实际饲养中，首先应满足其大量采食的需要，给以饱食的饲料量。饲料应以粗饲料为主，适当搭配精料，做到适口性强、多样化和相对稳定。安排生产时应给予充分的休息时间（要求每天使役时间不要超过12 h）和安静舒适的环境，以保证牛正常反刍（牛反刍时不能惊扰，否则反刍会立刻停止）。要加强草料卫生管理，喂前过筛，防止牛吃进铁钉、玻璃碴、塑料等异物，造成胃、心包膜的创伤和瘤胃积食等，同时注意误食毒草。另外，饲料类型不可骤变，应逐渐更换，以利牛体健康。

第二节　牛的饲料

一、牛常用饲料的特性

饲料的分类方法比较多，最早广泛使用的方法是根据饲料营养价值区分为粗饲料、精饲料及特殊饲料。我国习惯的饲料分类方法主要依据饲料物理性状、化学组成、来源及饲料消化率、生产价值等条件，把饲料分为植物性饲料、动物性饲料、矿物质饲料和其他添加剂饲料等。详细分类见图3-1。

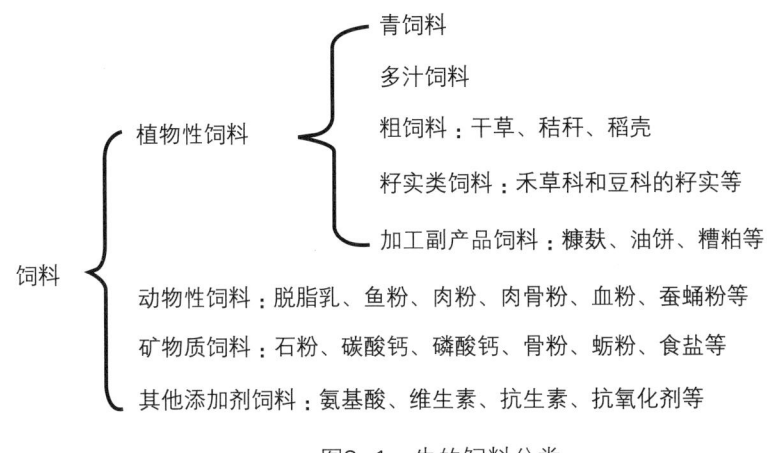

图3-1　牛的饲料分类

（一）主要粗饲料的特性

粗饲料的营养特点：饲料干物质中粗纤维高于18%或细胞壁含量高于35%的饲料均属粗饲料，例如，干草类、农副产品类（荚、壳、藤、蔓、秸和秧等），糟渣类和树叶类等。为了方便起见，分别讨论干草、秸秆和秕壳类饲料的营养特点。

干草是指植物在生长阶段收割后干燥保存的饲草。大部分调制的干草，是指牧草在未结籽前收割的草。制备干草的目的，一是保存青草中的营养物质，保证单位面积生产最多的营养物质；二是在牧草生长旺季，储备大量的干草，使青饲料中水分由65%~85%降低到20%以下，达到长期保存的目的，以补家畜冬季和初春时饲草的不足。

在各类粗饲料中，干草的营养价值最高。其营养价值的高低取决于制作干草的青饲料种类、收割的生长阶段和调制及贮藏的方法。由豆科植物制成的干草，蛋白质和钙含量较多；禾本科植物的蛋白质和钙的含量少。

（二）主要精饲料的特性

精饲料是指可消化营养物质含量高，体积小，粗纤维含量少，用于补充牛基本饲料中能量和蛋白质不足的一类饲料。

1. 玉米

玉米被称为"饲料之王"，是牛最主要的能量饲料。含产奶净能8.66 MJ/kg，肉牛综合净能8.06 MJ/kg；粗蛋白质含量较低，约为8.6%，且品质不佳，但过瘤胃值高。钙、磷均少且比例不适。由于粗纤维含量极少，有机物的消化率达90%。

2. 大麦

粗蛋白含量为12%左右，且品质较好。产奶净能约8.20 MJ/kg，肉牛综合净能7.19 MJ/kg。脂溶性维生素含量偏低，不含胡萝卜素。粗纤维含量5%左右，有机物消化率85%。

3. 高粱

含产奶净能7.74 MJ/kg，肉牛综合净能6.89 MJ/kg。粗蛋白质含量略高于玉米，为8.7%。有机物消化率55.8%。因含单宁适口性差，而且喂牛易引起便秘，一般用量应不超过日粮的20%，与玉米配合使用可使效果增强。

4. 燕麦

含产奶净能7.66 MJ/kg，肉牛综合净能6.96 MJ/kg。粗蛋白质11.6%，品质优于玉米。粗纤维9%左右。脂溶性维生素和矿物质较少。总营养价值低于玉米。

5. 麦麸

数量最多的是小麦麸，其营养价值因出粉率的高低而变化。一般含产奶净能6.53 MJ/kg，肉牛综合净能5.86 MJ/kg，粗蛋白质14.4%，粗纤维含量较高。质地膨松适口性好，具有轻泻作用。母牛产后日粮加入麸皮，可调养消化机能。大麦麸在能量、粗蛋白质和粗纤维上均优于小麦麸。

此外，亚麻饼（粕）、葵花饼（粕）、花生饼（粕）都可作为牛蛋白质补充料。粉渣、酱渣、豆腐渣、酒糟等均是牛的好饲料，特别是肥育肉牛，效果十分显著。

（三）矿物质和维生素

1. 矿物质饲料

矿物质饲料是为牛补充钙、磷、氯、钠等元素的饲料，可直接用食盐、石粉、碳酸钙、磷酸氢钙等含上述元素的物质饲喂。微量元素以添加剂的形式补充。

食盐主要成分是氯化钠，用以补充饲料中氯和钠不足，并可提高饲料适口性，增加食欲。喂量一般占风干日粮的0.5%~1%，过多会引起中毒。放牧牛可制成盐砖舔食。

石粉、贝壳粉、碳酸钙均是补充钙的廉价矿物质饲料，含钙分别为38%、33%、40%。磷酸氢钙、磷酸二氢钙、磷酸钙是常用的无机磷源饲料，含钙分别为23%、20%、39%，含磷分别为20%、21%和20%。

2. 维生素饲料

是为牛提供各种维生素的饲料，一般由工业合成。牛的瘤胃微生物可合成维生素 K 和 B 族维生素，肝、肾可合成维生素 C，除犊牛和产奶牛外，不需额外添加。喂牛主要需补充维生素 A、维生素 D、维生素 E。此外，青绿饲料、酵母、胡萝卜等因富含维生素，通常也可作为补充维生素的饲料使用。

（四）非蛋白氮饲料

尿素等非蛋白氮化合物虽然不是蛋白质，却能为牛瘤胃微生物蛋白质的合成提供氮源，进而满足牛对蛋白质的需要。在牛日粮中合理添加非蛋白氮可以节省紧缺昂贵的蛋白质饲料资源，又可降低饲养成本，提高经济效益。

1. 尿素

来源广，价格低，含氮量高。1 kg 尿素相当于6.5 kg 豆粕，可使生长牛增重2 kg。日粮蛋白质水平低于10%时使用效果较好，用量为日粮精料量的1%，或每100 kg 体重20～30 g。但尿素在瘤胃分解速度很快，超过微生物利用速度，饲喂不当或过量会造成中毒。所以在饲喂时应注意：①不能在饥饿状态下饲喂；②不能将尿素溶解在水中直接饲喂，饲喂尿素前后2 h 内不可饮水；③严禁与含脲酶高的饲料如生大豆、生豆饼、豆料牧草等混喂；④犊牛不能喂；⑤一旦饲喂，中间不能间断；⑥喂前必须与混合饲料混合均匀。若同时添加矿物元素硫（N∶S=7.5～15∶1）效果更佳。

2. 磷酸脲

又称尿素磷酸盐，是一种有氨基结构的磷酸复合盐。含氮量17.7%，磷19.6%，特点是在瘤胃中释放和传递速度慢，而不致引起氨中毒。饲喂量一般按每100 kg 体重18～20 g。磷酸脲易溶于水，溶液呈酸性，能使青贮饲料 pH 很快达到4.2～4.4，同时具有防腐杀菌作用，可作为青贮料添加剂使用。

3. 缩二脲

又称双缩脲，含氮量34.7%。在瘤胃中释氨缓慢，与碳水化合物代谢的速度较匹配,适合瘤胃微生物的繁殖,适口性也优于尿素。可代替日粮总蛋白质含量的30%,但价格较贵。

4.异丁叉双脲

异丁叉双脲是比较安全的非蛋白氮饲料,含氮量32.2%,1 kg相当于5 kg豆饼。一般用量为精料量的1%~1.5%,不仅可提高增重速度,还可抑制瘤胃甲烷产生,提高饲料利用率。

5.其他非蛋白氮饲料

为了提高尿素的利用率,将尿素制成糊化淀粉尿素,糖蜜尿素舔砖、包被尿素等,应用效果明显。此外,氨、羟甲基脲、脂肪酸脲、硫酸铵、磷酸铵、氯化铵等化合物也可作为牛非蛋白氮来源。

二、牛饲料的加工调制与贮藏

(一)精饲料的加工调制

精饲料虽然适口性好,但比较坚实,加工调制可便于牛咀嚼和反刍,并为合理和均匀搭配饲料提供方便,还可提高养分的消化利用率。

1.粉碎与压扁

粉碎是最常用的加工方法,牛精饲料粉碎粒度不可过细,直径以1~2 mm为宜。压扁是将谷物饲料用蒸汽加热至120 ℃左右,再用特制压片机压成1 mm厚的薄片,迅速干燥。由于压扁饲料中的淀粉经加热糊化,喂牛消化率明显提高。

2.浸泡

将谷物或饼类饲料放于缸内,每100 kg饲料加150 kg水浸泡,使饲料软化,容易消化。含有单宁、棉酚等物质的饲料浸泡后毒素和异味减轻,可提高适口性。浸泡时间应根据季节和饲料种类而异,防止饲料变质。

3.热处理

热处理可降低饲料蛋白质的降解率,但过度加热也会降低蛋白质的消化率,还会造成氨基酸、维生素的损失。使用YG-Q型多功能糊化机进行豆粕糊化处理，使蛋白质降解率显著下降，方法简单易行。

4. 蛋白质饲料的化学处理

（1）甲醛处理

甲醛可与蛋白质分子的氨基、羟基、硫氢基发生烷基化反应而变性，避免被瘤胃微生物降解。方法是将饼粕粉碎，过筛2.5 mm，然后按每100 kg粗蛋白质用36%甲醛0.6~0.7 g加水20倍稀释后喷雾，拌匀密封24 h后风干即可。

（2）锌处理

锌盐可沉淀部分蛋白质，从而降低饲料蛋白质在瘤胃的降解。方法是将硫酸锌溶解于水，豆粕∶水∶硫酸锌为1∶2∶0.03，拌匀后放置2~3 h，50~60 ℃烘干。

5. 饼类的脱毒处理

棉籽饼、菜籽饼等饼类饲料含有毒素，喂前应脱毒处理。

棉籽饼脱毒的方法有硫酸亚铁水溶液浸泡法：将1.25 kg工业用硫酸亚铁溶于125 kg水，浸泡50 kg粉碎的棉籽饼搅拌数次，经24 h即可饲喂。

菜籽饼脱毒方法主要有土埋法：在干燥地方挖2 m的坑，铺草席，将粉碎的菜籽饼按1∶1加水浸泡后，填入坑内，用土覆盖，60 d后即可饲用。

（二）干草的制作

生长的牧草含水量70%~80%，而能贮藏的干草，一般北方地区含水量为17%以下，南方地区为14%以下。制作干草的目的在于获得容易贮藏并能尽量保持原来牧草的营养价值和具有较高消化率及适口性的优质饲草。

目前，调制干草的方法基本分为两种，一种是自然干燥法，一种是人工干燥法。调制的方法不同，养分损失差别很大。

1. 自然干燥

牧草收割后，虽与根部脱离了联系，但植物体内细胞还未立即死亡，它们仍然进行着呼吸和蒸腾作用，使营养物质损失5%~10%。细胞死亡后，在各种酶的作用下，植物体内继续进行着氧化分解作用，直到水分降至18%左右时，细胞内各种酶的作用才停止。此外，日光照射使胡萝卜素氧化破坏，若遭雨淋，可溶性矿物质、糖、氨基酸等会发生流失，使营养物质进一步损失。为减少营养损失，牧草收割后先就地铺成薄层，在太阳下暴晒，尽量在短时间内将水分降至40%～50%，使植物细胞尽快停止呼吸。然后用搂草机搂成松散的草垄继续干燥4～5 h，含水量约为38%时（叶子开始脱落前）集成0.5～1 m高的小草堆（以减少暴晒面积），继续干燥1.5～2 d，水分降至14%～17%（用手成束紧握时，发出沙沙响声和破裂声，草束反复折曲时易断，搓揉的草束能迅速、完全地散开，叶片干而卷曲）即可贮藏。

试验证明，牧草干燥过程中叶子开始脱落的时间，禾本科是叶子含水22%～23%，豆科在叶子含水26%～28%，而此时植物整株含水量为35%～40%，为了避免和减少叶子脱落损失，搂草和集草时应保持整株含水量35%～40%。

2. 人工干燥

有常温鼓风干燥、低温干燥和高温快速干燥等多种。

（1）常温鼓风干燥 割后的牧草在田间晒至水分为40%～50%时，再放置于设有通风道的干草棚内，用鼓风机进行常温吹风干燥，使水分降至14%～17%即可。

（2）低温干燥 采用加热的空气，将青草水分烘干。干燥温度如为50～70 ℃，需5～6 h，如为120～150 ℃，经5～30 min完成干燥。将未经切短的青草置于浅箱或传送带上，送入干燥室（炉）干燥。所用热源多为固体燃料。浅箱式干燥机每日可生产干草2 000～3 000 kg，传送带式干燥机生产量为200～300 kg/h。

（3）高温快速干燥 将牧草切成20～30 mm碎段，放入烘干机中，通过高温空气，使之迅速干燥，然后把草段制成草粉或草块等。干燥时间长短取决于干燥机性能，在数秒钟到数分钟内使牧草含水量从80%～90%降至10%～12%。虽然有的烘干机内热空气温度可达1 100 ℃，但牧草的温度一般不超过30～35 ℃，所以养分可保存90%以上，消化率并不降低，几乎与青草一样。

（三）青贮饲料的加工与质量标准

1. 青贮的原理及基本条件

在密封缺氧环境中附着在青贮原料上的乳酸菌大量繁殖，从而将饲料中的可溶性糖和淀粉变成乳酸。当乳酸积累到一定程度后，便抑制腐败菌的生长，使饲料不会发霉变质，从而将其营养特性长时间保存下来。

青贮成败的关键是能否创造条件，保证乳酸菌的迅速繁殖。乳酸菌大量繁殖必须具备以下几个条件：

（1）适量的含糖量 这是乳酸菌作用的主要养分来源，青贮原料中含糖量不宜少于1.0%～1.5%。用含碳水化合物较多的玉米秸、高粱秸和禾本科牧草等青绿多汁类饲料做青贮原料比较好，而用含蛋白质较多、碳水化合物较少的豆科牧草等青贮时，需添加5%～10%的富含碳水化合物的饲料，以保证青贮饲料的品质。

（2）适宜的水分 一般青贮原料含水量应在65%～75%，原料粗老时需加水使水分含量提高至75%～78%。

（3）缺氧环境 青贮时必须创造适宜乳酸菌活动的厌氧条件，抑制腐败菌的活动。

（4）适宜的温度 一般以19～37 ℃为宜。踏紧压实的青贮饲料发酵过程中温度最高不会超过38 ℃。

（5）青贮设备 青贮窖、青贮塔、青贮壕及塑料袋等。

2. 青贮方法

青贮工序包括切碎、装填、压实、密封和管护等。

（1）切碎 切碎有利于排除原料间隙中的空气，创造厌氧环境，提高青贮饲料品质。各类牧草及叶菜类等原料，切成2～3 cm；玉米和向日葵等粗茎植物，切成0.5～2 cm；一些柔软幼嫩的植物也可不切碎。原料的含水量越低，应切得越短；反之，则可切得长一些。

（2）装填 青贮原料应边切边装填。在装填之前，要对已经用过的青贮设施清理干净。一旦开始装填，就要求迅速进行，以避免原料腐败变质。一般说来，一个青贮设施，要在2～5 d内装满。装填时间越短越好。

装填前，可在青贮窖或青贮壕底，铺一层10～15 cm厚的切短秸秆或软草，以便吸收青贮汁液。窖壁四周铺一层塑料薄膜，以加强密封性，避免漏气和渗水。

原料装入圆形青贮设备时，要一层一层地装匀铺平。装入青贮壕时，可酌情分段按顺序装填。

（3）压实　装填原料的同时，如为青贮壕，必须用履带式拖拉机或用人力层层压实，尤其要注意窖或壕的边缘和四角。在拖拉机漏压或压不到的地方，一定要让人踩实。压得越实越易造成厌氧环境，越有利于乳酸菌活动和繁殖。

（4）密封　原料装填完毕，应立即密封和覆盖，以隔绝空气与原料的接触，防止雨水进入。应根据窖的大小、劳动力和机械装备等具体情况，尽量做到边装窖、边踩实，及时封窖。一般应将原料装至高出窖面0.6 m左右，在原料的上面盖一层10~20 cm切短的秸秆或牧草，盖上塑料薄膜后，再盖上30~50 cm的土，踩踏成馒头型或屋脊型。拖延封窖，会使青贮原料营养损失增加，降低青贮饲料的品质。

（5）管护　密封后，需经常检查。发现裂缝、漏气要及时盖土压实，杜绝透气并防止雨水渗入，并在四周约1 m处挖排水沟。在我国南方多雨地区，应在青贮窖或壕上搭棚。最好能在青贮窖、青贮壕或青贮堆周围设置围栏，以防牲畜践踏，踩破覆盖物。

3. 青贮饲料的质量标准

农业部已于1996年颁布了《青贮饲料质量评定标准（试行）》。

4. 青贮饲料的取用及管理

封窖30~45 d即可取用。青贮窖一经开启，就必须每天连续取用，用多少取多少，取用后及时用草席或塑料薄膜覆盖。如中途停喂，间隔时间又较长，则需按原来封窖方法，将青贮窖盖好封严，并保证不透气、不漏水。青贮饲料表层变质时，应及时取出废弃，以免引起牛中毒或其他疾病。

（四）秸秆饲料的氨化与质量标准

1. 氨化处理的方法

（1）埋置式氨化法　采用壕、池、窖等为氨化设备。氨化时，清除土壕或土窖中的泥土和积水，并在土壕、土窖的底部和四周铺放塑料膜。按秸秆重3%~5%的尿素溶解于水（100 kg秸秆用水30 kg）或用25%的氨水（按秸秆重的12%），均匀地喷洒到切碎的秸秆上，然后边装填边压实，尽量排除靠近四壁秸秆中的空气，装满后迅速密封，并随时检查，发现漏气处，及时予以修补。亦可将秸秆边洒水（秸秆重15%～20%）边装窖，然后在窖的中间部位插入注氨管，在距窖底1 m处按秸秆重3%通入液态氨。通完后关闭阀门，拉出注氨管，封口，最后用土覆盖。

（2）堆垛氨化法　选择高燥场地，清除石块等杂物，铺放一块旧塑料膜，再铺上新塑料膜。塑料膜厚度为0.15～0.2 mm，大小视秸秆堆大小而定。将含水15%～20%的秸秆打成15～20 kg的捆码到塑料膜上，垛底四周的塑料膜应留出一定宽度，然后在垛顶用塑料膜覆盖下垂，使上下两块塑料膜四周重叠、卷边，并用重物压住或用塑料胶带密封。用氨枪将液氨在离地0.5 m处加入秸秆垛中（用量同上），加完氨后，取出氨枪，立即用胶布密封注氨孔。

（3）袋装氨化法　氨化用塑料袋为双层，长2.5 m，宽1.5 m。秸秆装袋时，注意防止扎破塑料袋。注入氨的方法可采用氨枪注氨水或液氨加入法，加氨完毕，扎紧袋口，放置在安全地点。存放期间，要经常检查，嗅到袋口处有氨味时，应重新扎紧，发现塑料袋破漏，要及时用胶带封住。

2. 氨化饲料的取用与保存

（1）秸秆氨化到期后（氨水和液氨处理夏天1周，春秋2～4周，冬天4～8周，尿素处理延长1周）就可开窖或开垛。取用时打开一部分晾晒一两天放走剩余的氨，即可饲喂，喂完后再打开一部分晾晒再喂，直到喂完。

（2）在垛、窖或其他容器中氨化秸秆，只要不漏氨，就可保存很长时间。但需经常检查，防止鼠害、人畜践踏、风吹雨打，使塑料膜损坏。

（五）秸秆饲料的贮藏

1. 微贮

秸秆饲料的微贮是利用有益微生物的发酵分解功能，采用生物发酵技术，在各类农作物秸秆中加入纤维分解菌、酵母菌、有机酸发酵菌等高效复合微生物后，在厌氧环境中，通过微生物的发酵分解作用使大量纤维素、木质素转化为糖类，糖类又经酵母菌、有机酸发酵菌转化为乳酸和脂肪酸的一种饲料调制方法。经过微贮的秸秆饲料，带有酸香味，适口性好，容易消化，且含有较高的菌体蛋白和生物消化酶类，是一种前景良好的饲料调制方法。

（1）微贮饲料制作前的准备　包括建窖与秸秆的预处理，窖与青贮窖、氨化池相同。具体大小要视微贮饲料的用量和原料多少而定（每立方米可容微贮饲料300~500 kg）。旧窖在使用前要清扫干净。秸秆必须清洁，无污染、无霉烂，铡短（5 cm 以下）。

（2）秸秆微贮的制作步骤

①菌种复活。按微贮秸秆量的需要将市售发酵秸秆活干菌（每袋3 g）倒入200~250 ml 1% 的白糖水中，充分溶解，然后在常温下放置1~2 h，使菌种复活为菌剂。

②配制菌液。将复活好的菌剂倒入充分溶解的0.8%~1.0% 的食盐水中搅匀（青玉米秸不加盐）。

2. 露天堆垛贮藏

垛址应选择地势平坦干燥，或者在地上垫上塑料薄膜或废旧木板，防止底层秸秆发霉变质，堆放的秸秆要尽量平摊，不要堆得过高，以免影响秸秆质量，同时，为了避免风吹日晒，建议在垛顶盖上一层塑料布或其他沥水的材料。

3. 草棚堆垛

雨水多或有条件的地方可建造具有防雨雪的顶棚和防潮底垫的简易干草棚。存放干草时应使顶棚与干草保持一定距离，以便通风散热。

4. 草捆贮藏

有常规的小方草捆和圆形草捆。用压捆机压成30~50 kg 的草捆，草捆的密度350~400 kg/m³，也有每捆重15~25 kg，密度100~180 kg/m³ 的小草捆。压捆后可长久保存绿色和良好气味，不易吸水，存贮损失小。用于压捆的干草水分含量不得超过17%。

5. 干草块贮藏

专门机械制作，草块截面约30 mm × 30 mm，长50~70 mm，密度为700~900 kg/m³，散装容量410~520 kg。干草块便于运输和贮藏，牛能完全采食，浪费少，有利于提高进食量、增重和饲料转化率，但制作成本高。

6. 草颗粒

将干草粉碎后用颗粒饲料压制机加工成直径为10~14 mm，密度为900~1 300 kg/m³，散装容量650~700 kg 的草颗粒，体积小，便于运输、贮藏和机械化饲喂。

7. 酒糟的贮藏

酒糟含水量高，极易酸败变质。若晾晒干燥贮存，会使65%左右的养分损失。为减少养分损失，达到常年使用的目的，常用以下几种方法贮藏。贮藏原理与制作青贮一样。要求含水量65%左右，温度10～20 ℃。

（1）缸式贮存法　把新鲜的酒糟置于清洁的缸或大水泥罐中，层层踩实，然后用塑料薄膜封严。

（2）窖式贮存法　使用青贮窖，窖底和四壁放一层干草或草袋、草席，把酒糟逐层放入，层层压实，装满后盖上塑料薄膜，再盖30 cm厚的土，踩实。

（3）堆式封闭法　把酒糟堆成圆堆，层层踩实堆贮，盖上5 cm厚的杂草、草袋或塑料薄膜，再抹上一层7 cm厚草泥封严。

8. 精料的贮藏

精料一般应贮存于料仓中。料仓应建在干燥、通风，排水良好的地方，具有防淋、防火、防潮、防鼠、防虫、防鸟的条件。料仓要求通风良好或内设通风换气装置，防潮性好，避免大气湿度变化造成反潮；要便于消毒、杀虫，要有密封防鼠门。贮存饲料前打扫干净，关闭门窗、风道，用磷化氢或溴甲烷熏蒸后，即可贮料。用于散装的料仓，其墙角应为圆弧形，以便于取料，不同种类的饲料用墙隔开。

袋装保存精料时，在仓库底部铺设木制或金属制垫货架，使饲料与地面有15～20 cm的空隙。在垫货架码放饲料，料垛与墙间隔空隙不少于15 cm，垛与垛之间留有风道以利通风，对直仓门留1.2～1.5 m走道，便于运料和质量监控。不同原料分开码垛，标明品种、入库日期。

精料贮存时，应注意以下几个问题：

（1）原料含水量　不同精料原料贮存时对含水量要求不同，水分过大会使饲料霉菌、仓虫等繁殖。常温下含水量15%以上时，易发霉。含水量为13.5%以上时仓虫及各种害虫都会随水分含量增加而加速繁殖。

（2）温度和湿度　温度和湿度两者直接影响饲料含水量的多少，从而影响贮存期长短。温度高低还会影响霉菌生长繁殖。在适宜湿度下温度低于10℃时，霉菌生长缓慢；高于30 ℃则将造成相当危害。原料水分超过12%时，还可使用丙酸及丙酸盐类、乙氧基喹啉、二丁基羟基甲苯等添加剂进行防霉抗氧化。

三、牛饲料添加剂

牛的饲料添加剂是指在日粮中加入的各种少量或微量成分，其作用是完善饲料的营养性，提高饲料利用率，促进牛的生产性能，维持牛体健康及改善产品品质等。在生产中使用添加剂，必须按最新的中华人民共和国农业部已批准使用的饲料添加剂品种目录以及饲料和饲料添加剂管理条例执行。

（一）营养类添加剂

这类添加剂用于补充和平衡牛必需的营养，可以维持基本生理功能。

1. 维生素剂

维生素剂用于补充饲料维生素的不足，保证牛正常生产和健康。一般奶牛和成年肉牛必须添加的有：维生素 A、维生素 D、维生素 E，高产奶牛还应添加烟酸（产前2周到产后16周，6～12 g/d）、过瘤胃保护胆碱（30 g/d）。犊牛需要添加各种维生素。

2. 矿物质添加剂

该添加剂主要是用于满足牛对矿物元素的需要。除常量元素外，肉牛常需补充铁、铜、锰、锌、碘、硒、钴等7种微量元素，奶牛还需要镍和铬。一般常以添加剂预混料或复合营养舔块的形式添加。使用时要考虑各种微量元素之间存在的拮抗和协同关系。为了预防奶牛产乳热，提高产奶量，产前3周到产犊使用阴离子盐（氯化铵、硫酸铵、硫酸铝、硫酸镁、氯化钙等）在生产中应给予足够重视，建议添加量200 g/d。

3. 氨基酸添加剂

牛瘤胃微生物能合成必需氨基酸，成年牛正常情况下不需添加，但犊牛饲料中应供给必需氨基酸。奶牛和快速生长的肉牛在饲料中添加过瘤胃保护氨基酸对提高生产性能效果显著。最重要的是蛋氨酸，如蛋氨酸锌（蛋氨酸和锌的螯合物）及蛋氨酸羟基类似物，都可降低微生物的降解，起到过瘤胃保护作用。

4. 脂肪酸钙

是一种过瘤胃保护性脂肪，在瘤胃中不溶解，只有在真胃和小肠中才能水解，提高了脂肪酸的利用率，是一种新兴的牛能量补充剂。

（二）饲料药物添加剂

牛饲养中使用的主要有莫能菌素钠、杆菌肽锌、硫酸黏杆菌素、盐霉素、黄霉素等。

莫能菌素钠又称瘤胃素，可改变瘤胃革兰氏阳性菌和阴性菌比例而改变瘤胃发酵产物，提高牛的增重和饲料转化效率。用于肉牛和育成期奶牛，添加量每头每天200～300 mg。

杆菌肽锌可抑制病原菌细胞壁形成，影响其蛋白质合成功能，从而杀灭病原菌；能使肠壁变薄，从而有利于营养吸收；有利于生长和改善饲料利用效率，对虚弱犊牛作用更为明显。3月龄内犊牛每吨饲料添加10～100 g，3～6月龄犊牛每吨饲料添加4～40 g。

硫酸黏杆菌素可促进生长和饲料利用率，对沙门氏菌、大肠杆菌等引起的菌痢具有良好的防治作用，但大量使用可导致肾中毒。使用量每吨饲料不超过20 g，不能与土霉素、喹乙醇同时使用。

盐霉素钠对大多数革兰氏阳性菌有较强的抑制作用，具有抗球虫作用。一般使用量每吨饲料10～30 g。

黄霉素可干扰细胞壁结构物质肽聚糖的生物合成而抑制细菌繁殖，不仅可防治疾病，还可降低肠壁厚度，减轻肠壁重量，从而促进营养物质在肠道吸收，促进牛生长，提高饲料利用率。肉牛用量为每头30～50 mg/d。

（三）脲酶抑制剂

脲酶抑制剂主要有乙酰氧肟酸、氢醌、苯醌、磷酸钠等，能够调控瘤胃微生物脲酶活性，从而控制瘤胃中氨的释放速度，提高尿素的利用率，增加蛋白质的合成量。

（四）缓冲剂

缓冲剂是一类能增强溶液酸碱缓冲能力的化学物质。比较理想的首选碳酸氢钠（小苏打），其次是氧化镁。缓冲剂能调节瘤胃 pH，有益于消化纤维的细菌生长，提高有机物消化率和细菌蛋白质合成，并能增加进食量，减轻热应激。小苏打一般用量为精料的1%～1.5%（每周逐渐增加），氧化镁用量为精料量的0.75%～1%。奶牛和高精料肥育的肉牛使用效果十分明显。

（五）生物活性剂

生物活性剂主要有酶制剂、酵母培养物、活菌制剂、寡肽等。酶制剂具有促进饲料的消化吸收、提高饲料利用率和生产水平的作用，牛用的酶制剂产品主要是复合酶制剂。

酵母培养物主要作用是稳定瘤胃pH，刺激瘤胃纤维素消化，提高挥发性脂肪酸的产量和改变其比例，使瘤胃乳酸浓度下降，干物质进食量提高。肥育肉牛饲料中添加，可增加瘤胃微生物蛋白质产量，提高增重速度和饲料利用率。奶牛产前2周到产后8周每头每天添加10～120 g，可显著提高产奶量。

活菌制剂是一类能够维持肠道微生物区系平衡的活的微生物制剂。主要有芽孢杆菌、双歧杆菌、链球菌、乳酸杆菌、拟杆菌、消化球菌等，作用是补充有益菌群，保持消化道微生物区系平衡，稳定瘤胃pH，增加丙酸产量，提高养分消化率并通过提高免疫机能来增加抗应激能力，提高奶牛产奶量和肉牛增重。建议每天每头添加10～50 g。

寡肽主要由赖氨酸等3～7个氨基酸组成。可刺激各种激素如催乳素、糖皮质激素等的合成和释放，从而促进牛生长和提高产奶量。奶牛每7 d皮下注射4 ml。

（六）中草药添加剂

中草药含有很多微量养分和免疫因子，具有低毒、无残留、无副作用、资源丰富的特点。为生产高效、安全无公害牛肉产品，研究开发中草药添加剂以代替激素、抗生素和化学合成类药物前景广阔。使用中草药添加剂可使牛得到充分休息，减少活动消耗，促进营养物质代谢和合成，提高增重，改善肉的品质。但中草药价格昂贵，使用时应注意投入产出比。

（七）其他添加剂

其他添加剂如异构酸、丙二醇等。异构酸包括异丁酸、异戊酸和2-甲基丁酸，为瘤胃纤维素分解菌生长所必需。瘤胃发酵产生的异构酸可能不足，所以在日粮中添加异构酸能提高瘤胃中包括纤维分解菌在内的微生物数量，改善氮沉积量，提高纤维消化率。产奶牛每头每天添加50～80 g，可显著提高产奶量和乳脂率。

丙二醇作为添加剂可以在肝脏中转化为葡萄糖，防止酮血症发生和脂肪肝形成。在奶牛产犊前1周至产后2周使用，每天0.25～0.50 kg。

第四章　牛的繁殖

第一节　母牛的发情

一、初情期与性成熟

（一）初情期

初情期指的是母牛第一次发情和排卵的时期。母牛的初情期一般在6～12月龄。

（二）性成熟

当母牛有完整的发情表现，可排出能受精的卵子，形成了有规律的发情周期，具备了繁殖能力，叫作性成熟。母黄牛的性成熟为8～15月龄；母水牛为15～20月龄；荷斯坦牛为6～13月龄，平均8～10月龄。

二、发情周期

母牛出现初情期后，如果没有配种或配种后没有受胎，则每间隔一定时期便出现下一次发情，一年四季，周而复始，循环往复。母牛从一次发情开始到下次发情开始，或者从一次发情结束到下次发情结束所间隔的时间称为发情周期，生产中一般把观察到有发情症状的当天作为0 d，奶牛和黄牛的发情周期一般为18～24 d，平均21 d；母水牛一般为18～30 d，最长可达90 d，短的仅为7 d。根据母牛发情的生理变化特点，可将发情周期分为发情前期、发情期、发情后期和休情期。

（一）发情前期

发情前期的母牛几乎无外部发情症状，卵巢上功能黄体已退化，卵泡已开始发育，子宫腺体稍有生长，有少量阴道分泌物出现，生殖器官开始充血持续时间4～7 d，处于发情周期的第16～21 d。

（二）发情期

发情期是指发情开始至卵泡成熟排卵为止这段时间，是发情的主要阶段，有明显的外部发情症状，又叫发情持续期。可分为发情初期、发情盛期、发情末期三个阶段。一般母牛的发情持续期为6～36 h，平均18 h；母水牛10～130 h。发情持续期的长短往往受气候条件的影响，温暖季节黄牛的发情持续时间为24～36 h，寒冷或寒热季节往往只有几小时或十几小时。发情周期长的，其持续时间也较长；反之则较短。此期处于发情周期的第1～2 d。

（三）发情后期

发情后期是发情后的恢复时期，此期卵子已经排出，开始形成黄体，无发情表现。发情后期的持续时间为1～2 d，处于发情周期的第3～4 d。

（四）休情期

休情期是母牛发情结束后的相对生理静止期。早期卵巢的黄体逐渐发育完全，后期又逐渐萎缩，卵泡逐渐发育，是下一个发情周期的过渡阶段。母牛休情期的持续时间为6～14 d，处于发情周期的第5～15 d。如果已妊娠，周期黄体转为妊娠黄体，直到妊娠结束前不再出现发情。

三、发情特点

（一）发情持续时间短

家畜发情持续时间的长短与垂体前叶分泌的性激素比例有关。母牛垂体前叶分泌的促卵泡素（FSH）是家畜中最低的，这种激素具有促进卵子发育和刺激发情的作用。而垂体前叶分泌的促黄体素（LH）又是家畜中最高的，这种激素具有促进卵子成熟和排卵的作用，所以母牛发情持续时间短而排卵快，容易错过配种机会。

（二）排卵在交配欲结束后

大多数母牛排卵在交配欲结束后的4~16 h，水牛是3~30 h，此为母牛独特之处。这与母牛性中枢对雌激素的反应有关，当血液中含有少量雌激素时则性中枢兴奋，而含有大量雌激素时则抑制。在母牛发情开始时，卵泡中只产生少量雌激素，性中枢兴奋，出现交配欲，当卵泡继续发育接近成熟时，产生大量雌激素，性中枢反而受抑制，交配欲消失，但卵泡仍在继续发育，最后在促黄体素（LH）的协同下排卵。所以，母牛的排卵是在交配欲结束后完成的。

（三）安静发情出现率高

在进入发情期的母牛中，有不少的母牛卵巢上有卵泡发育成熟而排卵，但缺乏发情的外部表现，以致常常被漏配，这种发情被称为安静发情。母牛的安静发情出现率较其他家畜高。这是因为垂体中产生的FSH和LH与发情活动有密切关系，牛的FSH分泌量显著低于LH素，因此，虽然能够正常排卵，但发情表现常常不明显，安静发情出现的就多。

（四）子宫颈开口程度小

母牛发情期子宫颈开张的程度与马、驴、猪等家畜相比要小。这是由母牛子宫颈的解剖结构特点所决定的。母牛的子宫颈肌肉层特别发达，子宫颈管道很细窄，而且由黏膜构成了2~3圈横的朝向子宫颈外口的大皱褶，这就使得子宫颈管道变得更加细而弯曲，因此，在输精操作中，应注意避开子宫颈管中的环状皱褶，以使输精器通过子宫颈，将精液注射到子宫体部位。

（五）发情结束后生殖道排血

母牛发情结束后，由于雌二醇在血液中，血管壁变脆而破裂，血液流入子宫腔，进入子宫时，就会从阴门排出于体外。育成牛出现排血者达80%~90%，有50%~60%的母牛生殖道排血的时间大多出现在发情结束后1~4 d，其中以第二天为最多，约占全部排血母牛的70%。排血时间个别的母牛延续可达3 d。正常出血量为20~30 ml，血色正常。实践证明，母牛输精后出现排血并不影响受胎。排血现象，大多表明已经排卵，如果此时才开始输精，则不易受胎。同时，在排血期输精，血液也会对精子产生凝集作用，影响受胎。

（六）产后第一次发情时间晚

资料统计显示，产后第一次发情时间大多在32~61d，较其他家畜相对晚些。这是因为母牛的胎儿胎盘与母体胎盘之间的连接比马、驴、猪等家畜紧密，产后生殖器官受损严重，使发情时间推后。营养状况差的牛，产后第一次发情时间会更晚一些。因此，在生产中要注意观察产后第一次发情的时间，及时配种，以免漏配。

四、发情鉴定

母牛在发情持续期内，会表现出一系列的发情征状。如何根据这些征状来进行准确的发情鉴定，是能否全配全准的关键。

（一）外部观察法

外部观察法主要是观察母牛的外部表现和精神状态来判断其发情情况。例如母牛爬跨它牛或接受它牛爬跨兴奋不安、食欲减退、外阴部充血、肿胀、湿润有透明精液、流眼泪等等。

（二）阴道检查法

不发情的母牛，阴道黏膜苍白，较干燥，插入开腔器时有干涩之感；子宫颈口紧闭，呈菊花瓣状。发情时，阴道黏膜由于充血而潮红，表面光滑湿润，有黏液积存在阴道内，开腔器易插入；子宫颈口充血松弛、半开张，颈口处有大量黏液附着。

（三）试情法

一种是将结扎输精管的公牛放入母牛群中，日间放在牛群中试情，夜间公母分开，根据公牛追逐爬跨情况以及母牛接受爬跨的程度来判断母牛的发情情况；另一种是将试情公牛接近母牛，如母牛喜靠公牛，并作弯腰弓背姿势，表示可能发情。

（四）直肠检查法

将手与臂部伸入直肠内，隔直肠壁触摸卵巢上卵泡发育、成熟与排卵情况，以此来判定发情程度，确定配种时期。这种方法准确率较高，但不易掌握。检查卵巢时有下列两种情况：

（1）正常　母牛发情时卵巢正常的是两侧一大一小。育成母牛的卵巢，大的如拇指大，小的如食指大。成年母牛的卵巢，大的如鸽卵大，小的如拇指大。一般卵巢为左小右大，多数右侧卵巢的卵泡发育。发情前期卵泡小，直径为0.50~0.75 cm，卵泡在卵巢表面突出，但不明显，膜厚而硬。发情中期卵泡变大，直径可达1.0~1.5 cm，多呈圆形，较明显突出于卵巢表面，泡膜薄，紧张而光滑。发情末期卵泡明显突出于卵巢表面，水泡感明显，泡膜薄而柔软，有一触即破的感觉。发情结束后，卵子已经排出，泡液流失，泡壁变为松软皮样，触之感觉有一小凹陷。排卵后6~8 h，黄体开始形成，刚形成的黄体直径为0.6~0.8 cm，触之软肉感。完全成熟的黄体直径为2.0~2.5 cm，稍硬而有弹性，突出卵巢表面。

（2）不正常　母牛发情时卵巢不正常有两种情况。一是两侧卵巢一般大，或接近一般大。例如，育成母牛，两侧卵巢都不大，质地正常，扁平，无卵泡和黄体，属卵巢机能不全症；成年母牛，两侧卵巢均较大，质地正常，表面光滑，无卵泡，有时一侧有黄体残迹，是患有子宫内膜炎的症状。这两种牛虽然有发情表现，但不排卵。二是两侧卵巢虽然一大一小，而大侧卵巢如鸡蛋或更大，质地变软，表面光滑，无卵泡和黄体，是卵巢囊肿的症状。总之，在母牛发情时，其卵巢体积大如鸡蛋或缩小变硬的都是病态。

第二节　牛的配种时机与人工授精

一、适时配种时间

（一）初配年龄与体重

公、母牛的初配年龄主要依据品种、个体的生长发育状况来确定。早熟品种，公牛15~18月龄，母牛14~18月龄参加配种；中熟品种，公牛18~20月龄，母牛18~22月龄配种；晚熟品种，公牛20~24月龄，母牛22~24月龄配种。初配时的体重应达到成年体重的70%，体重达不到，则初配年龄应适当推迟；相反，亦可适当提前。总的原则，必须保证达到配种体重。中国荷斯坦母牛在14~16月龄，体重达350 kg配种；海福特母牛在18~20月龄，体重达500 kg时配种；短角母牛在18~20月龄配种；利木赞母牛21月龄配种；西门塔尔母牛18~24月龄配种；夏洛来母牛17~20月龄可参加配种，但由于该牛难产率高，其原产地法国要求达27月龄，体重达500 kg以上配种，以降低难产率；本地黄牛母牛24月龄，公牛30月龄配种；母水牛30月龄配种。

（二）发情配种时机

俗话说："若使母牛配得准，发情火候要拿稳。"母牛发情后，什么时间配种是提高受胎率的关键。

1. 确定发情母牛配种时机的理论依据

（1）排卵时间 母牛的排卵均发生在发情转入末期后。奶牛一般在发情盛期结束后（即交配欲结束后）5~15 h排卵，大多数母牛排卵发生在夜间，如我国黄牛在夜间排卵的比例高达70%以上。

（2）卵子的运行 母牛接近排卵时，输卵管伞充分开放，并紧贴于卵巢的表面，接纳排出的卵子。被输卵管接纳的卵子，借助输卵管管壁纤毛摆动和肌肉活动，以及该部管腔较大的特点，很快进入输卵管壶腹的下端。在这里和已经运行到此处的精子相遇，完成受精过程。

（3）卵子保持受精能力的时间 牛的卵子通过输卵管的时间大约需要4 d，但通过输卵管壶腹部的速度较快，一般仅6~12 h。卵子运行超过输卵管壶腹部位后就会逐渐衰老，而且卵子外表逐渐附着输卵管分泌的一种酸性蛋白质膜，能防止精子穿入卵子，使卵子丧失受精能力。所以，卵子保持最佳受精能力的时间为6~12 h。卵子在输卵管内可以存活12~24 h或更长些，排卵时间较长的卵子虽然仍有受精的可能，但往往由这种卵子受精所形成的胚胎多发生早期胚胎死亡。

（4）精子到达受精部位的时间 精子进入母牛生殖道后，仅需15 min左右就能到达输卵管的壶腹部。精子虽能在较短的时间到达受精部位，但到达的精子数一般只有几百个。因此公牛精液品质的优劣和母牛生殖道的生理状态对受精率有极大的影响。

（5）精子在母牛生殖道内保持受精能力的时间　精子在母牛生殖道内的存活时间是15~56 h，保持受精能力的时间是24~48 h，平均30 h。牛的精子必须在母牛的生殖道内完成获能后，才具有受精能力。牛精子的获能时间是3~5 h，主要是精子顶体性质的变化，以使精子在穿过卵子透明带时，顶体可以脱去。

2.发情配种时机的确定

根据排卵时间、精子与卵子的运行速度、精子与卵子在受精部位相遇的时间、精子与卵子在母牛生殖道内保持受精能力的时间等进行推算，一般适宜的配种时机应在母牛发情转入末期后不久（4 h左右或排卵前6 h左右为宜），即在发情开始后的15~24 h。实践表明，如母牛上午被爬跨，下午已不接受爬跨，表现安静，阴道黏液变黏稠、量少、呈乳黄色、牵缕性较强（但较中期差），用拇指和食指拉7~8次不断，阴道黏膜由粉红色逐渐变成苍白色，直检时卵泡突出于卵巢表面，卵泡增大，卵泡直径在1.5 cm以上，泡壁薄、紧张、波动感明显，有一触即破的感觉，此时配种最合适。为提高受胎率，可以在每次发情期内输精2次。通常在性欲结束时进行第一次输精，间隔8~12 h再进行第二次输精。因此，可根据母牛接受爬跨情况来判定适宜的配种时间。以黄牛为例，上午接受爬跨，应下午配种，次日早晨视具体情况再复配一次；下午接受爬跨，次日早晨配种，下午可再配一次。水牛一般是发现接受爬跨，隔日再配种。但应该注意的是，输精不要超过2次，这样不仅不会提高受胎率，反而还有下降的趋势，并且由于增加了母牛生殖道的感染次数，子宫内膜炎发病率提高。对于年老体弱的母牛或在炎热的夏季，牛的发情持续期往往较短，排卵较早，配种时间应适当提前。有经验的人常说："老配早，少配晚，不老不少配中间"就是这个道理。炎热的夏季，要尽量避免在上午或下午气温较高的时候配种，应安排在夜晚或清晨配种。气温过高，影响受胎。据报道，牛在气温32 ℃以上时受胎率便开始降低，而达到39 ℃以上时则难以受胎。

（三）产后配种时间

母牛产犊后子宫恢复及体质恢复需20~30 d，产后40~110 d出现第一次发情。营养状况好的，产后第一次发情来得早；反之则迟。为保证母牛年产一胎，产后出现第一次发情就应及时配种。由于牛的情期受胎率较低，只有50%左右

（配种技术较好的会高些），即每受胎一次，平均要配两个情期，个别的母牛需配多次才能受孕，加之母牛产后第1~3个情期排卵较规律，以后会因排卵不规律而大大影响受胎率。因此，产后尽早配种不仅能增加产犊数，提高母牛的繁殖利用率，还能提高情期受胎率。

二、人工授精

随着我国养牛业的发展，特别是黄牛改良工作的迅速开展，应用冷冻精液配种在牛场、乡村养殖户也日益普及，获得了良好的经济效益。

（一）人工授精的优点

人工授精能提高优良公牛的利用率，一头种公牛在自然交配时，一次只能配一头母牛，一年配几十头，而实行人工授精一年可配6 000~12 000头母牛；由于精液可以保存，尤其是冷冻精液保存的时间很长，公牛、母牛的配种不受地域的限制，有效地解决种公牛质劣地区的母畜配种问题；既能保证精液品质又可以做到适时输精，增加母牛受孕机会，提高受胎率，加快牛的繁殖及改良速度；在使用体型大的肉牛改良体型小的肉牛时，可以克服公牛、母牛体格相差太大不易交配的困难；可以防止因自然交配，公牛、母牛互相接触传染的各种疾病，特别是生殖道传染病的传播；能扩大优良种公牛的配种头数，减少种公牛饲养数量，降低饲养管理费用。

（二）输精方法

1.阴道开腔器法

左手持开腔器将母牛阴道打开，右手持输精器插入子宫颈口内附近，将精液注入。这种方法受胎率低，已很少应用。

2.直肠把握法

将一只手伸入直肠，握住子宫颈，另一只手持输精器将输精器插入子宫颈深部输精。这是目前普遍所采用的方法，其受胎率明显高于阴道开腔器法，但较难掌握。

第三节 母牛的妊娠与分娩

一、母牛的妊娠

（一）妊娠期间母牛的生理变化

母牛妊娠后其内分泌、生殖系统以及行为等方面会发生明显变化，以保持母体和胎儿之间的生理平衡，维持正常的妊娠过程。

1. 内分泌变化

母牛妊娠后，黄体继续存在而不退化，以最大的体积存在于整个妊娠期并分泌孕酮。但此阶段，卵巢黄体不是孕酮的唯一来源，胎盘组织和肾上腺也能分泌孕酮，使整个妊娠期间血液孕酮维持较高水平，尤其到妊娠9个月时分泌明显增加。因此，在整个妊娠期，由于孕酮的作用，垂体分泌促性腺激素的机能逐渐下降，从而抑制了牛的发情，发情停止。

2. 生殖器官的变化

妊娠期间，随胚胎的发育，子宫的容积和重量不断增加，子宫壁变薄，子宫腺体增长、弯曲。子宫括约肌收缩、紧张，子宫颈分泌的化学物质发生变化，分泌的黏液稠度增加，形成子宫颈栓，使子宫颈口呈封闭状态，从而具有防止外物侵入子宫伤害胎儿的功能；子宫韧带中平滑肌及结缔组织亦增生变厚；由于重量增加，使子宫下垂，子宫韧带伸长；子宫动脉变粗，血流量增加。此外，阴道黏膜变得苍白，黏膜上覆盖有从子宫颈分泌出来的浓稠黏液。阴唇收缩，阴门紧闭，直到临分娩前因水肿而变得柔软。

3. 牛体的变化

初次妊娠的青年母牛，除了胎儿的发育引起母牛变化外，其本身在妊娠期仍能正常生长。经产母牛妊娠后，主要表现为新陈代谢旺盛，食欲增加，消化能力提高，使母牛的营养状况改善，体重增加，毛色光润。母牛妊娠后，血液循环系统加强，脉搏、血流量增加，尤其供给子宫的血流量明显增加。初产母牛妊娠4~5个月后，乳房逐渐增大，7~8个月后膨大更加明显，并能挤出牵缕状的黏性分泌物（未妊娠牛是水样物）。经产牛从妊娠五个月开始，泌乳量显著下降，脉搏、呼吸频率也明显增加。妊娠6～7个月时，用听诊器可以听到胎儿的心跳（母牛的心跳75～85次/min，而胎儿的心跳为13～150次/min），此时也可在腹壁触到或看到胎动。

（二）妊娠期和预产期的推算

妊娠日期的计算是由最后一次配种日期到胎儿出生为止。母牛的妊娠期一般为280（270～285）d。为了做好分娩前准备工作，必须较准确地计算出母牛的预产期。最简便的方法是按"月减3，日加6"（按280 d计算，配种的月份减去3，配种的日期加上6）来推算。如配种月份在1、2、3不够减时，需借1年（加12个月）再减；若配种日期加6后，得数超过这个月的实际天数，则应减去这个月的天数，余数移到下月计算，把这个月再加1。例1，2号牛2023年6月28日配种受胎，预计其产犊日期为：月数：6-3=3（月），日数：28+6=34（日），减去3月的31 d，即34-31=3（日），再把月份加上去，即3+1=4（月）。结论：该牛可在2024年4月3日产犊。例2，5号牛2023年2月27日配种受胎，预计其产犊日期为：月数：2+12-3=11（月），日数：27+6=33（日），减去11月份的30 d，即33-30=3（日），再把月份加上去，即11+1=12（月）。结论：该牛可在2023年12月3日产犊。水牛预产期的推算方法："月减2，日加9"（按妊娠期为313～315 d算）。

（三）妊娠诊断

搞好妊娠诊断是提高繁殖率的重要措施，尤其是早期妊娠诊断更为重要，更有意义。早期妊娠诊断是指在配种后20～30 d的妊娠检查，有多种检查方法，下面介绍生产中常用的几种方法。

1.阴道检查法

在配种后的30 d检查。妊娠的牛插入开膣器时有明显阻力，感觉发涩；阴道黏膜苍白，表面干燥，无光泽；阴道黏液浓稠，呈白色；子宫颈口偏向一侧，不开口，被灰暗呈胶状的黏液所封闭。

2.激素诊断法

在配种后20 d，用乙烯雌酚10 ml，一次肌肉注射。第二天观察，根据母牛的外部表现，判断妊娠与否。已经妊娠的母牛，无发情表现，或只有轻微的发情表现。没有妊娠的母牛，正常情况下配种后21 d就应该发情了，此时又在注入的乙烯雌酚的作用下，会有明显的发情表现。

3. 巩膜血管诊断法

在配种后20 d即可检查。将牛保定，观察牛的左眼巩膜时，站在牛左侧前方，用右手握住牛左角，用力向后推，同时左手拇指和食指（或用鼻钳子）捏住牛鼻中隔，或用左手托着牛下颌前缘，用力向左上方搬，在左右手的配合下，迫使牛头部向左上方抬起，顺势使其露出左侧眼巩膜和血管，进行观察判断。用同样的方法再观察右侧眼球。注意不要硬扒眼皮，否则会造成眼球充血发红，影响判断。妊娠的母牛，在一侧或两侧眼球瞳孔正上方的巩膜表面，有1~2条（个别有3条）呈直线状态（少数也有弯曲）的纵向血管，颜色深红，轮廓清晰，略凸起，比正常血管粗得多。这种现象可维持到分娩后1周。没有妊娠的，血管细而不明显。

4. 孕酮水平测定法

根据妊娠后血中及奶中孕酮含量明显增高的现象，用放射免疫和酮免疫法测定孕酮的含量，判断母牛是否妊娠。由于收集奶样比采血方便，目前测定奶中孕酮含量的较多。试验表明，在配种后23~24 d取的牛奶样品，若孕酮含量高于5 ng/ml为妊娠，而低于此值者为未孕。本测定法检测未妊娠的阴性诊断的可靠性为100%，而阳性诊断的可靠性只有85%，因此，建议再进行直肠检查予以证实。

5. 超声波诊断法

该法是利用超声波的物理特性和不同组织结构的声学特性相结合的物理学妊娠诊断方法。目前，国内外研制的超声波诊断仪有很多种。国内试制的有两种：一种是用探头通过直肠探测母牛子宫动脉的妊娠脉搏，由信号显示装置发出的不同的声音信号，来判断妊娠与否。另一种用探头自阴道伸入，显示的方法有声音、符号、文字等形式。重复测定的结果表示，妊娠30 d内探测子宫动脉反应，40 d以上探测胎儿心音，可达到较高的准确率。但有时也会因子宫炎症、发情所引起的类似反应干扰测定结果而出现误诊。在有条件的大型牛场也可采用较精密的 B 型超声波诊断仪。其探头放置在牛只右侧乳房上方的腹壁上，探头方向朝向妊娠子宫角。通过显示屏可清楚地观察胎泡的位置、大小，并且可以定位照相。通过探头的方向和位置的移动，可见到胎儿各部的轮廓、心脏的位置及跳动情况，可以判断单胎或双胎等。在具体操作时探头接触的部位应剪毛，并在探头上涂以接触剂（凡士林或液状石蜡）。

6. 直肠检查法

该法是通过触摸卵巢与子宫角的变化来判断。配种30 d 后即可检查。妊娠30 d 的表现：排卵侧卵巢体积增大到原来的一倍，像核桃大甚至鸡蛋大，且很硬；另一侧卵巢无变化。两个子宫角一大一小，孕角粗大、松软，触摸时不收缩或收缩力微弱；空角较硬而有弹性，弯曲明显。妊娠60 d 的表现：两个子宫角的大小相差非常明显，妊娠侧子宫角较空角大1~2倍。触诊孕角壁薄而软，波动明显。妊娠90 d 的表现：角间沟消失，孕角大如人头，内有明显波动，子宫、卵巢已沉入腹腔，偶尔可摸到胎儿。直肠检查作为早期妊娠诊断是很准确的一种方法，但较难掌握，需要有一定的经验。

二、牛的分娩与接产

（一）临产征状

随着胎儿的逐渐成熟和产期的临近，母牛在临产前会发生一系列的生理变化，根据这些变化，可以估计分娩的时刻，以便做好接产准备。

1. 乳房膨大

产前约半个月乳房开始膨大，一般妊娠母牛产前几天便可从前两个乳头挤出黏稠、淡黄如蜂蜜状的液体，当能挤出乳白色的乳汁时，分娩可在1~2 d内发生。

2. 外阴部肿胀

妊娠后期即能发现，阴唇逐渐肿胀、柔软、皱褶平展，封闭子宫颈口的黏液塞溶化，在分娩前1~2 d 呈透明的索状物从阴户流出，垂于阴门外。

3.骨盆韧带松弛

妊娠末期，由于骨盆腔血管内血流量增多，静脉淤血，毛细血管壁扩张，血液的液体部分渗出管壁，浸润周围组织，使得骨盆部韧带软化，臀部有塌陷现象。在分娩前1 d，骨盆韧带已充分软化，尾根两侧肌肉明显塌陷，使骨盆腔在分娩时能稍增大，这是临产的主要特征。特别是经产母牛凹陷更甚。

4.子宫颈开始扩张

母牛开始发生阵缩，时起时卧，频频排粪尿，头不时向腹部回顾，感到不安，说明分娩即将来临。

（二）临产前的胎向、胎位、胎势

分娩时胎儿的姿势、方向和位置正常与否，是决定能否顺利产出的关键。

1.胎向

表示胎儿的方向，也就是胎儿脊柱与母体脊柱的关系。胎向有三种：一是纵向，胎儿脊柱与母体脊柱相平行。纵向又分为正生和倒生，正生是胎儿的前肢和头部先进入产道；倒生是胎儿的后肢和尾部先进入产道。纵向是分娩时正常的方向。二是横向，胎儿的脊柱与母体脊柱呈水平垂直，背部向着产道或腹部向着产道，属不正常胎向。三是竖向，胎儿脊柱与母体脊柱呈上下垂直。胎儿头部向上或向下，背部或腹部向着产道，属不正常胎向。

2.胎位

表示胎儿在母体内的位置关系，也就是胎儿的背部和母体背部的相互关系。胎位可分为三种：一是上位，胎儿的背部向着母体的荐骨。是正常的胎位。二是下位，胎儿的背部向着母体的下腹壁。分娩时，这种胎位是不正常的。三是侧位，胎儿的背部向着母体一侧的腹壁，如向着左侧腹壁是左侧位，向着右侧腹壁是右侧位。这种胎位假如斜度不大，还算是正常的。

3.胎势

表示胎儿的姿势，一般可分为伸展或弯曲的姿势。

4.分娩前和分娩时胎儿在子宫内的状态

分娩前胎儿在子宫内的胎向是纵向；胎势是四肢和头部弯曲在一起，也有一部分胎儿的头颈或前肢呈伸展或半伸展姿势；胎位多数是上位或侧位。分娩时，由于子宫的收缩和胎儿的挣扎，胎儿的胎位会由侧位或下位改变为上位并呈伸展胎势，胎向没有变化，仍为纵向。

（三）分娩过程

1. 开口期

子宫肌开始出现阵缩，阵缩时将胎儿和胎水推入子宫颈，迫使子宫颈口完全开张，与阴道之间的界限完全消失，这一时期为开口期。本期只有阵缩而无腹压。开口期平均为6 h（1~12 h）。

2. 胎儿产出期

子宫肌发生更加频繁有力的阵缩，同时腹肌和膈肌也发生强烈收缩，腹内压显著升高，使胎儿从子宫内经产道排出。产出期一般为1~4 h，产双胎时，两胎间隔1~2 h。

3. 胎衣排出期

胎儿产出后，母牛暂时安静下来，间歇片刻，子宫肌又重新开始收缩，收缩的间歇期较长，力量减弱，同时伴有努责，直到胎衣完全排出为止。此期为4~6 h，最多不超过12 h，否则可视为胎衣不下。

（四）接产

1. 牛体消毒

用0.1%~0.2%的高锰酸钾溶液洗净牛的外阴部、肛门、尾根及后臀部，并擦干。

2. 判断胎向、胎位及胎势

当胎膜露于阴门时，助产者把指甲剪短磨光，将手臂用2%来苏儿溶液消毒、涂上润滑剂（或肥皂水）后伸入产道，隔着胎膜触摸胎儿，判断胎向、胎位、胎势是否正常。如果正常，就不需要助产，可让其自然产出。否则，就应顺势将胎儿推回子宫矫正，这时矫正比较容易。正生时，胎儿两前肢夹头先露；倒生时，两后肢先露。正生和倒生均属正常现象。母牛以正生为多，双胎时多为一个正生，一个倒生。

3. 自然产出

临产时，阴门处可见到羊膜囊外露，这时母牛多卧下。注意要让牛向左侧卧，以免胎儿受瘤胃压迫而难以产出。随着囊内液体的增多，压力加大，加之胎儿前蹄的顶撞，羊膜会自行破裂，羊水流出。羊水流出时，最好用桶接住，产后喂给母牛3～4 kg，可以预防胎衣不下。与此同时，母牛阵缩努责加剧，胎儿的两前肢伸出，随后是头、躯干和后肢产出。这是正常的顺产，助产者只要稍加帮助即可。

4. 助产

如果胎儿头部已露出阴门外，而羊膜却没有破裂，此时应立即撕破羊膜，使胎儿鼻子露出来，以防憋死。如果羊膜还在阴门内，不要过早地扯破，否则羊水流出过早，不利胎儿产出。当羊水流出，而胎儿仍未产出，母牛阵缩及努责又减弱时，应进行助产。助产的方法是：用助产绳系住胎儿两前肢系部，由助手拉住绳子，助产者将手臂消毒并涂上润滑剂后，伸入产道，大拇指插入胎儿口角，捏住下颌，乘母牛努责时同助手一起向外拉，用力方向应与荐椎平行。当胎儿头部通过阴门时，要用双手按压阴唇及会阴部，以防撑破。胎头拉出后，拉的动作要缓慢，以防发生子宫外翻或阴道脱出。当胎儿腹部通过阴门时，要用手捂住胎儿脐带根部，防止脐带断在脐孔内。如果是倒生，当两后肢产出时，应迅速拉出胎儿。否则会因胎儿胸部在骨盆内停留过久，导致脐带受压，将胎儿憋死。

5. 难产处理

牛骨盆较其他家畜狭窄，易发生难产。尤其用大型肉牛与小型本地母牛杂交，犊牛初生重可增大80%～100%，难产现象更为严重。牛的难产可分为产力性难产、产道性难产和胎儿性难产三种，情形各不相同。产力性难产包括破水过早及阵缩、努责微弱；产道性难产包括子宫颈狭窄、阴道及阴门狭窄等；胎儿性难产包括胎儿过大、胎势不正、胎位不正三种难产。以胎儿性难产最多见，约占难产的75%。一旦出现难产，首先要判断是属于哪一类，然后判断胎儿死活。判断方法是：正生时将手指伸入胎儿口腔轻拉舌头，或按压眼球，或牵拉前肢，倒生时将手指伸入肛门，或牵拉后肢。如果有反应，说明胎儿尚活。如胎儿已死亡，助产时不必顾忌胎儿的损伤。为了便于推回矫正或拉出胎儿，应向产道内灌注大量润滑剂，如肥皂水或油类等。灌入后，趁母牛不努责时将胎儿推进子宫内进行矫正。经矫正后，再趁母牛努责将胎儿轻轻拉出。正如群众所说："灌入油，推进去，矫正好，拉出来。"注意不可粗暴硬拉。严重难产者往往需要器械手术。

6. 胎衣的检查与处理

母牛产后，经一段时间的间歇，会再度努责，说明胎衣就要排出，这时要注意观察。胎衣一般都是翻着排出，这是因为母牛努责时是由子宫角尖端开始收缩，故此处胎盘首先脱落，形成套叠，逐渐向外翻出来。由于牛的母子胎盘粘连较紧密，导致胎衣不易脱落，产后4~6 h才能将胎衣排出。如果胎衣滞留24 h（夏季12 h）以上，应进行手术剥离。胎衣排出后应检查是否完整，以避免部分滞留。排出后的胎衣应及时取走，以防母牛吞食，造成消化不良。注意不要在外露的胎衣上挂砖块等重物，以免引起子宫外露或脱出。

（五）初生犊牛及产后母牛的护理

1. 初生犊牛护理

犊牛出生后，要立即用干毛巾将口、鼻部黏液擦净，以利呼吸。如犊牛产出时已将黏液吸入而造成呼吸困难时，可两人合作，握住两后肢，倒提犊牛，拍打其背部，使黏液排出。也可用稻草搔挠小牛鼻孔或冷水洒在小牛头部刺激呼吸。如犊牛产出时已无呼吸，但尚有心跳，可在清除其口腔及鼻孔黏液后将犊牛在地面摆成仰卧姿势，头侧转，按每6~8 s一次按压与放松犊牛胸部进行人工呼吸，直至犊牛能自主呼吸为止。母牛产犊后有舔食犊牛身上黏液的习惯。如天气温暖，应尽量让母牛舔干，以增强母子亲和，并有助于母牛胎衣的排出；若天气寒冷，则应尽快用干草或抹布擦干犊牛全身，以免体躯受凉，招致感冒。多数犊牛生下来脐带就自行扯断了。如果未断，可在距腹部约10 cm处用剪刀剪断。断脐后，应在断端用5%碘酒溶液充分消毒，一般不需结扎，以利于干燥愈合。处理好脐带后，接着要剥去软蹄，进行称重、编号、登记。当犊牛能够站立时，就应哺喂初乳。

2. 产后母牛护理

母牛产后十分疲劳，全身虚弱，异常口渴，除让其很好休息外，应喂给母牛温热、足量的麸皮盐水汤（麸皮1.5~2.0 kg，盐100~150 g，另加适量红糖）

或粥汤，以暖腹、充饥、增腹压。母牛产后要排出恶露（血液、胎水、子宫分泌物等），要注意观察恶露正常与否。第一天排出的恶露呈血样，以后逐渐变成淡黄色，最后变为无色透明黏液，直至停止排出。母牛的恶露多在产后10~15 d排完。若恶露呈灰褐色，气味恶臭，并且持续二十多天不止，说明有炎症，应及时诊治。

第五章　肉牛的饲养管理

第一节　肉用牛的饲养管理

一、肉用牛的增重规律与补偿生长

（一）肉牛的增重规律

1. 体重的一般增长

肉牛的体重增长速度受品种、初生重、性别、饲养管理等因素的影响。肉用品种比非肉用品种增重快，同是肉用品种，大型品种快于小型品种，若饲养到相同体组织比例，则大型晚熟品种的饲养期较长，小型早熟品种饲养期则短；初生重大的牛，断奶重也大，断奶后的增重相对较快；从性别上讲，公牛增重比阉牛快，而阉牛又比母牛快；营养水平越高，增重越快。

就一头牛而言，在一生中体重的增长速度也是不一致的。正常的饲养条件下，在胎儿期，4个月前生长较慢，4个月后较快，分娩前两个月最快。身体各部分的生长特点，在各个时期也有所不同，一般是头部、内脏、四肢发育较早，而肌肉、脂肪发育较迟。初生时，可食部分很少，所以屠宰初生犊牛作肉用是很不经济的。

出生后到断奶生长速度较快，断奶至性成熟最快，性成熟后逐渐变慢，到成年基本停止生长。从年龄看，12月龄前生长速度快，以后逐渐变慢。

生长发育最快的时期也是把饲料营养转化为体重的效率最高的时期。掌握这个特点，在生长较快的阶段给予充分饲养，便可在增重和饲料转化率上获得最佳的经济效果。

2. 体组织的生长规律

牛体组织的生长直接影响到增重、屠宰率、净肉率和肉的质量。主要是肌肉、脂肪和骨组织在生产中意义重大。

肌肉的生长在出生后主要是肌纤维体积增大而致肌肉束增大。生长速度是初生到8月龄强度生长，8~12月龄生长速度减缓，18月龄后更慢。肉的纹理随年龄增长而变粗，因此青年牛的肉质比老年牛嫩。

脂肪生长速度12月龄前较慢，稍快于骨，以后变快。生长顺序是先贮积在内脏器官附近，即网油和板油，使器官固定于适当的位置，然后是皮下，最后沉积到肌纤维之间形成"大理石"花纹状肌肉，使肉质变得细嫩多汁。说明"大理石"状肌肉必须饲养到一定肥度时才会形成。老年牛经肥育，使脂肪沉积到肌纤维间，亦可使肉质变好。

骨的发育较早，在胚胎期生长速度快，出生后生长速度慢且较平稳，并最早停止生长。三大组织的生长模式、各组织占胴体的百分比，在生长过程中变化很大。肌肉占胴体的比例是先增加后下降；脂肪比例持续增加，年龄越大，比例也越大；骨的比例持续下降。

不同类型牛体组织的生长形式有不同的特点，早熟品种一般在体重较轻时便达到成熟年龄的体组织比例，可以早期育肥屠宰。大型晚熟品种必须在骨骼和肌肉生长完成后，脂肪才开始贮积。一般讲，早熟品种和晚熟品种在生长的最初阶段，肌肉和骨骼所占的比重相似，当体重达120 kg时，早熟品种脂肪组织生长快于晚熟品种，但肌肉生长慢于晚熟品种，骨的生长比例一直相似。公牛与阉牛相比，公牛的骨骼稍重且肌肉较多，脂肪生长延迟，日增重和屠宰率均超过阉牛。在体重损失和恢复过程中，体组织按一定规律变化。当体重损失时，肌肉与脂肪的损失同时发生，而肌肉损失较多；当体重恢复时，肌肉组织恢复较快，脂肪组织较慢；骨一般变化不大。

（二）补偿生长

在生产实践中，常见到牛在生长发育的某个阶段，由于饲料不足，生活环境突然变化或因疾病造成生长速度下降，甚至停止，一旦恢复高营养水平饲养或环境条件满足了生长发育需要，则生长速度比正常时还快，经过一定时期的饲养，仍能恢复到正常体重，这种特性叫补偿生长。

但是，补偿生长不是在任何情况下都能获得的，如生长受阻若发生在初生至3月龄或胚胎期，以后很难补偿；生长受阻时间越长，越难补偿，一般以3个月内，最长不超过6个月补偿效果较好。补偿能力还与进食量有关，进食量越大，补偿能力越强。补偿生长虽能在饲养结束时达到所要求的体重，但总的饲料转化率比正常低。

二、肉用犊牛和育成牛的饲养管理

由于肉用母牛泌乳性能较差，所以肉用犊牛一般采用随母哺乳法。

犊牛初生期的饲养关键是喂足初乳。犊牛出生后应在1 h内让其吃到初乳。健康犊牛在能够自行站立时，让其接近母牛后躯，吮吸母乳，体弱者可人工辅助，挤几滴母乳于干净手指上，让犊牛吸吮手指，而后引导到乳头助其吮奶。

肉用犊牛随母哺乳时，每昼夜7～9次，每次12～15 min。应注意观察犊牛哺乳时的表现，当犊牛哺乳时频繁地顶撞母牛乳房，而吞咽次数不多，说明母牛产奶量低，犊牛不够吃，应加大补饲量；如犊牛吸吮一段时间后，口角出现白色泡沫，说明犊牛已吃饱，应将犊牛拉开，否则易造成哺乳过量而引起消化不良。一般而言，大型肉牛犊平均日增重0.70～0.80 kg，小型肉牛犊日增重0.60～0.70 kg，若日增重达不到上述要求，应加强母牛的饲养水平或对犊牛直接补饲。哺乳期一般为5～6个月，不留作后备牛的犊牛，可实行4月龄断奶或早期断奶，但必须加强营养。

母牛产奶量2个月后就开始下降，为了使犊牛能够正常生长发育，并锻炼消化器官的功能，必须尽早补饲。补饲应循序渐进，掌握好各类饲料的补喂时间和喂量，同时必须让犊牛尽早饮水。

补饲的精料要求粗蛋白质18%～20%，粗脂肪6%～7%，粗纤维不超过5%，钙0.60%，磷0.42%，另添加维生素和微量元素添加剂。根据这个原则，可结合本地条件，确定配方和喂量。

常用的饲料配方举例如下：

配方1：玉米30%，燕麦20%，小麦麸10%，豆饼20%，亚麻籽饼10%，酵母粉7%，维生素、矿物质3%。

配方2：玉米50%，豆饼30%，小麦麸12%，酵母粉5%，磷酸钙1%，食盐1%，磷酸氢钙1%。90日龄内犊牛每吨料加入50 g多种维生素。

配方3：玉米50%，小麦麸15%，豆饼15%，棉粕13%，酵母粉3%，磷酸氢钙2%，食盐1%，微量元素、维生素、氨基酸复合添加剂1%。

育成牛的饲养在有放牧条件的地区，应以放牧为主，视草地牧草情况，适当补饲精料。舍饲情况下的营养与饲料供应和乳用育成牛一样，也应分阶段进行，具体方法可参见乳用育成牛饲养。

犊牛和育成牛的管理方法与乳用犊牛和乳用育成牛相同。

三、繁殖母牛的饲养管理

饲养繁殖母牛的效益只能通过繁殖成活率来体现，而这个指标与繁殖母牛的饲养关系十分密切，所以饲养者最关心的是怎样饲养母牛，才能提高犊牛繁殖成活率，降低饲养母牛的成本，提高效益。为此，要抓好以下几个方面。

（一）母牛饲养中的关键性营养问题

要使养母牛的效益提高，必须做到每年从每头母牛获得一头犊牛，而母牛营养的供应左右着母牛受配率和受胎率乃至产后犊牛的成活率，对能否达到饲养者的目的，起着决定性作用。一般情况下，妊娠牛若营养不足，犊牛初生重小，生长慢，成活率低。未孕母牛若六成膘，受配率70%，受胎率72%；七成膘，两项指标分别为75%和78%；八成膘，则两项指标分别为78%和80%。可见，营养对母牛的生产效率至关重要。

在对繁殖母牛的营养供应中，饲养者必须牢记：

第一，能量是比蛋白质更重要的限制因子。必须在能量保证的前提下合理供应蛋白质。

第二，繁殖母牛容易缺磷，而缺磷对繁殖率有严重的影响。由于繁殖母牛在一般情况下喂草多、喂料少，故易发生缺磷。缺磷后母牛受胎率、泌乳力均下降。

第三，补充维生素 A 可提高母牛的繁殖率。维生素 A 是牛饲料中最重要的维生素，通过给母牛补充维生素 A，还可改善初生犊牛的维生素状况，但维生素 A 或胡萝卜素的添加水平必须很高，因为维生素 A 在瘤胃和真胃内被破坏严重。

第四，肉用繁殖母牛的饲养一般较粗放，但要特别注意产犊前后100 d的各种营养供应，因此时的营养状况对母牛的发情率和受胎率起决定作用。

第五，防止营养过剩。过度肥胖会导致母牛卵巢脂肪变性而影响卵泡成熟和排卵，同时也易发生难产。

母牛有营养性繁殖疾病可从三个方面判断：一是在发情旺季能按正常周期发情的母牛很少，二是第一次配种的受胎率很低，三是犊牛2周内的成活率很低。

（二）妊娠母牛的饲养管理

妊娠母牛的饲养管理，其主要任务是，保证母牛的营养需要和做好保胎工作。妊娠母牛的营养需要和胎儿生长有直接关系。胎儿增重主要在妊娠的最后3个月，此期的增重占犊牛初生重的70%～80%，需要从母体吸收大量营养。

若胎儿期生长不良，出生后将难以补偿，增重速度将减慢，饲养成本增加。同时母牛还需要在体内蓄积一定养分，以保证产后泌乳。妊娠5个月前胎儿生长发育较慢，可以和空怀牛一样饲养，一般不增加营养，只保持中上等膘情即可。到分娩前母牛至少需增重45～70 kg，才足以保证产后的正常泌乳与发情。

1. 舍饲饲养

总原则是根据不同妊娠阶段按饲养标准供给营养，以混合干草为主，适当搭配精料，精料应压扁或粗磨，不能喂整粒，否则不易消化。

在妊娠前5个月，如处在青草季节，母牛可以完全喂青草而不喂精料，冬季日粮应以青贮、干草等粗饲料为主，缺乏豆科干草时少量补充蛋白质精料和尿素，以降低饲养成本。

妊娠6～9月，若以玉米秸或麦秸为主，母牛很难维持其最低营养需要，必须搭配1/3～1/2豆科牧草，另外加1 kg左右混合精料。精料应选择当地资源丰富的农副产品，如麦麸、饼类，再搭配少量玉米等谷物饲料，并注意补充矿物质和维生素 A。其配方可参考玉米27%，大麦25%，饼类20%，麸皮25%，矿物质1%～2%，食盐1%～2.5%，维生素 A 每天1 200～1 600 IU。

特别需要指出的是，妊娠母牛要禁喂未脱毒的棉籽饼、菜籽饼、酒糟及冰冻、发霉变质饲料，饮水温度应不低于10 ℃。每天饲喂2～3次，饮水3次，可采用先粗后精的饲喂顺序，即先喂粗料，待牛快吃饱时，在粗料中拌入部分精料和多汁饲料碎块，引诱牛多采食，最后将余下的精料全部投饲。

2. 放牧饲养

由舍饲转入放牧，要有个过渡阶段，严防"抢青"拉稀，甚至流产。夏秋季节可尽量延长放牧时间，一般不补饲；冬春枯草季节要补饲，特别是对怀孕最后2～3个月的母牛，应进行重点补饲，根据牧草质量和牛的营养需要确定补饲草料的种类和数量。精料补饲量每头每天0.8～1.1 kg，由50% 玉米、10% 糠麸类、30% 饼类、7% 高粱或大麦、2% 矿物质（如石灰石粉等）、1% 食盐组成。

3. 妊娠母牛的管理

纯种肉牛难产率较高，尤其初产母牛，运动是防止难产的有效途径，同时还可增强母牛体质，促进胎儿发育，所以必须加强运动。但要防止母牛发生挤、碰、滑、跌及角斗。刷拭能增强母牛健康，也是一项重要管理工作，特别是头胎母牛，除刷拭外，还要进行乳房按摩，以利乳房发育和产后犊牛哺乳。

（三）哺乳母牛的饲养管理

只有母牛的高质量泌乳，才有犊牛哺乳期的高日增重和高断奶重，也是犊牛全活全壮的基础。所以，哺乳母牛在饲养管理的主要任务是要使其达到足够的泌乳量，并尽早发情配种。饲养的总原则是哺乳阶段不掉膘，也不使牛过肥。

1. 舍饲

母牛分娩后最初几天，体力尚未恢复，消化机能很弱，必须给予容易消化的日粮。粗料应以优质干草为主，精料最好是麸皮，每日0.5～1.0 kg，逐渐增加，3～4 d后就可转入正常日粮。母牛产后恶露未排净之前，不可喂给过多精料，以免影响生殖器官的复原和产后发情。

当母牛消化正常，体力恢复后，为促进其泌乳，除喂给干草、青贮料外，应加喂一些青草和多汁饲料，并搭配混合精料。特别是产后70 d内，是泌乳母牛饲养的关键，采食量及营养需要在母牛各生理阶段中最高。热能需要量增加50%，蛋白质需要量加倍，钙、磷需要量增加3倍，维生素需要量增加50%。

如果供应不足，就会使泌乳量下降，犊牛生长停滞，患下痢、肺炎和佝偻病等。实际饲养中，除每天供给优质干草5～7 kg（或青草30kg或青贮料22 kg）外，另加1.5～2.0 kg精料。如粗料为秸秆类，则精料需增加0.4～0.5 kg。精料配方可参考：玉米50%、麸皮20%、豆饼10%、棉仁饼5%、胡麻饼5%、花生饼3%、葵籽饼4%、磷酸氢钙1.5%、碳酸氢钙0.5%、食盐0.9%、微量元素和维生素添加剂0.1%；或玉米50%、豆饼20%、玉米蛋白10%、酵母饲料5%、麸皮12%、磷酸氢钙1.6%、碳酸钙0.4%、食盐0.9%、微量元素和维生素添加剂0.1%。

为使母牛满足营养需要，喂母牛的饲料品质必须优良，特别注意豆科牧草的供应。饲喂时要增加饲喂次数，保证充足、卫生的饮水。

2. 放牧

放牧时，对哺乳母牛应分配就近的良好牧场，防止游走过多体力消耗大而影响母牛泌乳和犊牛生长。牧场牧草产量不足时，要进行补饲，特别是体弱、初胎和产犊较早的母牛。以补粗饲料为主，必要时补一定量的精料。一般是日放牧12 h，补精料1～2 kg，饮水5～6次。

需要指出的是，繁殖母牛的妊娠、产犊、泌乳和发情配种是相互紧密联系的过程。饲养时既要满足其营养需要，达到提高繁殖率和犊牛增重的目的，又要降低饲养成本，提高经济效益。这就需要对放牧和舍饲，粗料和精料的搭配等做出合理安排，有计划地安排好全年饲养工作。

四、草场的合理利用与牛的放牧饲养

利用天然草原或人工草地放牧养牛，饲养管理程序简便，节省人力和物力，饲养成本低，是一种养牛的好方式。牛在牧场上自由活动，接触阳光，呼吸新鲜空气和充分运动，能有效提高生产性能，对幼牛生长还能起到适应气候条件和增强对疾病抵抗力等作用，有利于生长发育。但要获取高的生产性能和经济效益，取决于两个条件，一是草场状况及合理利用，二是放牧技术。

（一）草场的合理利用

草场的合理利用，就是既要充分利用牧草，又不致严重践踏草场、过度利用、降低牧草再生能力而使草场退化。合理利用草场，一是要确定好合适的载牧量，二是要采取划区轮牧，三是要对草地轮换利用。

1. 载牧量

载牧量指在一定放牧时期内，一定草场面积上，不影响草地生产力和保证家畜正常生长发育情况下所能容纳放牧家畜的头数。放牧养牛时，可用牛的采食量、草地的产草量来确定载牧量，可按下式计算：

计算公式为：载牧量＝（亩或公顷产草量 × 可利用率）÷（牲畜日食草量 × 放牧天数）。式中，亩或公顷产草量以"千克/亩（公顷）·年"表示，牲畜日食草量以"千克/头·日"表示。

牛每日青草采食量一般是：种公牛30～40 kg，活重400～500 kg的母牛及青年牛（包括妊娠、干奶牛）40～55 kg，产奶量10～12 kg的母牛45～55 kg，1岁以内的小牛18～20 kg，平均日增重0.60 kg的育成牛25～30 kg。草地产草量应在未放牧前5 d之内，选择若干有代表性的样区，小面积测定后估出大面积的产草量。

2. 划区轮牧

划区轮牧是先把草场划分成季节牧场，然后把每个季节牧场再划分成若干个轮牧分区，按照合理的载牧量，使牛按照一定顺序逐区放牧采食，轮回利用草场。

分区数目的确定是以轮牧周期除以每分区一次放牧时间。轮牧周期是指依次放牧全部分区所需要的时间。一般是干旱草场30～35 d，荒漠草场30～50 d，草甸及森林草场25～30 d，高山、亚高山草场30～45 d。每分区一次放牧时间一般为5 d。分区的大小按产草量和牛群大小而定。一般优等草场每公顷放牛18～20头，中等草场10～12头，贫瘠草场4～5头。

3. 放牧地的轮换利用

每个季节牧场内，各分区各年的利用时间和方式按照一定规律顺序变动。以避免年年在同一时间，以同样方式利用同一草场。可提高草场生产力，清除品质不良和有害有毒植物，是合理利用草场的一种有效措施。

（二）放牧技术

大部分牛饱食后，会有卧息现象。此时可控制牛群停止前进，让其卧息或反刍，休息40～60 min后，继续放牧。根据草场情况，放牧时应采取不同的队形。在良好的草场上划区轮牧时，出牧和归牧要迎头压道控制牛群纵队行进，以免乱跑践踏牧草。进入草场后，将牛群控制成横队采食（牧民称"一条鞭"）。放牧人员一人在牛群前8～10 m处面对牛群，控制和引导牛群前进，一人在后防止牛只掉群。这样可保证每头牛充分采食而避免牧草被践踏浪费。

在牧草生长不均匀或质量差的草场放牧时，若采用横队前进就会使一些牛无草可食，则需改为散牧（牧民称"满天星"），让牛在牧地上相对分散自由采食，使其在较大面积上每头牛同时都能采食较多的牧草。

牛群在放牧过程中，初牧时采食时间多，比较安静，逐渐饱食后，游走时间随之增多，放牧人员要控制牛群，防止行进过快而导致牧场利用不完全。为了充分利用草场，最好采用两次放牧方式，即在初牧时先到前一天放过的草地放牧，让牛饥饿时先吃残余牧草，吃完后再转到新的牧地放牧。

放牧时要根据天气情况，早晨及傍晚天气凉爽或雨天，要顺风放牧；天气炎热时，要在地势高，通风好，凉爽的高山、平滩顶风放牧，但要避免阳光直射牛的眼睛。中午赶到凉爽地方卧息。

夏季要早出牧，多采食带露水牧草。牧谚有"牛吃露水草，发情配种早"，说明露水草放牧，能使牛尽早恢复体力，促进发情配种。秋末蚊蝇多，牧草枯黄，要逐渐减少放牧时间。带霜牧草采食后容易引起腹泻或母牛流产，因此要在霜消后出牧。

要保证牛饮水并注意水源卫生，防止寄生虫病感染。

（三）放牧时的注意事项

（1）牛群放牧饲养时，为了便于管理，应将牛按性别、年龄、体重、营养状况、生产性能等分别组群。产奶牛及妊娠后期、肥育后期牛群分配草质优良且较近的草场；育成牛、干奶牛、架子牛（包括种公牛）群分配草质较次和较远的草场。

（2）舍饲牛在放牧前10～15 d增加多汁饲料和青贮饲料的喂量，并增加舍外停留和运动时间，使其逐渐转向放牧，防止因环境和饲养条件的突然改变造成失重和疾病。开始放牧后，要逐渐延长放牧时间。完全放牧的牛群，全天放牧时间不得少于10 h，采食量大的产奶牛群应在12 h以上。牧草稀疏低矮时，为使牛达到应有的采食量，也应延长放牧时间。根据季节和牛群，制定并严格执行出牧、归牧和补饲等的时间，以提高放牧效果。

（3）早春草太短和初冬草已粗硬时，牛一般吃不饱，特别是对妊娠后期母牛和产奶牛及刚断乳的幼牛，要注意补饲。放牧后干草、青贮料最好自由采食，必要时可补喂少量精料。

（4）在有大量豆科牧草的草场（特别是栽培草地），放牧时间不得超过20 min，也不能在露水未干时放牧，以防发生臌胀。或先在其他牧场放牧，待快吃饱后再到豆科为主的草场放牧。此外，牛在放牧饲养时，要注意矿物质的补饲，特别是磷和食盐。

第二节　肉用牛的肥育

肉牛肥育，就是使日粮中的营养成分含量高于牛本身维持和正常发育所需的营养，使多余的营养以脂肪的形式沉积于体内，获得高于正常生长发育的日增重，缩短出栏日龄，达到肥育的目的。整个肥育过程以获得高的日增重，生产优质牛肉和取得最大经济效益为中心。肥育方式根据肉牛不同的生理阶段和生产目的而定，但无论哪种肥育方式，肥育牛所用的饮水应符合无公害食品畜禽饮用水质量标准（NY 5027—2008），所用的饲料符合饲料卫生标准（GB 13078—2017），并严格遵循《饲料和饲料添加剂管理条例》等有关规定。

一、肥育前的准备工作

为了搞好肥育工作，提高肥育效果，在肥育前应根据肥育牛的具体情况和肥育方式，做好以下几方面的工作。

（一）肥育牛的健康检查

肥育前要对肥育牛进行逐头检查，将患消化道疾病、传染病、无齿或其他无肥育价值的牛只剔除，以保证肥育安全和肥育效果。

（二）驱虫及防疫

所有肥育牛在肥育前要进行彻底驱虫，清除体内外寄生虫，并进行免疫接种，以免发病及影响肥育效果。

（三）分组编号

按品种、性别、年龄、体重及营养状况分群肥育，以便正确确定营养标准，合理配制日粮，促进肥育效果。分组的同时给牛只编号，以便于管理和测定肥育成绩。

（四）去势

为了利用公牛生长快、瘦肉率高的特性，一般2岁前屠宰的牛肥育时可不去势，如果生产高档牛肉及成年公牛肥育，均须在肥育前20 d去势，以提高肉的品质。

（五）称重

为了计算日增重和饲料转化率，确定肥育日粮营养及用量，肥育前应对牛只称重，连续2 d早晨空腹称重，取其平均值作为肥育始重。

（六）牛舍及草料准备

肥育前要因地制宜地准备好牛舍。肥育牛舍比较简单，只需做到夏季防暑，冬季保温，干燥，通风良好即可。设备应实用、廉价和安全，要定期消毒。

肥育前还应按牛头数、肥育天数、每头牛需要量准备好各类草料，以避免肥育中途大幅度换料，引起牛消化道不良，影响肥育效果。

二、持续肥育

持续肥育是指犊牛断奶后直接进入肥育期直到出栏为止，分就地肥育和易地肥育两种形式。

（一）肥育特点

持续肥育的特点是充分利用了牛饲料利用率最高的生长阶段，能保持较高的增重和肌肉组织生长，缩短生产周期，提高出栏率，故总的肥育效率高。生产的牛肉肉质鲜嫩，脂肪少，肉的品质好，能满足市场对高档优质牛肉的需求，是一种有推广价值的肥育方法。

（二）肥育原则

1. 选择好肥育犊牛用于持续肥育的牛

要求选择良种或肉牛与黄牛的杂交犊牛，断奶重大，健康无病，采食量大，消化能力强，体型好，断奶时体重135 kg以上。

2. 科学提供营养

采用高于维持需要和生长发育需要的营养供应，在犊牛阶段使其日增重达到0.9 kg以上，180日龄体重达200 kg，进入肥育期按日增重大于1.2 kg配合日粮，12月龄体重达400～450 kg。根据牛各阶段体重和体组织生长规律，合理确定能量和蛋白质等营养比例，使其在日增重和饲料转化率上获得最佳效果。

3. 粗饲料要符合该阶段牛的消化特点

断奶后的犊牛，消化器官还处于强烈发育时期，消化粗饲料的能力比成年牛弱。所以，日粮中的粗饲料要求质量高、易消化。最好选择优质干草和优质青贮，少喂或不喂秸秆饲料。

4. 科学管理少运动，勤刷拭

同时做到"五净"，即草料净、饲槽净、饮水净、牛体净、圈舍净。

（三）肥育方法

1. 放牧补饲肥育法

此法在牧草条件好的牧区或半农半牧区适用。犊牛断奶后，以放牧为主，根据草地情况，适当补充精料或干草，使其在18月龄时，体重达400 kg。要实现这一目标，犊牛在哺乳阶段，平均日增重应达到0.9～1.0 kg，冬季日增重保持0.4～0.6 kg，第二个夏季日增重在0.9 kg。枯草季节，每天每头补喂精料1～2 kg。放牧时要合理分群，每群50头左右，采用划区轮牧，1头体重120～150 kg的牛需草场1.5～2.0 hm。

放牧时要注意牛的休息、饮水和补盐，尽量减少行走距离。不能在出牧前或归牧后立即补饲，否则会影响放牧时的采食量。补饲的精料配方可参考：玉米67%、麸皮10%、高粱14%、饼类6%、石粉2%、食盐1%。

2. 舍饲—放牧—舍饲肥育法

此法适合于半农半牧区9—11月份出生的秋犊。犊牛出生后随母哺乳，哺乳期日增重0.6 kg，断奶后进行冬季舍饲，自由采食干草或青贮料，日喂精料2 kg，平均日增重0.9 kg，到6月龄体重达180 kg。然后在优良草地放牧（4—10月份）。到12月龄体重可达320 kg，转入舍饲，自由采食青贮料或干草，日喂精料2~5 kg，平均日增重0.9 kg，18月龄体重可达480 kg。

3. 全舍饲肥育法

适用于农区。犊牛阶段随母哺乳，90日龄前自由采食混合饲料，配方可参考：玉米63%、豆饼24%、麸皮10%、碳酸氢钙1.5%、食盐1%、小苏打0.5%，每千克加维生素 A 0.5万~1万 IU。

（1）强度肥育、周岁出栏方案　进入肥育期，按体重的1.5%喂混合精料，粗饲料自由采食。喂干草另加维生素 A 0.5万 IU。12月龄体重可达450 kg出栏。精料配方为：4~6月龄玉米60%、高粱10%、饼类24%、植物油脂3%、碳酸氢钙1.5%、食盐1.0%、小苏打0.5%；6~12月龄玉米67%、高粱10%、饼类20%、碳酸氢钙1.0%、食盐1.0%、小苏打1.0%。

（2）18月龄出栏方案　7月龄体重150 kg 开始，肥育至18月龄，体重达500 kg 以上时出栏。肥育期平均日增重1 kg，其中7~10月龄日增重目标为0.8 kg，9~16月龄1 kg，17~18月龄1.2 kg。

采用拴系饲养，定槽，定位，缰绳40~60 cm；断奶后驱虫一次，10~12月龄再驱虫1次，每日刷拭2次。

（3）肥育始重250 kg、500 kg 出栏方案　肥育期250 d，平均日增重1.0 kg，日粮分5个体重阶段，50 d 更换1次日粮配方与喂量。粗饲料采用青贮玉米，自由采食。

三、架子牛肥育

架子牛是指未经肥育或不够屠宰体况，年龄在1～3岁以内的牛，目前多指公牛而言。对架子牛进行屠宰前的3～5个月短期肥育叫架子牛肥育。肥育的具体方法多采用易地肥育。肥育原理是利用肉牛的补偿生长特点。

犊牛断奶后，到肥育前经过8～10个月甚至更长时间的生长期，即"吊架子"期，体重300 kg以上（地方良种黄牛250 kg以上），牛已有较大骨架，但尚未达到上市体重，膘情很差，产肉率很低，肉质差，售价低，散养各地，年龄也大小不等。对这类牛收购后集中在肥育场经过90～120 d强度肥育，使体重达450～500 kg出栏，所需饲养期短，周转快，是一种比较经济的肉用牛肥育方式。

吊架子期的牛对粗饲料利用率较高，主要是保证骨骼正常发育，以降低饲养成本为主要目标，不追求高速生长，日增重维持在0.5 kg即可。

（一）架子牛营养需要特点

吊架子期，主要是各器官的发育和长骨架，不要求过高增重，营养应以钙、磷等矿物质为重点，适当的蛋白质含量，不要求过高能量。

肥育阶段，是要充分利用肉牛补偿生长的特点，促进其肌肉和脂肪的沉积、营养以能量和蛋白质为重点，供应量要高于当时体重的维持需要和生长需要。在保证矿物质需要的前提下，采用高能量和足够的蛋白质营养。实际饲养时，按照生长肥育牛的饲养标准，根据对日增重的要求和环境因素进行必要调整。要充分利用本地成本低廉、资源丰富、能长期稳定供应的饲料。催肥期1～20 d日粮中精料的比例要达到45%～55%，粗蛋白质水平保持在12%；21～50 d日粮精料比例提高到65%～70%，粗蛋白质水平为11%；51～90 d日粮中能量浓度要进一步提高，精料比例还可进一步加大，粗蛋白质含量降到10%。

（二）架子牛的选购

牛肥育前的状况与肥育速度和牛肉品质关系很大，是确保肥育效率的首要环节。肥育牛在品种、年龄、性别、体重、体型外貌和健康方面均有较强的选择性。

1. 品种选择

应选择肉用牛的杂交品种，如夏洛来、利木赞、西门塔尔、海福特、皮埃蒙特牛等与本地牛的杂交后代，或秦川牛、晋南牛、南阳牛、鲁西牛等地方良种黄牛。这类牛增重快，瘦肉多，脂肪少，饲料转化率高。

2. 年龄和体重选择

架子牛肥育一般可选择14～18月龄的杂种牛或18～24月龄的良种黄牛，活重在300 kg以上。这个阶段的牛生长停滞期已过，肥育阶段增重迅速，生长能力比其他年龄和体重的牛高25%～50%。

3. 性别选择

性别选择要根据肥育目的和市场而定。公牛生长快，瘦肉率和饲料转化率高，但肉的品质不如阉牛和母牛。所以，24月龄前屠宰，宜选择公牛肥育；若是生产优质牛肉可在1岁去势；生产高档牛肉，则宜选择早去势的阉牛为好。

4. 体型外貌选择

应选择体型大，较瘦，体躯长，胸部深宽，背腰宽平，臀部宽大，头长而宽，口方整齐，四肢强健有力、蹄大，十字部略高于体高，后肢飞节较高；皮肤柔软有弹性，被毛细软密实，角尖凉，角根温，鼻镜干净湿润，眼睛明亮有神，性情温驯的牛。这样的牛健康，采食量大，生长能力强，饲养期短，肥育效果好。

（三）架子牛肥育原则及方法

1. 加强运输管理，减少应激

分散饲养于农牧户的架子牛，按照肥育牛选择要求选购后，集中运输。运前2～3 d每头每天肌肉注射维生素A 25万～100万IU，运前2 h喂饮口服补盐液2 000～3 000 ml，配方为：氯化钠3.5 g、氯化钾1.5 g、碳酸氢钠2.5 g、葡萄糖20 g，加凉开水至1 000 ml。装车前还可按每千克体重肌肉注射静松灵0.2～0.3 mg。运输途中不喂精料，只喂优质禾本科干草、食盐和适量饮水。冬天要注意保温，夏天要注意遮阳。

要合理装载。汽车装载运输，每头牛根据体重大小应占面积为：300 kg以下0.7～0.8 m^2；300～350 kg 1.0～1.1 m^2；400 kg 1.2 m^2；500 kg 1.3～1.5 m^2。火车运输时，

180 kg 0.7～0.75 m²；230 kg 0.85～0.9 m²；270 kg 1.0～1.1 m²；320 kg 1.1～1.2 m²；360 kg 1.2～1.3 m²；410 kg 1.3～1.4 m²；500 kg 1.4～1.5 m²。

2. 做好新到架子牛的管理

新到架子牛，首先更换缰绳，消毒牛体，然后提供清洁饮水（第一次饮水限制为15～20 kg，切忌暴饮，第二次饮水间隔3～4 h，水中掺些麸皮，第三次可自由饮水）。再次注射维生素A并饮口服补盐液，剂量同上。休息2 h后，分群，饲喂粗饲料，最好是禾本科青干草，其次为玉米或玉米青贮，不可饲喂苜蓿干草或苜蓿青贮，以防引起运输热。一天2次，每次采食1 h。逐渐增加喂量，4～5 d才能自由采食。混合精料5 d内控制在每头2 kg。

3. 分段饲养，加速增重

架子牛的快速肥育一般可分三个阶段。

第一阶段20～30 d，主要是让牛适应过渡，熟悉肥育饲料和环境，进行驱虫健胃（必需的工作），锻炼采食精料的能力，尽快使精粗料比例达到40∶60，日粮粗蛋白质12%。

第二阶段50～60 d，牛完全适应各方面的条件，采食量增加，增重速度很快。日采食饲料干物质8～9 kg，精粗料比为60∶40，日粮粗蛋白质水平11%。精料配方可参考：玉米70%、饼类20%、麸皮10%，每头每天20 g食盐、100 g预混料，日增重1.3 kg左右。

第三阶段20～30 d，干物质采食量达10 kg，精粗料比为70∶30，日粮粗蛋白质水平为10%。此期主要是增加脂肪沉积数量，改善肉的品质。精料组成中，可增加大麦喂量，配方可参考玉米65%、大麦20%、饼类10%、麸皮5%，每头每天食盐30 g、100 g预混料，日增重1.5 kg左右。体重超过500 kg即可出售，如继续肥育，饲料转化率降低，利润减少。

整个肥育过程中，粗饲料可根据当地资源选用，如以玉米青贮为主，或以酒糟为主，或以其他氨化秸秆为主。精料也应因地制宜，日粮配方可按肉牛饲养标准配制。在喂高精料日粮时，为防止酸中毒，提高增重效果，每头每天可添加3～5 g商品瘤胃素（即莫能菌素，每克商品瘤胃素含纯品60 mg）或精料量1%～2%碳酸氢钠。

除以上技术要领外，要提高架子牛易地肥育的经济效益，还应注意适度规模经营，及时上市屠宰，灵活掌握架子牛和肥牛的买卖差等。

4. 饲喂方式

肥育牛的饲喂有限制采食和自由采食。前者是将按照肥育所需营养配制的日粮，每日限定饲喂时间、次数和给量，一般每天饲喂2~3次；后者是将日粮投入饲槽，昼夜不断，牛可以任意采食。

自由采食能满足牛生长发育的营养需要，因此长得快，牛的屠宰率高，出肉多，肥育牛能在较短时间内出栏，省劳力。但饲料浪费较多，不易控制牛只生长速度。限制采食时，牛不能根据自身需要采食饲料，因此限制了牛的生长发育速度，且需要劳力多，但饲料浪费少，能有效控制牛的生长。

另外，牛有争食的习性，群饲时采食量大于单槽饲养。因此有条件的肥育场应采用群饲方式喂牛。投料采用少给勤添，使牛总有不足之感，争食而不厌食、不挑食。但少给勤添时要注意牛的采食习惯，一般的规律是早上采食量大，因此第一次添料要多些，太少了容易引起牛争料而顶撞斗架；晚上最后一次添料也要多一些，以供牛夜间采食。

随着牛体重的增加，各种饲料的比例会有调整，另一方面，养牛场也可能出现某种饲料供应不及时的现象。因此，在牛的肥育饲养中，饲料变更常会发生。但饲料的更换应采取逐渐更换的办法，绝不可骤然改变，以免打乱牛原有的采食习惯。更换饲料应有3~5 d的过渡期，逐渐让牛适应新更换的饲料。在饲料更换期间，饲养人员要勤观察，发现异常，及时采取措施，以减少饲料更换造成的损失。

保证饮水。饮水不足，影响肥育牛的生长发育。饮水充足，牛精神饱满，被毛有光泽，食欲好，采食量大。饮水最好采用自由饮水装置，如因条件限制而采用定时饮水时，每天至少3次。

采用围栏或拴系饲养，限制运动，以减少营养消耗，提高肥育效果。将肥育牛圈于休息栏内或每头牛单木桩拴系，拴系缰绳长度为50~60 cm，以牛能卧下为好。

四、老龄牛肥育

老龄牛肥育通常是指役用牛、奶牛和肉牛群中淘汰牛的肥育。此类牛一般年龄较大，体况不佳，不经肥育直接屠宰时产肉率低，肉质差，效益低。经短期集中肥育，不仅可提高屠宰率、产肉量及经济效益，而且可以改善肉的品质和风味。

老龄牛由于早已停止生长发育，所以在肥育过程中，主要是增加脂肪，故营养供应以能量为主，蛋白质含量不宜过高。饲料组成以碳水化合物含量高的原料为主，用当地价格低廉的粗饲料及糟粕类饲料，适当搭配精料，以达到沉积脂肪，提高增重和屠宰率的目的。

肥育前要进行全面检查，将患消化道疾病、传染病及过老、无齿、采食困难的牛只剔除，这类牛达不到肥育效果。公牛应在肥育前20 d去势，公母分群。

对于膘情很差的牛，可先复壮，如每日喂米汤0.5～1.0 kg，连喂15 d左右；或用中药黄精60 g、薏米60 g、沙参50 g共研末掺入饲料中喂服，每日一剂，连服一周。同时让其逐渐适应肥育日粮，避免发生消化道疾病。有放牧条件可先放牧，利用青草使牛复膘，然后再用肥育日粮肥育。

肥育期一般为90 d；也可分三个阶段，第一阶段20 d左右，要驱虫健胃，并适应肥育用日粮和环境条件；第二阶段40～50 d，牛食欲好，增重快，要增加饲喂次数，尽量设法提高采食量；第三阶段20～30 d，牛食欲可能有所下降，要少给勤添，提高日粮营养浓度。

精料配方可参考：玉米72%、棉饼15%、麸皮10%、尿素1%、添加剂2%。

另外，酒糟、甜菜渣等均是成年牛肥育的好饲料，适当搭配精料，补喂食盐，日增重均可达1.0 kg以上。

五、乳用品种小公牛肥育

1. 哺乳期的饲养管理

为了降低生产成本，采用低奶量短期哺乳法。公犊的哺乳期为3周，1～3

日龄每天喂初乳5~6 kg，以后改为常乳。4~7日龄喂4~5 kg；8~14日龄喂3~4 kg，15~21日龄喂2~3 kg。从5日龄开始训练犊牛吃料，由熟到生，逐渐增多。并从10日龄起训练采食植物性饲料，由嫩草、青草过渡到优质干草、青贮饲料，代乳料可以自配。配方可参考：玉米40%、小米 20%、豆饼20%、麸皮18%、碳酸氢钙1%、食盐1%，另添加适量维生素和微量元素。

2. 断奶后的饲养管理

60日龄粥状代乳料换成粥状生代乳料，90日龄改粥状生代乳料为精料拌草，粗饲料包括青干草、青贮饲料和鲜草等，自由采食。管理上加强犊牛运动，接受阳光照射，定期消毒栏舍，供给充足饮水。

3. 强度肥育

对乳用品种青年公牛作强度肥育时，可得到更大的日增重和出栏重。但乳用品种牛的代谢类型不同于肉用品种，每千克增重所需精料较肉用品种高10%以上，并且必须在日增重高于1.2 kg，牛的膘情才能改善。

六、小白牛肉与小牛肉生产

肉用公犊和淘汰母犊是生产小白牛肉和小牛肉的最好选材，但近年来，一些乳业发达的国家开始重视用乳用公犊生产小白牛肉和小牛肉，为乳用公犊的有效利用开辟了新途径。在我国目前条件下，还没有专门化肉用品种，所以选择荷斯坦牛公犊，利用其前期生长快，肥育成本较低的优势生产小白牛肉，满足星级宾馆饭店对高档牛肉的需求，是一项具有广阔发展前景的产业。

（一）小白牛肉生产

所谓小白牛肉，是指犊牛生后90~100 d，体重达到100 kg左右，完全由乳或代用乳培育所产的牛肉。因饲料含铁量极少，故其肉为白色，肉质细嫩味道为乳香味，十分鲜美。由于生产白牛肉不喂其他任何饲料，甚至连垫草也不让采食，因此饲喂成本高，但售价也高，其价格是一般牛肉价格的8~10倍。

1. 犊牛选择

选择出生重40 kg以上，健康无病，表现头大嘴大，管围粗，身腰长，后躯方，无任何生理缺陷的犊牛。

2. 肥育技术

出生后喂足初乳，实行人工哺乳，每日哺喂3次。喂完初乳后喂全乳或代乳粉，喂量随日龄增长而逐渐增加。平均日增重0.80~1.00 kg，每增重1 kg耗全乳10~11 kg，成本很高。所以，近年来用与全乳营养相当的代乳粉饲喂，每千克增重需1.3~1.5 kg。严格限制代乳粉中的含铁量，强迫犊牛在缺铁条件下生长，这是小白牛肉生产的关键技术。

管理上采用圈养或犊牛栏饲养，每圈10头，每头占地2.5~3.0 m²。犊牛栏全用木制，长140 cm，高180 cm，宽45 cm，底板离地高50 cm。舍内要求光照充足，通风良好，温度15~20 ℃，干燥。

（二）小牛肉生产

犊牛出生后饲养至7~8月龄或12月龄以前，以乳为主，辅以少量精料培育，体重达到300~350 kg所产的肉，称为"小牛肉"。肉富含水分，鲜嫩多汁，含蛋白质多而脂肪少，肉质呈淡粉红色，胴体表面均匀覆盖一层白色脂肪，风味独特，营养丰富，人体所需的氨基酸和维生素齐全。

肥育方法是：喂5~7 d初乳后喂常乳，1月龄内按体重8%~9%饲喂。7~10 d开始喂混合料，逐渐增加到0.5~0.6 kg，青草或青干草自由采食。1月龄后日喂奶量基本保持不变，喂料量则要逐渐增加，青草或青干草仍自由采食，自由饮水，直至肥育到6月龄止。可以在此阶段出售，也可继续肥育至7~8月龄或12月龄出栏。

为节省用奶量，提高增重效果并减少疾病发生，所用肥育精料要具有能量高、易消化的特点，并可加入少量抑菌制剂。可参考以下配方：玉米60%、豆饼15%、大麦13%、油脂10%、磷酸氢钙1.5%、食盐0.5%，每千克饲料中加入维生素A 1万~2万 IU。

5月龄后拴系饲养，减少运动，但每天应晒太阳3~4 h。舍内温度要求18~20 ℃，相对湿度80%以下。

七、提高肉用牛肥育效果的技术措施

（一）选好品种

我国没有专用肉牛品种，所以肥育牛应选择国外优良肉用公牛与我国地方品种母牛的杂交后代，三元杂交后代效果更好，或者是我国优良的地方品种及相互杂交后代，利用其杂种优势提高肥育的效果。

（二）利用公牛肥育

研究表明，公牛的生长速度和饲料转化率明显高于阉牛，并且胴体瘦肉率高，脂肪少。一般公牛的日增重比阉牛高14.4%，饲料利用率高11.7%，因此2岁内出栏的肉牛以不去势为好。

（三）注意牛的体型选择

按照前述架子牛和犊牛选择要求，选好肥育牛，这对提高肥育效果和经济效益非常重要。如选去势牛，以3～6月龄早去势的牛为好，这样可减少应激，加速骨骼钙化，出栏时出肉率高，肉质好。

（四）选择适龄牛肥育

应选1～2岁牛进行肥育，这类牛生长快，肉质好，效益高。

（五）抓住肥育的有利季节

在四季分明的地区，春秋季肥育效果最好，此时气候温和，牛采食量大，生长快。夏季炎热，不利于牛增重，因此肉牛肥育最好错过夏季。在牧区肉牛出栏以秋末为最佳。冬季肥育要注意防寒，为肉牛创造良好生活环境。

（六）合理搭配饲料

按照肉牛生长发育的生理阶段，合理确定日粮各营养含量，肌肉生长快的阶段增加蛋白质供应，脂肪生长快的阶段多供应能量，使其体重与各组织的增长与营养供应同步。

（七）注意饲料形态和调制

秸秆类饲料喂前应用揉搓机揉搓成0.5～1.0 cm 的丝状，或先铡短再粉碎成0.5～0.7 cm 长，然后氨化处理。干草有条件可制粒，无制粒条件可粉碎。青贮原料切成0.8～1.5 cm后青贮。饲喂前将所用各类饲料充分拌匀，以看不到各类饲料层次为准。理想的肥育牛饲料，应当有青贮料或糟渣类饲料，可将这类饲料与其他饲料均匀拌成半干半湿状（含水量40%～50%）喂牛，效果最好。肥育牛不宜采食干粉状料。

（八）精心管理

肥育前要驱虫健胃，预防疾病。平时要勤检查，细观察，发现异常及时处理。严禁饲喂发霉变质草料，饮水要卫生。勤刷拭，少运动，圈舍要勤换垫草，勤清粪便，勤消毒，保证肥育安全。

第三节　高档牛肉生产技术

高档牛肉是指对肥育达标的优质肉牛，经特定的屠宰和嫩化处理及部位分割加工后，生产出的特定优质部位牛肉，最高占胴体重的12%。在生产高档牛肉的同时，还可分割出优质切块，两者共占胴体比例为45%～50%。由于各国传统饮食习惯不同，高档牛肉的标准各异，但通常是指优质牛肉中的精选部分。目前我国肉牛和牛肉等级尚未统一规定，综合国内外研究结果，高档牛肉至少应具备以下标准。

活牛：健康无病的各类杂交牛或良种黄牛；年龄30月龄以内，宰前活重550 kg以上；满膘（看不到骨头突出点），尾根下平坦无沟、背平宽，手触摸肩部、胸垂部、背腰部、上腹部、臀部有较厚的脂肪层。

胴体评估：胴体外观完整，无损伤；胴体体表脂肪色泽洁白而有光泽，质地坚硬，胴体体表脂肪覆盖率80%以上，12～13肋骨处脂肪厚度10～20 mm，净肉率52%以上。

肉质评估：大理石花纹丰富，表示牛肉嫩度的肌肉剪切值3.62 kg以下，出现次数应在65%以上；易咀嚼，不留残渣，不塞牙；完全解冻的肉块，用手触摸时，手指易插进肉块深部。牛肉质地松软多汁。每条牛柳重2.0 kg以上，每条西冷重5.0 kg以上，每条眼肉重6.0 kg以上。

随着我国人民生活水平的不断提高，人们食物结构的不断改善，特别是在加入 WTO 后，我国国际交往日益增多，涉外宾馆、饭店及旅游行业蓬勃发展，对高档牛肉的需求越来越多，我国的肉牛业生产优质高档牛肉将会越来越受到重视。

一、肥育牛的条件

生产高档牛肉，对肥育牛的要求非常严格。

（一）品种要求

品种的选择是高档牛肉生产的关键之一。试验研究表明，生产高档牛肉最好的牛源是安格斯、利木赞、夏洛来、皮埃蒙特等引入的国外专门化肉用品种与本地黄牛的杂交后代。如果用我国地方良种作母本，牛肉品质和经济效益更好。秦川牛、南阳牛、鲁西牛、晋南牛也可作为生产高档牛肉的牛源。

（二）年龄与性别要求

生产高档牛肉最佳的开始肥育年龄为12~16月龄，30月龄以上不宜肥育生产高档牛肉。性别以阉牛最好，阉牛虽然不如公牛生长快，但其脂肪含量高，胴体等级高于公牛，而又比母牛生长快。

其他方面的要求以达到一般肥育肉牛的最高标准即可。

二、肥育期和出栏体重

生产高档牛肉的牛，肥育期不能过短，一般为12月龄牛8~9个月，18月龄牛6~8个月，24月龄牛5~6个月。出栏体重应达500~600 kg，否则胴体质量就达不到应有的级别，牛肉达不到优等或精选等级，故既要求适当的月龄，又要求一定的出栏体重，二者缺一不可。

三、饲养与饲料

高档牛肉生产对饲料营养和饲养管理的要求较高。1岁左右的架子牛阶段可多用青贮、干草和切碎的秸秆，当体重300 kg以上时逐渐加大混合精料的比例。肥育期必须采用高营养平衡日粮，以粗饲料为主的日粮难以生产出高档牛肉。所用饲料必须优质，不能潮湿发霉，也不允许虫蛀鼠咬。籽实类精料不能粉碎过细，青干草、青贮饲料必须正确调制，秸秆类必须氨化、揉碎。

如选择12月龄，体重300 kg的牛进行肥育，按日增重1 kg日粮饲喂，肥育到18月龄以后，应酌情增加喂料量10%左右。每天饲喂2~3次，饮水3~4次。最后2个月要调整日粮，不喂含各种能加重脂肪组织颜色的草料，如大豆饼粕、黄玉米、南瓜、胡萝卜、青草等。多喂能使脂肪白而坚硬的饲料，如麦类、麸皮、麦糠、马铃薯和淀粉渣等，粗料最好用含叶绿素、叶黄素较少的饲草，如玉米秸、谷草、干草等。并提高营养水平，增加饲喂次数，使日增重达到1.3 kg以上。但高精料肥育时应防止发生酸中毒。到22月龄时，体重达到600 kg，此时膘情为满膘，脂肪已充分沉积到肌肉纤维之间，使眼肌切面上呈现理想的大理石花纹。下面列举几种日粮配方，供参考。

配方1（适用于体重300 kg）：精料4~5 kg／（d·头）（玉米50.8%、麸皮24.7%、棉粕22.0%、磷酸氢钙0.3%、石粉0.2%、食盐1.5%、小苏打0.5%，预混料适量）；谷草或玉米秸3~4 kg／（d·头）。

配方2（适用于体重400 kg）：精料5~7 kg／（d·头）（玉米51.3%、大麦21.3%、麸皮14.7%、棉粕10.3%、磷酸氢钙0.14%、石粉0.26%、食盐1.5%、小苏打0.5%，预混料适量）；谷草或玉米秸5~6 kg／（d·头）。

配方3（适用于体重450 kg）：精料6~8 kg／（d·头）（玉米56.6%、大麦20.7%、麸皮14.2%、棉粕6.3%、石粉0.2%、食盐1.5%、小苏打0.5%，预混料适量），谷草或玉米秸5~6 kg／（d·头）。

管理上要特别注意保健卫生，饲料安全，防寒防暑和牛体刷拭。

四、屠宰工艺

屠宰前先进行检疫，并停食24 h，停水8 h，称重，然后用清水冲淋洗净牛体，冬季要用20~25 ℃的温水冲淋。将经过宰前处理的牛牵到屠宰点，有特殊需求的最好按相应的规定程序屠宰。

屠宰的工艺流程是：电麻击昏—屠宰间倒吊—刺杀放血—剥皮（去头、蹄和尾）—去内脏—胴体劈半—冲洗、修整、称重—检验—胴体分级编号。测定相关屠宰指标后进入下道工序。

五、胴体嫩化

牛肉嫩度是高档与优质牛肉的重要质量指标。嫩化处理（又叫排酸或成熟）是提高嫩度的重要措施，其方法是在专用嫩化间，温度0~4 ℃，相对湿度80%~85% 条件下吊挂1~3 d（称吊挂排酸）。嫩化后的胴体表面形成一层"干燥膜"，羊皮纸样感觉，pH=5.4~5.8，肉的横断面有汁流，切面湿润，有特殊香味，剪切值（专用嫩度计测定）可达到3.62 kg 以下的标准。也可采用电刺激嫩化或酶处理嫩化。

六、胴体分割包装

严格按照操作规程和程序，将胴体按不同档次和部位进行切块分割，精细修整。高档部位肉有牛柳、西冷和眼肉三块，均采用快速真空包装，每箱重量为15 kg，然后入库速冻，也可在0~4 ℃冷藏柜中保存销售。

近年来，国内有关高档牛肉生产的研究正不断深入，如研究制定了"秦川牛高档牛肉生产技术规范"；创建了"望楚高档牛肉生产实践模式"等，相继也建立起了高档牛肉生产线。从而推动了我国高档牛肉生产进程。

第四节　肉牛全混合日粮（TMR）调制及饲喂技术

肉牛全混合日粮（Total Mixed Rations，TMR）是指根据肉牛不同生理阶段和生产性能的营养需要，采用营养调控技术，将不同饲料原料合理搭配设计全价日粮配方，并按照配方把每天饲喂的粗料、精料、矿物质、维生素和其他添加剂等各种饲料原料按照一定比例和顺序，用特定的设备和加工工艺，均匀混合而制成的营养全价的日粮。该日粮保证牛采食的饲料营养均衡，可提高肉牛采食量，降低消化系统疾病，提高生产效率。其技术要点为：

一、设备选择

（一）粉碎机

用于粉碎玉米、豆粕等籽实类饲料原料，可选用锤片式饲料粉碎机。

（二）铡草机

用于秸秆、苜蓿、干草等粗饲料铡短。

（三）全混合日粮加工设备（TMR机）

根据牛场、牛舍设施条件选择牵引或自走式、固定式TMR机。牵引或自走式是按顺序分别装入各饲料组分，经搅拌混合后直接送牛舍，投放到牛槽，适用于通道较宽，能够通过大型机械的牛场、牛舍。固定式是按顺序装入各饲料成分，经搅拌混合后，用其他运料设备送到牛舍进行饲喂。在通道不够宽阔的牛场、牛舍使用，需有固定的饲料加工车间，配备饲料运送车。

根据原料特性选择卧式或立式。卧式适用于比重较大、较松散、含水率低的小批量物料混合。立式适用含水量较高、黏附性好物料混合。

二、全混合日粮配方设计

（一）设计依据

要根据牛品种、类型、年龄、体重、日增重目标、饲草饲料组成，对照农业农村部肉牛饲养标准，确定全混合日粮营养水平，设计不同类型的配方，日粮中干物质含量不低于50%。

（二）配制原则

充分利用当地饲料资源，原料品种要多样化；保持组成相对稳定，考虑适口性、肉牛采食量和有饱腹感；精粗比例适宜，要根据肉牛品种、不同生理阶段及不同生长期精粗饲料比按30：70～70：30搭配，保证中性洗涤纤维占日粮干物质28%以上。

三、饲料原料选择

饲料原料要保证优质、营养丰富、不霉变，卫生指标不超标，原料中不得混有铁器、石块、包装绳等杂物。

（一）粗饲料

包括青（黄）贮饲料、青绿饲料、干草、农作物秸秆、槽渣类饲料等。

（二）精饲料

包括玉米等能量饲料和豆饼（粕）、棉籽（粕）等蛋白饲料。

（三）添加剂

包括矿物质、维生素等。

四、全混合日粮制作

（一）原料加工

干草类要铡短，长度以3～4 cm为宜；青（黄）贮饲料要严格控制水分，切碎长度以2～4 cm为宜；精料要粉碎，粉碎后99%通过2.8 mm编织筛，不得有整粒谷物，通过1.40 mm编织筛筛上物不得多于20%；糟渣类水分控制在65%～80%。

（二）人工制作

按青（黄）、干草、糟渣类和精料、补充料按顺序分层，均匀地在地上摊开，用铁锨等工具将饲料向一侧对翻，直至混合均匀为止。

（三）机械制作

卧式TMR机填装顺序为混合精料—干草（秸秆等）—青（黄）贮—添加剂；立式TMR机填装顺序为（秸秆类）—青（黄）贮—糟粕、青绿、根块类—混合精料（籽实）、添加剂。装量占机器容量的60%～75%。

要边装边搅拌，装干草搅拌4 min、青（黄）贮搅拌3 min、糟渣类搅拌2 min、精料补充料搅拌2 min，最后一批料装完后再搅拌4～8 min，总搅拌时间需25～40 min。

（四）质量评价

制作完的全混合日粮应混合均匀，色泽均匀，松散不分离，水分含量在35%～45%之间，4 cm长度粗饲料要占20%左右。

五、全混合日粮饲喂

（一）合理分群

根据圈舍大小、机械容量，按照品种、年龄、体重、日增重目标、养殖模式进行分群，尽量减少同群牛个体间差异。

（二）投喂方法

使用移动式 TMR 机将制作好的饲料运到牛舍，均匀投放到牛槽中。使用固定式 TMR 机制作好饲料后，再用其他车将饲料运至牛舍，均匀倒入牛槽中。每日投料2次，按照日饲喂量的50%早晚各投放一次。也可按早60%、晚40%的比例投喂。

六、日常管理

（1）定期检查饲料原料，确保不发霉、不变质。每天要检查食槽，观察日粮一致性和搅拌均匀度。

（2）定期检查电子计量仪的准确性，确保各种原料的准确、足量添加。

（3）每头牛要有0.5～0.7 m的食槽采食空间，保证每头牛都能充分采食到饲料。

（4）每次投喂前要清槽，定期刷槽，保证饲槽清洁卫生。

（5）日粮要在饲喂前制作，在当日吃完，保持饲料新鲜。发热发霉的剩料及时清出。

（6）不随意变换日粮配方，要保证日粮成分相对稳定，如需变换要有10 d左右的过渡期。

（7）保证饮水充足，冬季最好饮温水。

（8）有条件的情况下，对牛只去角，避免相互争斗。

第五节 常用饲料在肉牛肥育上的应用

一、酒糟肥育

酒糟是酿酒工业的副产品，其中富含酵母、甘油、丙酮酸、纤维素、半纤维素、脂肪、灰分和 B 族维生素等，蛋白质含量比原料高，是一种良好的肥育牛饲料。酒糟喂牛时，开始不喜食，要以干草为主，酒糟由少到多，逐渐使牛适应，到肥育中期时，生长肥育牛喂量可达25～30 kg，成年牛可喂到35～40 kg。下面介绍两个酒糟肥育牛方案，供参考。

方案一：肥育期120 d，分适应期、肥育前期、肥育中期、肥育后期四个阶段。

适应期（10 d）：每天每头喂酒糟5～10 kg、干草15～20 kg、玉米1 kg、食盐40 g、酵母片40粒、多种维生素适量。

肥育前期（40 d）：酒糟15～20 kg、干草3.5～4.0 kg、玉米1.5～2.5 kg、豆饼0.5 kg、尿素100 g、食盐40 g。

肥育中期（40 d）：酒糟20～25 kg、干草2.5～3.0 kg、玉米2.5～3.5 kg、豆饼2.5 kg、尿素100 g、食盐50 g。

肥育后期（30 d）：酒糟20～30 kg、干草1.0～1.5 kg、玉米4～4.5 kg、豆饼0.5 kg、尿素100 g、食盐50 g。

方案二：肥育期90 d，分三个阶段，1～20 d 为适应期，以喂粗饲料为主，精料占30%，日粮粗蛋白质水平12%；21～50 d 日粮中精料比例占60%，粗蛋白质水平11%；51～90 d 日粮中精料比例占70%，粗蛋白质水平10%。此外，每千克饲料另加莫能菌素20～30 mg，磷酸氢钙5 g，每天每头喂2万 IU 维生素 A 及50 g 食盐。精料给量为每100 kg 体重1.0～1.5 kg，用酒糟肥育牛时，应注意：不能把酒糟作为唯一的粗饲料使用，应与其他干粗饲料搭配并搅拌均匀后饲喂，否则会导致瘤胃内可降解氮不足，使粗纤维消化率下降。酒糟宜占日粮比例30%～45%，日粮中纤维素10%～14%。长期饲用白酒糟时，日粮中应补充维生素A，每天每头1.7万～5.0万IU。要保证酒糟新鲜，饲喂过程中如发现湿疹、膝部球关节红肿与腹部臌胀等症状，应暂停饲喂，适当调剂饲料，以调整消化机能。冬季避免喂冰冻酒糟，冰冻酒糟要化开后再喂。

二、青贮饲料肥育

青贮玉米是肥育肉牛的优质饲料，一般采食量为每100 kg 体重1.5～2.5 kg，如果同时补喂一些混合精料，可以达到较高的日增重。

据有关试验报道，体重375 kg 的荷斯坦杂种公牛，每天每头饲喂青贮玉米12.5 kg，混合精料6 kg（棉籽饼25.7%、玉米面43.9%、麸皮29.2%、磷酸氢钙1.2%），另喂食盐30 g，在104 d 的肥育期内，平均日增重1.65 kg。用1.5～2.0岁，体重342.5 kg 的鲁西黄牛进行试验，青贮玉米自由采食，精料（玉米53.03%、麸皮28.41%、棉籽饼16.1%、磷酸氢钙1.51%、食盐0.95%）每天每头饲喂5 kg，在60 d 的试验期内平均日增重1.36 kg，最高的个体日增重达1.5 kg。

一般在肉牛肥育中用的玉米青贮是收获籽实后铡碎的秸秆青贮。虽然营养价值较低，但比干玉米秸的饲喂效果要好得多。在饲喂肥育牛时，随着精料喂量的逐渐增加，青贮玉米采食量逐渐减少，虽日增重逐渐增加，但饲养成本上升，因此，肥育时精料比例一定要合适。

由于青贮玉米蛋白质含量低，在自由采食青贮饲料时，加喂青贮料干物质2%的尿素对增重有利，尤其是对体重300 kg 以上的育肥牛，效果更好。同时还应注意补充能量饲料、矿物质和维生素。每天每头添加占饲料干物质量1%～2%的碳酸氢钠，可减少有机酸的危害。

三、氨化饲料肥育

将农作物秸秆经氨化处理可提高秸秆的营养价值，改善饲料的适口性和消化率。让牛自由采食，补以适量精料可达到增重的目的。但由于其营养价值低，肥育牛的日增重低，所需肥育时间长，不适合要求增长快、早出栏的规模饲养模式。对体重较大的架子牛，如果选择氨化秸秆作为基础饲料，要达到短期快速肥育的目的，需要补以适量青贮饲料和优质干草，并适当加大精料比例。但是，秸秆氨化和不氨化效果差异很大。据试验，在低精料条件下，氨化麦秸占日粮60%，较不氨化麦秸的日增重提高11.2%，随着日粮中精料给量的增加，氨化麦秸作用减少，当日粮中氨化麦秸占日粮20%～40%时，分别比不氨化麦秸肉牛日增重提高3.42%～34.30%。

四、微贮秸秆肥育

微贮秸秆是在适宜的温度、湿度和厌氧条件下，利用微生物活菌发酵秸秆，从而改善秸秆的适口性和饲喂价值。据报道，牛采食微贮秸秆的速度比采食一般秸秆提高30%～45%，采食量增加20%～30%。若每天再补加精料2.5 kg，肉牛日增重可达1.2 kg以上。

五、甜菜渣肥育

甜菜渣是制糖的副产品，新鲜甜菜渣含水分多，营养价值低，但适口性好，甜菜产区常用以肥育肉用牛。用甜菜渣喂肉牛时，喂量不宜过大。甜菜渣含有大量游离的有机酸，饲喂过量易使肉牛拉稀，喂量可占日粮干物质的30%。

肥育牛肥育初期每天每头饲喂甜菜渣20～25 kg、中期30～35 kg、末期25 kg。干草2 kg、秸秆3 kg、混合精料0.5～1.5 kg、食盐50 g、尿素50 g，日增重可达1 kg以上。

大量饲喂鲜甜菜渣时要减少饮水。若喂干甜菜渣，喂前应加2～3倍水，充分浸泡6～10 h。

六、酱油渣肥育

酱油渣一般含水50%左右，风干酱油渣含水10%，粗蛋白质19.7%～31.7%，粗纤维12.7%～19.3%，盐5%～7%，是一种较安全的饲料。但由于含盐量较高，因此，肉牛肥育中不能超过日粮的5%～7%。与青贮玉米、禾本科干草等搭配饲喂效果较好。

第六章 牛场的经营与管理

第一节 牛场劳动管理

一、岗位设置

牛场人员是由管理人员、技术人员、生产人员、后勤及服务人员等组成。具体岗位有：场长、会计、出纳、畜牧技术员、兽医、人工授精员、统计员、饲养员、挤奶员、饲料加工员、奶处理员、锅炉工、夜班工、司机、维修工、仓库保管员及其他服务人员（食堂厨师、卫生员、保育员）等。

二、主要岗位职责

牛场工作岗位都应制定相应的岗位职责，实行定岗定责、联产计酬的制度。主要岗位的职责如下：

（一）场长（经理）职责

1. 集体所有制牛场场长（经理）主要职责

（1）认真贯彻执行国家有关发展畜牧业的法规和政策。

（2）在充分调研、协商的基础上，确定牛场的经营计划和投资方案，对外签订经济合同。

（3）制定牛场的年度预算方案、决算方案、利润分配方案以及弥补亏损方案。

（4）决定内部管理机构的设置，聘任或解聘牛场的员工和决定其报酬等事项。

（5）负责召集员工会议，向员工和上级主管机关汇报工作，并自觉接受员工和上级主管机关的监督和检查。

（6）制定牛场的基本管理制度，负责向债权人提供牛场经营情况和财务状况。

2. 私有制牛场出资人（或场长）主要职责

（1）决定牛场的投资方案和经营计划。

（2）制定牛场的基本管理制度。

（3）决定牛场的机构设置，聘任或解聘牛场的员工。

（4）决定牛场的工资制度和利润分配形式。

（5）决定牛场产品价格和收费标准。

（6）订立合同，申请专利，注册商标，对外签订经济合同。

（7）决定牛场合并、分立、变更、经营形式、解散等重大事件。

（8）遵守国家法律、法规和政策，依法纳税，服从国家有关机关的监督管理。

（二）畜牧主管职责

（1）按照本场的自然资源、生产条件以及市场需求，组织畜牧技术人员提出全场生产年度计划和长远计划的建议，审查生产基本建设和投资计划，掌握生产进度，提出增产措施和育种方案。

（2）制定各项畜牧技术操作规程，并检查其执行情况，对违反技术操作规程和不符合技术要求的事项有权制止和纠正。

（3）负责拟订全场各类饲料采购、储备和调拨计划，并检查其使用情况。

（4）组织畜牧技术经验交流、技术培训和科学试验工作。

（5）对于畜牧生产中重大技术事故，要负责作出结论，并承担应负的责任。

（6）对全场畜牧技术人员的任免、调动、升级、奖惩，提出意见和建议。

（三）兽医主管职责

（1）制定本场消毒、防疫、检疫制度和制定免疫程序，并行使总监督。

（2）负责拟订全场兽医药械的分配调拨计划，并检查其使用情况，在发生传染病时，根据有关规定封锁或扑杀病牛。

（3）组织兽医技术经验交流、技术培训和科学试验工作。

（4）及时组织会诊疑难病例。

（5）对于兽医技术中重大事故，要负责做出结论，并承担应负的责任。

（6）对全场兽医技术人员的任免、调动、升级、奖惩，提出意见和建议。

（四）畜牧技术人员主要职责

（1）根据奶牛场生产任务和饲料条件，拟订奶牛生产计划。

（2）制订各类牛只更新淘汰、产犊、出售以及牛群周转计划。

（3）按照各项畜牧技术规程，拟订奶牛的饲料配方和饲喂定额。

（4）制订育种、选种、选配方案。

（5）负责牛场的日常畜牧技术操作和牛群生产管理。

（6）组织力量进行牛的外貌评定。

（7）配合场部制定、督促、检查各种生产操作规程和岗位责任制贯彻执行情况。

（8）总结本场的畜牧技术经验，传授科技知识，填写牛群档案和各项技术记录，并进行统计整理。

（9）对于本单位畜牧技术中的事故，要及时报告，并承担应负的责任。

（五）人工授精员职责

（1）每年末制订翌年的逐月配种繁殖计划，每月末制订下月的逐日配种计划，同时参与制订选配计划。

（2）负责牛只发情鉴定、人工授精（胚胎移植）、妊娠诊断、生殖道疾病和不孕症的防治，以及奶牛进出产房的管理等。

（3）及时填写发情记录、配种记录、妊娠检查记录、流产记录、产犊记录、生殖道疾病治疗记录、繁殖卡片等。

（4）按时整理、分析各种繁殖技术资料，并及时如实上报。

（5）普及奶牛繁殖知识，掌握科技信息，推广先进技术和经验。

（6）经常注意液氮存量，做好奶牛精液（胚胎）的保管和采购工作。

（六）兽医职责

（1）负责牛群卫生保健，疾病监控和治疗，贯彻防疫制度，制订药械购置计划，填写病历和有关报表，逐步实行兽医记录电脑管理。

（2）认真细致地进行疾病诊治，充分利用化验室提供的科学数据。遇疑难病例及时汇报。

（3）每天巡视牛群，发现问题及时处理。

（4）组织力量检修牛蹄。

（5）普及奶牛卫生保健知识，提高员工素质。

（6）兽医应配合畜牧技术人员，共同搞好牛群饲养管理，减少发病率。

（7）掌握技术信息，开展科研工作，推广应用先进技术。

（七）饲养员职责

（1）按照各类牛饲料定额，定时、定量按顺序饲喂，少喂勤添，让牛吃饱吃好。

（2）熟悉牛只情况，做到高产牛、头胎牛、体况瘦的牛多喂；低产牛、肥胖牛少喂；围产期牛及病牛细心饲喂，不同情况区别对待。

（3）细心观察牛只食欲、精神和粪便情况，发现异常及时汇报。

（4）节约饲料，减少浪费，并根据实际情况，对饲料的配方、定额及饲料质量有权向技术人员提出意见和建议。

（5）每次饲喂前应做好饲槽的清洁卫生，以保证饲料新鲜，提高牛只采食量。

（6）保管、使用喂料车和工具，节约水电，并做好交接班工作。

（八）挤奶员职责

（1）挤奶员应熟悉所管理的牛只，遵守挤奶操作程序，定时按顺序进行挤奶。不得擅自提前或滞后挤奶或提前结束挤奶。

（2）挤奶前应检查挤奶器、挤奶桶、纱布等有关用具是否清洁、齐全，真空泵压力和脉动频率是否符合要求，脉动器声音是否正常等。

（3）做好挤奶卫生工作。

（4）发现乳房异常及时报告兽医。

（5）含有抗生素的奶以及乳腺炎的奶应单独存放，另作处理，不得混入正常奶中。

（6）负责挤奶机器的清洗及维护。

（九）清洁工职责

（1）负责牛体、牛舍内外清洁工作，做到"三勤"，即勤走、勤看、勤扫。

（2）牛粪以及被污染的垫草要及时清除，以保持牛体和牛床清洁。

（3）牛床以及粪尿沟内不准堆积牛粪和污水。

（4）及时清除运动场粪尿，以保持清洁、干燥。

（5）注意观察牛只的排泄物及分泌物，发现异常及时汇报，并协助配种员做好牛只发情鉴定。

第二节　劳动定额管理

劳动定额是在一定生产技术和组织条件下，为生产一定的合格产品或完成一定的工作量，所规定的必要劳动消耗量，是计算产量、成本、劳动生产率等各项经济指标和编制生产、成本等项计划的基础依据。牛场应根据不同的劳动作业、每个人的劳动能力和技术熟练程度、机械化及自动化水平等条件，规定适宜的劳动定额。

一、部分工种的劳动定额

（一）人工授精员

可繁殖母牛定额250头。按配种计划适时配种，保证受胎率在95%以上，受胎母牛平均使用冻精不超过3粒（支）。

（二）兽医

定额200～250头。

（三）饲养工

成母牛每人可管理100～200头；犊牛2月龄断奶，哺乳量300 kg，成活率不低于95%，日增重0.70～0.75 kg，可管理25～30头；断奶后犊牛可管理35～40头；育成牛，日增重0.70～0.80 kg，14～16月龄体重达350 kg以上，可管理40～50头；产房饲养员每人可养分娩牛10～12头；种公牛每人可以管理3～5

头；肥育牛每人可以饲养50～70头。

（四）清洁工

负责牛床、牛舍以及周围环境的卫生。每人可管理各类牛120～200头。

二、人员配备定额实例

某奶牛场规模为1 000头，其中成母牛670头，拴系式饲养，管道式机械挤奶，平均单产7 000 kg；育成牛250头，犊牛80头。根据劳动定额和岗位需要，共配备67人，其中：管理5人（其中：场长1人、生产主管2人、会计1人、出纳1人）占7.5%；技术人员7人（其中：畜牧技术员1人、兽医3人，人工授精员2人、统计员1人）占10.5%；直接生产人员43人（其中：饲养员11人、挤奶员17人、清洁工5人、接产员2人、轮休2人、饲料加工及运送4人、夜班2人）占64.0%；间接生产人员12人（其中：机修工2人、仓库管理员1人、锅炉工2人、洗涤工3人、厨师2人、保安2人）占18.0%。

第三节　牛场生产管理

牛配种、产犊计划是按预期要求，使母牛适时配种、分娩的一项措施，又是编制牛群周转计划的重要依据。编制配种、产犊计划，不能单从自然再生产规律出发，配种多少就分娩多少，而应在全面研究牛群生产规律和经济要求的基础上，搞好选种、选配，根据配种年龄、妊娠期、产犊间隔、生产方向、生产任务、饲料供应、畜舍设备以及饲养管理水平等条件，确定牛只的大批配种、分娩时间和头数，编制配种、产犊计划。母牛为全年散发性交配和分娩，季节性特点不明显，但某些奶牛场为利于提高产奶量，多将母牛分娩的时间安排到最适宜产奶季节。例如，北方各奶牛场安排12月，翌年1、2、3月份产犊的母牛相对多些，而7、8月份产犊的母牛相对少些。

一、制订配种产犊计划应具备的资料

（1）上年度母牛配种、分娩记录。

（2）前年和上年度所生育成母牛的出生日期记录。

（3）计划年度内预计淘汰的成母牛、育成牛头数和时间。

（4）奶牛场配种产犊类型、饲养管理及牛群的繁殖性能资料。

二、配种产犊计划的编制

某场2022年配种、产犊计划的编制：该计划没有考虑淘汰、死亡等因素，在实际制订中需要考虑进去。

（1）根据配种月份减3为分娩月份，则2022年4—12月份配种受胎的成年和育成母牛将分别在2023年1—9月份产犊。

（2）2022年11、12月份分娩（即2022年2、3月份配种受胎）的成母牛（按规定经产母牛要在产后的60 d开始配种）应该在2023年度1、2月份配种，2022年10、11、12月份分娩（即2022年1、2、3月份配种受胎）的头胎母牛（按规定初产母牛要在产后的90 d开始配种），应该在2023年度1、2、3月份配种。

（3）2021年8月—2022年7月份所生的育成母牛，到2023年1—12月份年龄将陆续达到16月龄，需进行配种。即2021年8—12月出生的育成牛需在2023年1—5月配种，2022年1—7月出生的育成牛需在2023年6—12月配种。

第四节　牛场经济效益评价

一、成本核算

成本核算是经济核算的中心，产品成本是养牛企业经济效益的重要指标。牛场实行成本核算就是为了考核生产过程中的各项消耗，分析各项消耗和成本

增减变化的原因，以便寻找降低成本和提高经济效益的途径。

（一）成本项目

为了便于对构成产品成本的各项费用进行核算和分析，根据牛场成本核算规程，结合生产的具体情况，产品的成本项目包括直接生产费用和间接生产费用两大类。

1. 直接生产费用

直接生产费用是指在生产中的各项消耗，直接与某一项产品的生产相关，这种为生产某种产品所支付的开支，称为该产品的直接费用。其项目包括：工资和福利费、饲料费、燃料和动力费、医药费、种牛摊销费（种母牛、种公牛的折旧费）、固定资产折旧费（牛舍折旧费和专用机械折旧费）、固定资产修理费、低值易耗品及其他直接费用。

2. 间接费用

间接费用是指一些消耗不能直接计入某种产品中去，需要用一定方法在部门内几种产品之间进行分摊的费用。包括：共同生产费、企业管理费等。

（二）成本核算的条件

根据养牛业特点，成本核算不仅要计算和考核牛产品单位成本，而且还要计算和考核饲养日成本等。饲养日成本核算不仅与产量、产值、消耗资金和利润等指标有密切关系，而且与畜群变动、饲养日头数和饲料品种、价格、供应等也有关系。因此，开展日成本核算，首先要做好有关组织技术工作和各项基础工作。

1. 数据准备

搞好饲养日成本核算，主要依靠数据计算和考核。要有各项定额数据，日产奶量、肉牛日增重和日饲料消耗等原始记录，掌握各牛群的年度、月份和每天的总产奶量计划、肥育期增重计划、总产值计划、总成本计划、总利润计划、饲养成本计划和产品单位成本计划的数据，掌握每天应摊入的直接生产费用和间接生产费用。

2. 核算表格

进行饲养日成本核算的表格有三种：一是日饲料和其他生产费用计算表，

奶牛分成年牛组、育成牛组、犊牛组三种计算表格，内容基本相同；肉牛包括架子期和催肥期两种表格。每个饲养组每月一张，按日计算。包括的内容有：混合料、干草、青贮、块根、糟粕料、兽药、水电、维修、物品、固定开支（产畜摊销、共同管理费）等费用项目。二是日成本核算表，奶牛同样包括成年母牛组、育成牛组、犊牛组三种核算表；肉牛包括架子期和催肥期两种表格。其成本项目中，奶牛包括总产值、总成本、日成本、千克成本、总利润等；肉牛包括总成本、总产值、饲养日成本、增重成本、活重成本及产品成本等；奶用育成牛组和犊牛组无畜产品，只计算总成本、日成本和节余核算表。日成本核算表每月一张，按日核算。三是成本核算报告表，内容与各饲养组的日成本核算表相同，每日填报一次。

（三）肉牛场成本核算方法

在肉牛生产中一般要计算肉牛群的饲养日成本、增重成本、活重成本和主产品成本。其计算公式如下：

饲养日成本＝该牛群饲养费用／该肉牛群饲养头日数

犊牛活重单位成本＝（繁殖牛群饲养费用－副产品价值）／断奶犊牛活重

肥育牛增重成本＝（该群饲养费用－副产品价值）／该群增重量

二、利润核算

牛场利润可以通过利润额和利润率来核算。利润的高低，反映牛场的经营管理水平。

（一）利润额

利润额是指企业利润的绝对数量。计算公式如下：

利润额＝销售收入－生产成本－销售费用－税金±营业外收支净额。

营业外的收支净额，是指与企业生产经营无关的收支差额。营业外的收入有固定资产出租、技术传授等。营业外的支出有：职工的劳动保险、职工福利、积压物资削价损失、呆账损失等。营业外收入与营业外的支出之差为净额。营业外的收入大于支出其净额为正数，反之为负数。

（二）利润率

由于企业规模的大小不同，仅从利润额的总量来衡量企业的利润水平是不公平的。因此需要用利润率来加以衡量。利润率是将利润与成本、产值、资金进行对比。包括以下几项。

1. 资金利润率；

2. 产值利润率；

3. 成本利润率。

第五节　牛的产业化经营

养牛产业化是以国内外产品市场为导向，以效益为中心，以科技为先导，以经济利益机制为纽带，按照市场经济发展的规律和社会化大生产的要求，通过龙头企业或其经济实体或专业协会的组织协调，把单兵作战的养殖场、户组织起来，将分散饲养、加工、销售的企业或养殖户与统一的大市场结合起来，进行必要的专业分工重组，实现资金、技术、人才、物质等生产要素的优化配置，形成养牛产业布局区域化、生产专业化、管理企业化、服务社会化、经营一体化、产品商品化。

一、产业化经营的意义

（一）利于产品开发

扩大竞争优势经济体系中的龙头企业，一头连市场，一头连基地和农户，以经济利益相吸引，以合同为纽带，有序地把生产、加工、销售融为一体，资源利用合理，科技含量高，市场份额大，利于开发名特产品，形成主导产业，克服家庭分散经营在市场竞争中的不利地位。

（二）利于社会化服务

实现规模经营全方位的系列化、综合化的服务体系是养牛产业化发展的重要保证。产业化经营体系中的各种服务体系，从维护自身利益出发，向生产者主动提供信息、科技、资金、物质等服务，有利于解决畜牧业专业化生产与社会化服务滞后的矛盾，从而促进生产规模的不断扩大。

（三）实现产品增值

获得最大效益的产业化经营，通过产业链的延伸，发展多层次加工、贮藏、运输、销售体系，实现多层次增值，利于实现产业总体效益最大化。

（四）带动农民致富

促进农村发展实现牛的产业化生产，使与龙头企业联合的养殖户通过扩大生产，解决大量农村剩余劳力。同时，通过为农村二、三产业的发展和出口换汇提供大量原料和畜产品，可以加快农村工业化、小城镇建设的步伐。

二、牛产业化经营的模式

（一）"公司 + 基地 + 农户"型

形成"以场带户、以户养牛、以养促企、以企促养"的格局，企业紧紧围绕产前、产中、产后各环节，建立健全技术服务机制、产销保证机制、资金投入机制及政策鼓励机制，实行生产、加工、销售一体化经营，形成完整的产业链。企业与养牛基地乡、村、户分别签订目标发展合同，规范责任，结成松散式或紧密式的经济共同体，利益共享，风险共担。

（二）"市场 + 农户"型

市场是生产经营活动的载体和沟通生产及销售的渠道，它具有集散商品、实现价值、汇集信息、引导生产等功能。这种模式主要是当地政府有关部门或农民自筹资金在本地或外地开辟专业调节市场，把千家万户联合起来形成专业化区域生产，解决单家独户生产与市场脱节的矛盾，以市场需求组织生产，以市场为纽带将农民与客户连接起来，及时提供质量合格、数量充足的产品。

（三）"专业协会 + 农户"型

在协会、合作社或具有一定专业特长、有一定社会影响的生产经营者的组织下，开展的技术交流、信息传递、资金流通、销售服务等合作，引导农民稳步进入市场。

第二篇

疾病部分

第七章 牛传染病

第一节 病毒性传染病

一、口蹄疫

口蹄疫俗名"口疮""蹄癀"，是由口蹄疫病毒所引起的一种急性、热性、高度接触性传染病。临床上以口腔黏膜、蹄和乳房皮肤发生水疱和溃烂为特征。主要侵害偶蹄兽，偶见于人和其他动物。有强烈的传染性，往往造成大流行，不易控制和消灭，因此，世界动物卫生组织（OIE）一直将本病列为 A 类动物疫病名单之首。

（一）病原

口蹄疫病毒（FMDV）属于微核糖核酸病毒科中的口蹄疫病毒属。该病毒是目前所知最小的动物 RNA 病毒。病毒由中央的核糖核酸核芯和周围的蛋白壳体组成，无囊膜，成熟的病毒粒子约含30% 的 RNA，其余70% 为蛋白质。RNA 决定病毒的感染性和遗传性，病毒蛋白质决定其抗原性、免疫性和血清学反应能力，并对病毒中央的 RNA 提供保护。

FMDV 具有多型性、易变性的特点。目前已知口蹄疫病毒在全世界有7个主型，即 A、O、C、SAT1、SAT2、SAT3（即南非1、2、3型）和 Asia（亚洲Ⅰ型）。每一型内又有亚型，亚型内又有众多抗原差异显著的毒株。目前已发现65个亚型。各型之间在临诊表现相同，但彼此均无交叉免疫性。同型各亚型之间交叉免疫程度变化幅度较大，亚型内各毒株之间也有明显的抗原差异。我国口蹄疫的病毒型为 O、A 型和亚洲Ⅰ型。据观察，一个地区的牛群经过有效的口蹄疫疫苗注射之后，1~2月内又会流行，这往往怀疑是另一型或亚型病毒所致。

该病毒对外界环境的抵抗力很强，含病毒组织或被病毒污染的饲料、皮毛及土壤等可保持传染性数周至数月。在冰冻情况下，血液及粪便中的病毒可存活120~170 d。对日光、热、酸、碱敏感，故2%~4% 氢氧化钠、3%~5% 福尔马林、0.2%~0.5% 过氧乙酸、5% 氨水、5% 次氯酸钠都是对该病毒的良好消毒剂。

（二）流行病学

口蹄疫病毒可侵害多种动物，但主要为偶蹄兽。家畜以牛易感（奶牛、牦牛、犏牛最易感，水牛次之），其次是猪，再次是绵羊、山羊和骆驼。仔猪和犊牛不但易感而且死亡率也高。野生动物也可感染发病。本病具有流行快、传播广、发病急、危害大等流行特点，疫区发病率可达50%~100%，犊牛死亡率较高，其他则较低。

病畜和潜伏期动物是最危险的传染源。在症状出现前，从病畜体开始排出大量病毒，发病初期排毒量最多。病畜的水疱液、乳汁、尿液、口涎、泪液和粪便中均含有病毒，其中水疱液内及淋巴液中含毒量最多，毒力最强。隐性带毒者主要为牛、羊及野生偶蹄动物，猪不能长期带毒。该病毒入侵的途径主要是消化道和呼吸道，也可经损伤的黏膜和皮肤感染。

该病毒经空气广为传播。畜产品、饲料、草场、饮水，以及水源、交通运输工具、饲养管理用具，一旦污染病毒，均可成为传染源。本病传播虽无明显的季节性，但冬、春两季较易发生大流行，夏季减缓或平息。

（三）症状

潜伏期1~7 d，平均2~4 d。病牛精神沉郁，闭口，流涎，开口时有吸吮声，体温可升高到40~41 ℃。发病1~2 d后，病牛齿龈、舌面、唇内面可见到蚕豆至核桃大的水疱，涎液增多（图7-1），并呈白色泡沫状挂于嘴边。采食及反刍停止。水疱约经一昼夜破裂，形成溃疡，糜烂区呈红色（图7-2），边缘整齐，底面浅平，这时体温会逐渐降至正常。在口腔发生水疱的同时或稍后，趾间及蹄冠的柔软皮肤上也发生水疱（图7-3），也会很快破溃，然后逐渐愈合。有时在乳头皮肤上也可见到水疱。本病一般呈良性经过，经1周左右即可自愈；若蹄部有病变则可延至2~3周或更久；死亡率1%~2%，该病型叫良性口蹄疫。

有些病牛在水疱愈合过程中，病情突然恶化，全身衰弱、肌肉发抖，心跳

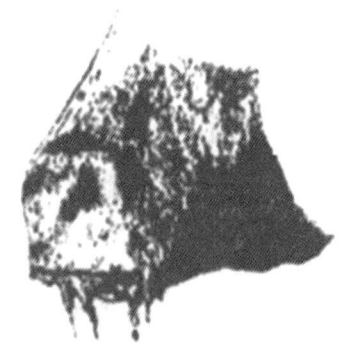

图7-1　口蹄疫病牛流涎

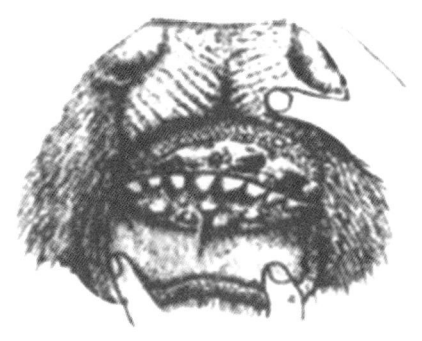

图7-2　口蹄疫病牛口腔水疱和烂斑

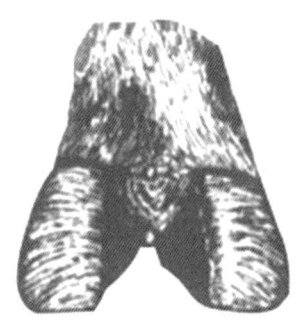

图7-3　口蹄疫病牛蹄冠与蹄缘分离蹄叉后端有水疱

加快、节律不齐，食欲废绝、反刍停止，行走摇摆、站立不稳，往往因心肌炎引起心脏麻痹而突然死亡，这种病型叫恶性口蹄疫，病死率高达25%～50%。哺乳犊牛患病时，往往看不到特征性水疱，主要表现为出血性胃肠炎和心肌炎，死亡率很高。

（四）病变

除口腔和蹄部的水疱和烂斑外，还可在咽喉、气管、支气管、食道和瘤胃黏膜见到圆形烂斑和溃疡，真胃和小肠黏膜有出血性炎症。恶性口蹄疫可在心肌切面见到灰白色或淡黄色条纹与正常心肌相伴而行，如同虎皮状斑纹，俗称"虎斑心"。

（五）诊断

（1）诊断要点。根据以下几点可作出初步诊断。

①发病急、流行快、传播广、发病率高，但死亡率低，且多呈良性经过。

②大量流涎，呈引缕状。

③口蹄疮定位明确（口腔黏膜、蹄部和乳头皮肤），病变特异（水疱、糜烂）。

④恶性口蹄疫时可见虎斑心。

（2）鉴别诊断。本病与下列疾病都有相似之处，应注意鉴别。

①牛恶性卡他热。常散发，无接触传染性，发病牛有与绵羊接触史；病死率高；门腔及鼻黏膜、鼻镜上有糜烂，但不形成水疱；常见角膜混浊。无蹄冠、蹄趾间皮肤病变，这是与口蹄疫的区别所在。

②传染性水疱性口炎。流行范围小，发病率低，极少发生死亡，马属动物可发病。

③牛黏膜病。地方性流行，见不到明显的水疱，烂斑小而浅表，不如口蹄疫严重。白细胞减少，腹泻，消化道尤其是食道糜烂、溃疡。

（3）实验室诊断。为了和类似疾病鉴别及毒型鉴定，必须进行实验室检查。目前口蹄疫的检测技术主要有病毒分离技术、血清学检测技术和分子生物学技术等。病毒分离技术是检测口蹄疫的重要标准，主要有细胞培养和动物接种2种方法。血清学诊断技术主要有病毒中和试验（VNT）、补体结合试验（CFT）、间接血凝试验、乳胶凝集试验、免疫扩散试验、酶联免疫吸附试验（ELISA）、免疫荧光抗体试验、免疫荧光电子显微镜技术等。近年来，随着分子生物学的飞速发展，以及对 FMDV 研究的不断深入，已经建立起检测 FMDV 的各种分子生物学方法，其中包括聚合酶链式反应（PCR）、核酸探针、核酸序列分析、电聚焦寡核苷酸指纹图谱法、基因芯片技术等。

（六）防制

目前临床上还没有口蹄疫患畜的有效治疗药物。世界动物卫生组织和各国都不主张，也不鼓励对口蹄疫患畜进行治疗，本病重在预防。

发生口蹄疫后，应迅速报告疫情，划定疫点、疫区，按照"早、快、严、小"的原则，及时严格封锁，病畜及同群畜应隔离急宰，同时对病畜舍及污染的场所和用具等彻底消毒。对疫区和受威胁区内的健康易感畜进行紧急接种，所用疫苗必须与当地流行口蹄疫的病毒型、亚型相同。还应在受威胁区的周围建立免疫带以防疫情扩散。在最后一头病畜痊愈或屠宰后14 d 内，未再出现新的病例，经彻底消毒后可解除封锁。

牛的免疫参考程序，①种公牛、后备牛：每年注射疫苗2次，每间隔6个月免疫1次。肌肉注射高效疫苗5 ml。②生产母牛：分娩前3个月肌肉注射高效疫苗5 ml。③犊牛：出生后4~5个月首免，肌肉注射高效疫苗5 ml。首免后6个月二免，方法、剂量同首次免疫，以后每间隔6个月接种1次，肌肉注射高效疫苗5 ml。

发生口蹄疫时，也可对疫区和受威胁的家畜使用康复动物血清或高免血清。

疫点粪便堆积发酵处理，或用5%氨水消毒；畜舍、运动场和用具用2%~4%氢氧化钠溶液、10%石灰乳、0.2%~0.5%过氧乙酸等喷洒消毒，毛、皮可用环氧乙烷或福尔马林熏蒸消毒。

二、牛病毒性腹泻－黏膜病

牛病毒性腹泻－黏膜病简称牛病毒性腹泻或牛黏膜病。该病是以发热、黏膜糜烂溃疡、白细胞减少、腹泻、免疫耐受与持续感染、免疫抑制、先天性缺陷、咳嗽、怀孕母牛流产、产死胎或畸形胎为主要特征的一种接触性传染病。目前BVD-MD已呈世界性分布，特别是畜牧业发达的国家，如美国血清学阳性率为50%、澳大利亚为89%、加拿大部分地区高达82%·84%、南美6国（巴西、智利、阿根廷、哥伦比亚、乌拉圭和秘鲁）为84.9%、法国76%、英格兰和威尔士54%~74%、瑞士78%~80%、印度17.31%。目前随着我国养牛业的快速发展，也在我国新疆、内蒙古、宁夏、甘肃、青海、黑龙江、河南、河北、山东、辽宁、陕西、山西、广西、四川、江苏、安徽等20多个省、自治区检出此病。

（一）病原

牛病毒性腹泻病毒（BVDV），又名黏膜病病毒，是黄病毒科，瘟病毒属的成员。为单股RNA有囊膜病毒。本病毒耐低温，冰冻状态可存活数年。本病毒与猪瘟病毒在分类上同属于瘟病毒属，有共同的抗原关系。

（二）流行病学

本病对各种牛易感，绵羊、山羊、猪、鹿次之，家兔可实验感染。患病动物和带毒动物通过分泌物和排泄物排毒。急性发热期病牛血中大量含毒，康复牛可带毒6个月。

主要通过消化道和呼吸道而感染，也可通过胎盘感染。本病常年发生，多发于冬季和春季。新疫区急性病例多，大小牛均可感染，发病率约为5%，病死率90%～100%，发病牛以6～18个月居多。老疫区急性病例少，发病率和病死率低，隐性感染率达50%以上。

（三）症状

潜伏期7～10 d。

急性型：病牛突然发病，体温升高至40～42 ℃，持续4～7 d，有的呈双相热。病牛精神沉郁，厌食，鼻腔流鼻液，流涎，咳嗽，呼吸加快。白细胞减少（可减至3 000个/mm³）。鼻、口腔、齿龈及舌面黏膜出血、糜烂。呼出气恶臭。通常在口内损害之后常发生严重腹泻，开始水泻，以后带有黏液和血。有些病牛常引起蹄叶炎及趾间皮肤糜烂坏死，从而导致跛行。急性病牛恢复的少见。常于发病后5～7 d内死亡。

慢性型：发热不明显，最引人注意的是鼻镜上的糜烂。口内很少有糜烂。眼有浆液性分泌物。耆甲、背部及耳后皮肤常出现局限性脱毛和表皮角质化，甚至破裂。慢性蹄叶炎和趾间坏死导致蹄冠周围皮肤潮红、肿胀、糜烂或溃疡，跛行。间歇性腹泻。多于发病后2～6个月死亡。

母牛在妊娠期感染本病时常发生流产，或产下有先天性缺陷的犊牛。最常见缺陷的是小脑发育不全。

（四）病变

主要病变在消化道和淋巴组织。特征性损害是口腔（内唇、切齿齿龈、上腭、舌面、颊的深部）、食道黏膜有糜烂和溃疡，直径1～5 mm，形状不规则，是浅层性的，食道黏膜糜烂沿皱襞方向呈直线排列。第四胃黏膜严重出血、水肿、糜烂和溃疡。蹄部、趾间皮肤糜烂、溃疡和坏死。肠系膜淋巴结肿胀。犊牛小脑发育不全，亦常见大脑充血，脊髓出血。

（五）诊断

根据症状和流行病学情况，可以作出初步诊断，用不同克隆DNA探针可检测BVDV，检查抗体方法有BVDV血清中和试验、ELISA等。NCP株可用免疫荧光和免疫酶检测感染细胞试验，也可用 PCR 实验扩增检测血清中 BVDV 核酸。

本病应注意与口蹄疫、恶性卡他热、牛传染性鼻气管炎、水疱性口炎、蓝舌病等鉴别。

（六）防制

由于 BVDV 普遍存在，而且致病机理复杂，给该病的防制带来很大困难，目前尚无有效的控制方法，国外控制的最有效办法是对经鉴定为持续感染的动物立即屠杀及疫苗接种，但活疫苗不稳定，而且会引起胎儿感染，所以国外大多数学者主张采用灭活疫苗。防制本病应加强检疫，防止引入带毒牛、羊或造成本病的扩散。一旦发病，病牛隔离治疗或急宰；同群牛和有接触史的牛群应反复进行临床学和病毒学检查，及时发现病牛和带毒牛。持续感染牛应淘汰。

（七）治疗

本病在目前尚无有效疗法。应用收敛剂和补液疗法可缩短恢复期，减少损失。用抗生素或磺胺类药物，可减少继发性细菌感染。

硫酸庆大霉素120万 IU 后海穴注射；硫酸黄连素0.3～0.4 g、10% 葡萄糖注射液500 ml；0.2%氧氟沙星葡萄糖注射液或诺氟沙星葡萄糖注射液300 ml；新促反刍液（5%氯化钙200 ml、30% 安乃近30 ml、10% 盐水300 ml），静脉滴注。也可饮2% 白矾水，灌牛痢方（白头翁、黄连、黄柏、秦皮、当归、白芍、大黄、茯苓各30 g，滑石粉200 g、地榆50 g、二花40 g）均有疗效。

三、牛流行热

牛流行热又称三日热或暂时热，是由牛流行热病毒引起牛的一种急性热性传染病。其特征是高热，流泪，流涎，流鼻汁，呼吸促迫，后躯僵硬，跛行。一般为良性经过，经2～3 d 恢复。

（一）病原

牛流行热病毒属弹状病毒科，狂犬病病毒属的成员。成熟病毒粒子含单股

RNA，有囊膜。对酸碱敏感，不耐热，耐低温，常用消毒剂能迅速将其杀灭。

（二）流行病学

本病主要侵害奶牛和黄牛，水牛较少感染。以3～5岁牛多发，1～2岁牛和6～8岁牛次之，犊牛和9岁以上牛少发。在自然条件下，绵羊、山羊、骆驼、鹿等均不感染。绵羊可人工感染并产生病毒血症，继则产生中和抗体。

病牛是本病的主要传染源。病毒主要存在于高热期病牛的血液中。吸血昆虫（蚊、蠓、蝇）叮咬病牛后再叮咬易感的健康牛而传播，故疫情的存在与吸血昆虫的出没相一致。实验证明，病毒能在蚊子和库蠓体内繁殖。

本病的传染力强，呈流行性或大流行性。本病广泛流行于非洲、亚洲及大洋洲。本病的发生具有明显的周期性和季节性，通常每3—5年流行一次，北方多于8—10月流行，南方可提前发生。

（三）症状

潜伏期3～7 d。发病突然，体温升高达39.5～42.5 ℃，维持2～3 d后，降至正常。在体温升高的同时，病牛流泪、畏光、眼结膜充血、眼睑水肿。呼吸急促，80次/min以上，听诊肺泡呼吸音高亢，支气管呼吸音粗厉。食欲废绝，咽喉区疼痛，反刍停止。多数病牛鼻炎性分泌物呈线状，随后变为黏性鼻涕。口腔发炎、流涎，口角有泡沫。病牛呆立不动，强使行走，步态不稳，因四肢关节浮肿、僵硬、疼痛而出现跛行，最后因站立困难而倒卧。

有的便秘或腹泻。尿少，暗褐色。妊娠母牛可发生流产、死胎，泌乳量下降或停止。多数病例为良性经过，病程3～4 d；少数严重者于1～3 d内死亡，病死率一般不超过1%。

（四）病变

急性死亡的自然病例，上呼吸道黏膜充血、肿胀，有点状出血，可见有明显的肺间质气肿，还有一些牛可有肺充血与肺水肿。淋巴结充血、肿胀和出血。实质器官浑浊、肿胀。真胃、小肠和盲肠呈卡他性炎症和渗出性出血。

（五）诊断

根据大群发生，迅速传播，有明显的季节性，多发生于气候炎热、雨量较多的夏季，发病率高，病死率低，结合临床上高热、呼吸急促、眼鼻口腔分泌物增加、跛行等可做出初步诊断。

（1）鉴别诊断。应注意和以下疾病相区别。

①牛副流行性感冒。由副流感病毒Ⅲ型引起，分布广泛，传播迅速，以急性呼吸道症状为主，类似牛流行热。但是本病无明显的季节性，同居可感染，多在运输之后发生，故又称运输热；有乳房炎症状，无跛行。

②牛传染性鼻气管炎。由牛疱疹病毒Ⅰ型引起的一种急性热性接触性传染病。临床上主要表现流鼻汁、呼吸困难、咳嗽，特别是鼻黏膜高度充血、鼻镜发炎，有红鼻子病之称。伴发结膜炎、阴道炎、包皮炎、皮肤炎、脑膜炎等症状；发病无明显的季节性，但多发于寒冷季节。

③茨城病。本病在发病季节、症状和经过等方面与牛流行热相似。但是本病在体温降至正常之后出现明显的咽喉、食道麻痹，在低头时瘤胃内容物可从口鼻返流出来，而且诱发咳嗽。

（2）实验室诊断。可采发热初期的病牛血液进行病毒的分离鉴定。血清学实验通常采用中和试验和补体结合试验检测病牛的血清抗体。

（六）防制

早发现、早隔离、早治疗，合理用药，护理得当，是防治本病的重要原则。本病尚无特效治疗药物，只能进行对症治疗：退热、抗菌消炎、抗病毒，清热解毒。如用10%水杨酸钠注射液100～200 ml、40%乌洛托品注射液50 ml、5%氯化钙注射液150～300 ml，加入葡萄糖液或糖盐水内静脉注射（简称水乌钙疗法）和新促反刍液（见牛黏膜病）分两步静脉注射。

国外曾研制出弱毒疫苗和灭活疫苗。国内曾研制出鼠脑弱毒疫苗、结晶紫灭活苗、甲醛氢氧化铝灭活苗、β—丙内酯灭活苗。近年来研制出病毒裂解疫苗，在国内部分省区使用，效果良好。

四、牛海绵状脑病

牛海绵状脑病（BSE）又称疯牛病，是牛的一种进行性、高致死性神经系统疾病，其临床和病理学特征为精神状态失常、共济失调、感觉过敏和死后大脑里海绵状病理变化。BSE于1985年4月在英国首次发现，1992—1993年达到最高峰，呈大规模暴发。

（一）病原

病原是一类被称为亚病毒的致病因子，它是一种无核酸的具有侵染性的蛋白颗粒，也称朊病毒（Prion）或朊粒。它是由宿主神经细胞表面正常的一种糖蛋白（PrPsc）在翻译后发生某些修饰而形成的异常蛋白。PrPsc对于理化因子也有较强的抵抗力。病畜脑组织匀浆经134~138℃高温1h，对实验动物仍具有感染力。动物组织中的病原，经油脂提炼后仍有部分存活，该病原在土壤中可存活3年。可在较宽的pH范围内保持稳定（pH2.1~10.5）。紫外线、放射线、乙醇、福尔马林、双氧水、酚等均不能使病原体灭活。PrPsc在感染动物体中以脑组织含量最高，其次是脊髓。

（二）流行病学

BSE的易感动物主要为牛科动物，包括家牛、野牛、大羚羊等。易感性与品种、性别、遗传等因素无关。发病动物主要是3~5岁的成年牛，其中成年奶牛发病率最高，在英国成年奶牛的发病率占BSE病例的89%。人也可以感染。

患痒病的绵羊、种牛及带毒牛是本病的传染源。BSE主要通过消化道传染，现已清楚BSE的发病原因是牛吃了被痒病污染的肉骨粉，引起发病，而牛吃了被BSE污染的肉骨粉又将该病迅速传播开来。没有证据表明BSE可以水平传播或垂直传播。BSE有很强的感染性病牛的脑组织经口服就可引起牛发病。

（三）症状

BSE的潜伏期一般为4~5年。BSE牛病程多为1~4个月，少数长达1年，最终死亡。病牛的临床症状主要表现为行为异常，感觉或反应过敏，行动异常等。病牛出现不安、恐惧、异常震惊或沉郁；不自主运动，如磨牙、肌肉抽搐、震颤和痉挛；不愿穿过水泥地面，拐弯，进入畜栏，穿过门或挤奶等。用手触摸或用钝器触压牛的颈部、肋部，病牛会异常紧张颤抖，用扫帚轻碰后蹄，也会出现紧张的踢腿反应；病牛听到敲击金属的声音会出现震惊和颤抖反应，在黑暗环境下对突然打开的灯光会出现惊吓和颤抖反应。病牛步态呈"鹅步"状，共济失调，四肢伸展过度，有时倒地难以站起。有时出现痒病样瘙痒，但不是主要症状。病牛食欲正常，粪便坚硬，体温偏高，心动缓慢，呼吸频率增加。最后极度衰竭死亡。

（四）病变

肉眼变化不明显。组织学检查主要的病理变化是脑组织呈海绵样外观（脑组织的空泡化）。脑干灰质发生双侧对称性海绵状变性，在神经纤维网和神经细胞中含有数量不等的空泡。无任何炎症变化。

（五）诊断

根据临床症状和流行病学特征可作出初步诊断。大脑组织病理学检查结果是定性诊断的主要依据。另外，还可以进行免疫组织化学方法、细胞膜糖蛋白检测、酶检测法诊断。

（六）防制

须密切关注世界各国疯牛病的流行现状，采取措施、积极应对、严加防范。

（1）要加强对动物和动物源性产品的进口审批和检疫监管，禁止从病源国家进口动物性饲料产品。包括牛血清、血清蛋白、动物源性饲料、内脏、脂肪、骨及激素类等。

（2）要加强对饲料生产和使用的管理，对反刍动物饲料的生产、储藏、运输、包装等环节进行严格的规定，并明令禁止给反刍动物饲喂动物源性饲料，以彻底切断疯牛病的传播途径。

（3）加大对疯牛病的监测力度，建立全国性的监测系统，实施主动监测与被动检测。同时与世界卫生组织和有关国家建立情报交换网，防止疯牛病和羊痒病在中国出现。对人类中的克雅氏等病也要进行统计监测，确保人民的身体健康。

（4）在从事研究和诊断工作时要注意安全防护；实验用具要严格清洗和消毒。带有致病蛋白的溶液、血液要采用特殊程序进行处理。

（5）加强对疯牛病防治技术的研究储备，与各国疯牛病国际参考实验室合作，共同开展疯牛病的防治研究工作。全国畜牧兽医系统也广泛开展疯牛病知识宣传普及活动，为疯牛病的普查和监测提供了有力的技术支持。

第二节　细菌性传染病

一、布鲁氏菌病

布鲁氏菌病是由布鲁氏菌引起的一种人畜共患传染病。临床特征为胎膜发炎、流产、睾丸炎、腱鞘炎和关节炎，多呈慢性经过。病理学特征为全身弥漫性网状内皮细胞增生和肉芽肿结节形成。

（一）病原

布鲁氏菌为细小的短杆状或球杆状菌，不产生芽孢，多数情况下不形成荚膜，革兰氏染色阴性。以沙黄－美兰（或孔雀绿）染情况，本菌染成红色，其他菌染成蓝色（或绿色）。

布鲁氏菌属分为16个种，19个生物型。6个种分别是：马耳他布鲁氏杆菌、流产布鲁氏菌、猪布鲁氏菌、沙林鼠布鲁氏菌、绵羊布鲁氏菌和犬布鲁氏菌。习惯上将马耳他布鲁氏菌称为羊布鲁氏菌，流产布鲁氏菌称为牛布鲁氏菌。各个种及其生物型的毒力有所差异，致病力也不相同。

布鲁氏菌在污染的土壤、水、粪尿及羊毛上可生存一至数月。对热敏感，70 ℃ 10 min 即可死亡；阳光直射0.5～4 h 死亡；在腐败病料中迅速失去活力；常用消毒药如1% 来苏儿、2% 福尔马林、1% 生石灰乳15 min 将其杀死。

（二）流行病学

本病的易感动物范围很广，牛、羊、猪最易感，其他动物如水牛、牦牛、羚羊、鹿、骆驼、马、犬、猫、野猪、狐、狼、野兔、猴、鸡、鸭以及一些啮齿类动物都可自然感染。实验动物小脉鼠、小鼠、鸽和幼猫最易感，家兔次之。人类的易感性很高。

牛布鲁氏菌主要感染牛、马、犬，也能感染水牛、羊和鹿；羊布鲁氏菌主要感染绵羊、山羊，也能感染牛、猪、鹿、骆驼等；人的感染以羊布鲁氏菌最多见，猪布鲁氏菌次之，牛布鲁氏菌最少。母畜较公畜易感，成年家畜较幼畜易感。

病畜和带菌动物是本病的传染来源，特别是受感染的妊娠母畜，在其流产或分娩时随胎儿、胎水和胎衣排出大量的布鲁氏菌，流产母畜的阴道分泌物、乳汁、粪、尿及感染公畜的精液内都有布鲁氏菌存在。主要经消化道感染，其次可经皮肤、黏膜、交配感染。吸血昆虫可传播本病。

本病呈地方性流行。新疫区常使大批妊娠母牛流产；老疫区流产减少，但关节炎、子宫内膜炎、胎衣不下、屡配不平、睾丸炎等逐渐增多。

（三）症状

潜伏期短者两周，长者可达半年。母牛流产是本病的主要症状，流产多发生于怀孕5～7个月、产出死胎或软弱胎儿。流产前阴道黏膜潮红肿胀，有粟粒大的红色结节，阴唇及乳房肿胀，不久即发生流产。母牛流产后常伴有胎衣不下或子宫内膜炎，阴道内继续排出红褐色恶臭液体，可持续2～3周；或者子宫蓄脓长期不愈，甚至因慢性子宫内膜炎而造成不孕。患病公牛常发生睾丸炎或附睾炎，关节炎及局部肿胀，配种能力降低。同群家畜发生关节炎及鞘膜炎。

（四）病变

牛布鲁氏菌病的主要病变为胎衣水肿增厚，呈黄色胶样浸润，表面有纤维素或脓汁覆盖。胎儿淋巴结、脾和肝有不同程度的肿胀，有的散布有炎性坏死灶。脐带呈浆液性浸润、肥厚。胎儿胃内有淡黄色或白色黏液絮状物，胃肠和膀胱浆膜下见有点状出血。流产牛的子宫黏膜或绒毛膜间隙中，有污灰色或黄色无气味的胶样渗出物，绒毛可见有坏死病灶、表面覆以黄色坏死物或污灰色脓液。公牛主要是化脓坏死性睾丸炎或附睾炎。睾丸显著肿大，其被膜与外浆膜层粘连，切面可见到坏死灶或化脓灶。阴茎出现红肿，其黏膜上有时可见到小而硬的结节。

（五）诊断

根据流产及流产后的子宫、胎儿和胎膜病变，公畜睾丸炎及附睾炎，同群家畜发生关节炎及腱鞘炎，可怀疑为本病。确诊本病可通过细菌学、血清学、变态反应等实验室手段。血清凝集试验是牛羊布鲁氏菌病检疫的标准方法，补体结合试验的敏感性和特异性均高于凝集实验，可检出急性或慢性病畜，广泛用于牛羊的诊断。皮内变态反应适应于绵羊和山羊的检疫。

牛应注意与牛地方性流产、牛黏膜病、化脓放线菌病、弯杆菌病、毛滴虫病区别。

（六）防治

1 未感染畜群

定期检疫，至少每年检疫一次，一经发现，立即淘汰。防止本病传入的最好办法是自繁自养，必须引进种畜或补充畜群时，需经过隔离饲养两个月，并进行两次检疫均为阴性，方可混群。还应注意做好养殖场的平时消毒工作。

2 发病畜群

要贯彻以畜间免疫、检疫、淘汰病畜和培育健康畜群为主导的综合性预防措施。只有控制和消灭畜间布鲁氏菌病，才能防止人间本病的发生，最终达到控制和消灭本病。

（1）定期检疫　疫区内各种家畜均为被检对象，羊在5月龄以上、牛在8月龄以上检疫为宜。每年至少检疫两次，凡在疫区内接种过菌苗的动物应在免疫后12—36个月时检疫。

（2）隔离和淘汰病畜　隔离可采取集中圈养或固定草场放牧的方式。

（3）严格消毒　对病牛污染的圈舍、运动场、饲槽等用5%克辽林、5%来苏儿、10%～20%石灰乳或2%氢氧化钠等消毒；病牛皮用3%～5%来苏儿浸泡24 h后利用；乳汁煮沸消毒；粪便发酵处理。

（4）培育健康幼畜　隔离饲养的患病母牛，可用健康公牛的精液人工授精，犊牛出生后用3%来苏儿消毒全身，送到犊牛隔离舍，食母乳3～7 d后喂以消毒乳或健康乳；牛8个月、羊5个月使用血清学方法检疫两次，两次之间间隔2～3周，阳性者按病畜处理，阴性者单独组群饲养。以后每隔3个月检疫1次，第一次产仔1个月后血清学检疫，阴性者每隔6个月检查一次，直至第二次产仔1个月后血清学检查阴性，才能认为培育成功。

（5）定期预防注射　我国主要使用布鲁氏菌猪2号弱毒菌疫苗（简称 S2苗）和马耳他布鲁氏菌5号弱毒菌疫苗（简称 M5苗）。S2苗适应于牛、山羊、绵羊和猪，断乳后任何年龄的动物，不管怀孕与否均可应用。气雾、肌肉注射、皮下注射、口服均可，最适宜口服，免疫期牛2年、羊3年。M5苗适用于山羊、绵羊、牛和鹿。气雾、肌肉注射、皮下注射、口服均可，免疫期2~3年，特别适用于羊的气雾免疫，在配种前1~2个月免疫，2年后可再免疫1次。使用上述菌苗时，均应做好工作人员的自身防护。

（6）对流产后子宫内膜炎 可用0.1%高锰酸钾冲洗子宫和阴道，每日1~2次，经2~3 d后隔日1次，直至阴道无分泌物流出为止。全身可用抗生素或磺胺类药物，如肌肉注射链霉素4~5 g，静脉注射土霉素3~4 g（加入1 000 ml葡萄糖液内），每日1次，连用10 d，链霉素可连用20 d。

二、牛结核病

结核病是由分枝杆菌引起的人畜共患的慢性传染病。其病理特征是多种组织器官形成肉芽肿、干酪样和钙化结节；临床特征表现为贫血、渐进性消瘦、体虚乏力、精神萎靡不振和生产力下降。

（一）病原

病原主要是分枝杆菌属的牛分枝杆菌。结核分枝杆菌和禽分枝杆菌对牛毒力较弱。此三者有交叉感染现象。结核分枝杆菌为专性需氧菌，不产生芽孢和荚膜，也不能运动，为革兰氏染色阳性菌，用一般染色法较难着色，常用的方法为齐尔－尼尔森（Ziehl-Neelsen）抗酸染色法。显微镜下呈直或微弯的细长杆菌，呈单独或平行相聚排列，多为棍棒状，间有分枝状。

分枝杆菌对干燥和湿冷的抵抗力很强。在痰中存活10个月，在病变组织中和尘埃中能生存2—7个月或更久，在水中能存活5个月，在粪便和土壤中可存活6—7个月，在冷藏的奶油中可存活10个月。该菌不耐湿热，60 ℃ 30 min、70 ℃ 10 min、100 ℃立即死亡，阳光直射2 h死亡，常用消毒药即可将其杀死，在70% 酒精、10% 漂白粉中很快死亡。

分枝杆菌对磺胺类药物、青霉素等及其他广谱抗生素不敏感，对链霉素、异烟肼、对氨基水杨酸和环丝氨酸敏感。

（二）流行病学

本病世界各国普遍流行，特别是在气候温和、地势低洼、潮湿的地区发病较多。奶牛最易感，其次是黄牛、牦牛、水牛，猪和家禽易感性也较强，羊极少患病。

牛分枝杆菌主要侵害牛，其次是猪、鹿和人，再次是马、狗、猫、绵羊和山羊；结核分枝杆菌主要侵害人，其次是猴、狗、牛、猪；禽分枝杆菌主要侵害家禽和鸟类，其次是猪、绵羊，人、狗、猫、牛极少见。牛分枝杆菌对牛的致病力最强，结核分枝杆菌和禽分枝杆菌都感染牛，但不影响牛健康。

患病的畜禽和人，特别是开放型结核病患畜禽和人是本病的主要传染来源。通过其粪尿、乳汁、痰液以及生殖道分泌物等向外排菌，污染饲料、饮水、空气和环境而散播本病。主要通过呼吸道感染和消化道感染。也可以通过损伤的皮肤、黏膜或胎盘而感染。

本病无明显的季节性和地区性，多为散发。不良的环境条件，以及饲养管理不当，可促使结核病的发生。如饲料营养不足，矿物质、维生素的不足；厩舍阴暗潮湿、牛群密度过大；阳光不足，运动缺乏，环境卫生差，不消毒，不定期检疫等。

（三）症状

潜伏期2周到数月，甚至长达数年。牛患病后的症状因发病器官不同而异。大多数呈慢性经过，初期症状不明显，体温正常或微热，日渐消瘦。牛最常见的是肺结核、乳房结核和淋巴结核，有时可见肠结核、生殖器官结核、脑结核、浆膜结核及全身结核。各组织器官结核可单独发生，也可以同时存在。

（1）肺结核　最常见，其他器官往往也来源于此。病初易疲劳，有短而干的咳嗽，尤其是起立、运动、吸入冷空气时易发咳嗽；渐变为脓性湿咳，有时从鼻孔流出淡黄色黏稠液，有腐臭味；呼吸急促，深而快，极度困难时，见伸颈仰头，呼吸声似"拉风箱"，听诊肺区常有啰音或摩擦音，叩诊呈浊音。病牛日渐消瘦，奶量大减。体表淋巴结肿大，有硬结而无热痛。体温一般正常或略升高。弥漫型肺结核体温升高至40℃，呈弛张热和稽留热。

（2）肠结核　多见于犊牛，病牛迅速消瘦，常有腹痛和顽固性腹泻，粪便混有黏液和脓液。直肠检查可摸到肠黏膜上的小结节和边缘凹凸不平的坚硬肿块。

（3）淋巴结核　淋巴结肿大，随部位不同症状各异。

（4）乳房结核　乳房上淋巴结肿大，在乳房内可摸到局限性或弥漫性硬结，无热无痛。乳量渐减，乳汁稀薄，甚至含有凝乳絮片或脓汁，严重者泌乳停止。

（5）生殖器官结核　性欲亢进，不断发情但屡配不孕，孕后也常流产。公牛睾丸及附睾肿大，硬而痛。

（6）脑结核　表现多种神经症状，如癫痫样发作、运动障碍等，乃至失明。

（四）病变

病理特征是各组织器官发生增生性结核结节（结核性肉芽肿）或渗出性炎，或二者混合存在。剖检在肺组织常见有很多突起的白色结节，切开为干酪样坏死，切开时有沙砾感。有的坏死组织溶解和软化，排出后形成空洞。发生粟粒性结核时，胸膜和腹膜发生密集结核结节，呈粟粒大至豌豆大的半透明灰白色坚硬的结节，胸膜发生密集结核结节，形成似珍珠状，即所谓的"珍珠病"。乳房结核可见乳房上淋巴结肿大，剖开有大小不等的病灶，内含有干酪样物质。肠道结核可见肠系膜淋巴结有大小不等的结核结节。中枢神经系统主要是脑与脑膜发生结核病变。

（五）诊断

根据不明原因的渐进性消瘦、咳嗽、肺部异常、慢性乳腺炎、顽固性下痢、体表淋巴结慢性肿胀等可初步确诊。对有症状者，可采取分泌物或排泄物进行细菌学检验；有条件者可采用荧光抗体技术和 ELISA 试验检查病料中的分枝杆菌，具有快速、准确、检出率高等优点。对无明显症状的病牛或牛群可用结核菌素作变态反应检查。死后根据特征性病变易确诊。

（六）防治

牛结核病一般不予治疗。通常采取加强检疫，防止疾病传入，扑杀病牛，净化污染牛群，培育健康牛群，同时加强消毒等综合性防疫措施。

（1）健康牛群（无结核病牛群）　平时加强防疫、检疫和消毒措施，防止疾病传入。每年春秋各进行一次变态反应检查。引进牛时，应首先就地检疫，确认为阴性方可购买；运回后隔离观察1个月以上，再进行一次检疫，确认健康方可混群饲养。禁止结核病人饲养牛群。若检出阳性牛，则该牛群应按污染牛群对待。

（2）污染牛群　每年应进行4次检疫，对结核菌素阳性牛立即隔离，一般不予保留饲养，以根绝传染源；对临床检查为开放性结核病牛立即扑杀。凡判定为疑似反应牛，在25～30 d进行复检，其结果仍为疑似反应时，可酌情处理。在健康牛群中检出阳性反应牛时，应在30～45 d后复检，连续3次检疫不再发现阳性反应牛时，方可认为是健康牛群。

（3）培育健康犊牛　当牛群中病牛多于健康牛时，可通过培育健康犊牛的方法更新牛群。方法：设置分娩室，病牛分娩前，消毒乳房及后躯，犊牛出生后立即与母牛分开，用2%～5%来苏儿消毒全身，擦干身体，送往犊牛预防室，喂初乳5 d，然后饲喂健康牛乳或消毒乳。犊牛在隔离饲养的6个月中要连续检疫3次，在生后20～30 d进行第一次检疫，100～120 d进行第二次检疫，6月龄时进行第三次检疫。根据检疫结果分群隔离饲养，阳性反应者淘汰。

（4）消毒措施　每年定期大消毒3～4次。饲养用具每月消毒一次。养殖场以及牛舍入口设置消毒池。粪便生物热处理方可利用。检出病牛后进行临时消毒。常用消毒药有10%漂白粉、3%福尔马林、3%氢氧化钠溶液、5%来苏儿。

三、牛巴氏杆菌病

巴氏杆菌病是主要由多杀性巴氏杆菌引起的多种动物的一种败血性传染病。牛巴氏杆菌病又称牛出血性败血症（牛出败），是由特定血清型（6：E，6：B）多杀性巴氏杆菌所引起，是牛的一种急性热性传染病。以高热、肺炎、间或呈急性胃肠炎以及内脏广泛出血为主要特征。

（一）病原

多杀性巴氏杆菌是一种细小、两端钝圆的球状短杆菌，多散在、不能运动、不形成芽孢。革兰氏染色阴性；用碱性美蓝着染血片或脏器涂片，呈两极浓染。

本菌按菌株间抗原成分的差异，可分为若干血清型。利用荚膜抗原（K）将其分为A、B、D、E、F 5个血清群，利用菌体抗原（o）作凝集反应将其分为12个血清型。一般将K抗原用英文大写字母表示，将o抗原和耐热抗原用阿拉伯数字表示。因此，菌株的血清型可列式表示，如5：A，6；B等（即 o 抗原：K 抗原），或 A：1，D；2等（即 K 抗原：耐热抗原）。根据菌落表面有无荧光及荧光的色彩分为：蓝色荧光型（Fg）、橘红色荧光型（Fo）和无荧光型（Nf），在一定条件下，Fg 和 Fo 可以发生相互转变。根据菌落形态分为：黏液型（M）、平滑型（s）和粗糙型（R），M 型和 S 型含有荚膜物质。

该菌抵抗力弱，在干燥和直射阳光下很快死亡，高温立即死亡，一般消毒液均能迅速杀死，对磺胺、土霉素类敏感。溶血性巴氏杆菌对牛、绵羊有致病力，尤其是绵羊羔。

（二）流行病学

多杀性巴氏杆菌对多种动物和人均有致病性。家畜中以牛、猪发病较多，绵羊、家禽、兔也易感。病畜和带菌畜为传染来源，主要经消化道感染，其次通过飞沫经呼吸道感染，亦有经皮肤伤口或蚊蝇叮咬而感染的。

本菌为条件性病原菌，常存在于健康畜禽的上呼吸道和扁桃体，与宿主呈共栖状态。当牛饲养在不卫生的环境中，由于感受风寒、过度疲劳、饥饿等因素使机体抵抗力降低时，该菌乘虚侵入体内，经淋巴液进入血液引起败血症。

该病常年可发生，在气温变化大、阴湿寒冷时更易发病；常呈散发性或地方流行性发生。

（三）症状

潜伏期2~5 d。根据症状可分为败血型、浮肿型和肺炎型。

（1）败血型　有的呈最急性经过，没有看到明显症状就突然倒地死亡。大部分病牛初期体温升高至41~42 ℃。精神沉郁、反应迟钝、肌肉震颤、呼吸、脉搏加快，眼结膜潮红，鼻镜干燥，食欲废绝，反刍停止。腹痛、下痢，粪中混杂有黏液或血液，具有恶臭味。有时鼻孔和尿中有血。拉稀开始后，体温随之下降，迅速死亡。一般病程为12~24 h。

（2）浮肿型　除呈现上述全身症状外，咽喉部、颈部及胸前皮下出现炎性水肿，初有热痛，后逐渐变凉，疼痛减轻。病牛高度呼吸困难，流涎，流泪，并出现急性结膜炎，往往窒息而死，病程12~36 h。

（3）肺炎型　主要表现纤维素性胸膜肺炎症状。病牛呼吸困难，痛苦干咳，有泡沫状鼻汁，后呈脓性。胸部叩诊有浊音区，有疼痛反应。肺部听诊有支气管呼吸音及水泡音，波及胸膜时有胸膜摩擦音。有的病牛，尤其是犊牛会出现严重腹泻，粪便带有黏液和血块。病程一般为3~7 d。本病的病死率可达80%，病愈牛可产生持续的免疫力。

（四）病变

败血型主要呈内脏器官充血，黏膜、浆膜、肺脏、舌及皮下组织和肌肉有出血点，淋巴结水肿，肝脏、肾脏实质变性，胸腔有大量渗出液。

浮肿型可见咽喉部、下颌间、颈部与胸前皮下有黄色胶样浸润，须下、咽背与纵隔淋巴结肿大，呈急性浆液出血性炎，呼吸道黏膜呈急性卡他性炎症。肺炎型主要表现为纤维素性肺炎和浆液纤维素性胸膜炎。肺组织颜色从暗红、炭红到灰白，切面呈大理石样景象。随病变发展，在肝变区内可见到干燥、坚实、易碎的灰黄色坏死处，个别坏死灶周围还可见到结缔组织形成的包囊。胸腔积聚大量有絮状纤维素的浆液。此外，还常伴有纤维素性心包炎和腹膜炎。

（五）诊断

根据流行病学、症状和病变可对牛出败作出初步诊断。确诊有赖于病原学检查，可采心血、肝、脾、淋巴结、乳汁、渗出液等涂片染色，还可进行分离培养。

鉴别诊断：败血型和浮肿型主要应与炭疽、气肿疽和恶性水肿相区别，肺炎型则应注意与牛肺疫相区别。

（六）防制

主要是加强饲养管理，消除发病诱因，增强抵抗力。加强牛场清洁卫生和定期消毒。每年春秋两季定期预防注射牛出败氢氧化铝甲醛灭活疫苗，体重在100 kg以下的牛，皮下或肌肉注射4 ml，100 kg以上者6 ml，免疫力可维持9个月。发现病牛立即隔离治疗，并进行消毒。

（七）治疗

早期应用血清、抗生素或抗菌药治疗效果好。血清和抗生素或抗菌药同时应用效果更佳。血清可用猪、牛出败二价或牛、猪、绵羊三价血清，作皮下、肌肉或静脉注射，小牛20~40 ml，大牛60~100 ml，必要时重复2~3次；

病愈牛全血500 ml静脉注射也可。抗生素常用土霉素8～15 g，溶解在5%葡萄糖1 000～2 000 ml内，静脉注射，每日2次；10%磺胺嘧啶钠注射液200～300 ml，40%乌洛托品注射液50ml，加入10%葡萄糖溶液静脉注射，每日2次；普鲁卡因青霉素300万～600万 IU、链霉素3～4 g，肌肉注射，每日1～2次；环丙沙星每千克体重2 mg，加入葡萄糖溶液内静脉注射，每日2次。对症治疗对疾病恢复很重要，强心用10%樟脑磺酸钠注射液20～30 ml或安钠咖注射液20 ml，每日肌肉注射2次；如喉部狭窄，呼吸高度困难时，应迅速进行气管切开术。

四、牛链球菌病

链球菌病是主要由 β 溶血性链球菌引起的多种人畜共患病的总称。动物中以猪、牛、羊、马、鸡常见，水貂、兔和鱼类也有发生链球菌病的报道。临床症状表现多样，可以引起种种化脓疮和败血症，也可表现各种局限性感染。

牛肺炎链球菌病是由肺炎链球菌引起的一种急性败血性传染病。以脾脏充血肿大，形成所谓"橡皮脾"为特征。牛链球菌乳腺炎主要由 B 群无乳链球菌引起。主要表现浆液性乳管炎和乳腺炎。

（一）病原

链球菌种类很多，一部分对人畜有致病性，另一部分无致病性。本菌呈圆形或卵圆形，常排列成链，短者成对，长者4～8个至数十个甚至上百个菌成链。大多数在培养基上有荚膜，无芽孢，多数无鞭毛，革兰氏阳性。

在加有血液或血清的培养基中生长良好，在菌落周围形成 α 型（草绿色溶血）或 β 型（完全溶血）溶血环，前者称之为草绿色链球菌，致病性低，后者称之为溶血型链球菌，致病力强。主要致病因子有：溶血毒素、红斑毒素、肽聚糖多糖复合物内毒素、透明质酸酶、DNA 酶（有扩散感染作用）和 NAD 酶（有白细胞毒性）。

根据兰氏（Lancefield）血清学分类法，将链球菌分为20个群（A～V，I、J除外）。链球菌对热和普通消毒药抵抗力不强，煮沸立即死亡，日光直射2 h死亡。2%石炭酸、0.1%来苏儿等3～5 min内杀死。对低温耐受力较强，0～4 ℃

可存活150 d，冷冻6个月特性不变。

（二）流行病学

链球菌的易感动物较多，猪、马属动物、牛、绵羊、山羊、鸡、兔、水貂及鱼均有易感性。3周龄以内的犊牛易感染牛肺炎链球菌病，绵羊较山羊易感。病畜和带菌畜是本病的主要传染源。主要经呼吸道和损伤的皮肤及黏膜感染。幼畜可因断脐时处理不当引起脐带感染。本病的流行带有明显的季节性。羊链球菌病多在每年的10月到翌年4月的冬春季节发生。饲养管理不当，环境卫生差，夏季气候炎热，冬季寒冷潮湿，乍暖乍寒以及遗传因素都是本病的诱发因素。

（三）症状

1. 牛肺炎链球菌病

（1）最急性型　仅持续几小时。衰弱，发热、停止哺乳、呼吸困难、结膜发绀、心衰、抽搐、痉挛、死亡。

（2）急性型　病程1～2 d，鼻镜潮红，流脓性鼻汁。结膜发炎。消化不良伴有腹泻。支气管肺炎，咳嗽，呼吸困难，共济失调，肺部听诊有啰音。

2. 牛链球菌乳腺炎

该病主要呈现亚临床型乳腺炎，无明显症状，急性型少见。急性型表现乳房肿胀、变硬、发热、有痛感。食欲降低，体温稍高，泌乳减少或停止。严重者可从乳房中挤出血清样分泌液，含有纤维蛋白素絮片和脓块，呈黄色、红黄色或微棕色。

（四）病变

牛肺炎链球菌病　剖检可见浆膜、黏膜、心包出血。胸腔渗出液增加并积有血液。特征性病变是脾脏充血性增生性肿大，脾髓呈黑红色，质韧如硬橡皮，此即所谓的"橡皮脾"。肝脏、肾脏充血、出血，有脓肿。成年牛感染表现子宫内膜炎和乳腺炎。

（五）诊断

根据症状、病变以及流行病学特点可作出初步诊断。病原检查可采发病或病死动物的脓汁、关节液、鼻咽内容物、乳汁、各脏器、心血及胸腹水等任选2～3种，制成涂片，美蓝染色，可见单个、成对、短链或偶见10个长链球菌，应注意与巴氏杆菌和双球菌区别。还可将病料于鲜血琼脂平板上划线培养，培养24~48 h，可见 β 型溶血的细小菌落。动物接种可用兔，做皮下或腹腔接种，增殖细菌。

（六）防治

应建立和健全消毒隔离制度。保持圈舍清洁、干燥及通风，经常清除粪便。引进动物时必须经检疫和隔离观察，确证健康时方能混群饲养。加强饲管，注意气候变化，尤其注意防风防冻，增强动物自身抗病力。预防接种可有效控制羊链球菌病。

一旦发病，应尽快作出诊断，上报疫情，划定疫点、疫区，隔离病畜，封锁疫区，紧急消毒，妥善处理病死畜。病畜淘汰或隔离治疗。治疗病畜可用磺胺嘧啶、青霉素或环丙沙星注射，早期治疗可有满意效果。如用青霉素牛600万 IU，肌肉注射6 h一次，至体温下降停药，或肌肉注射10% 磺胺嘧啶钠40 ml（牛用100~300 ml加入葡萄糖溶液内静脉注射）。也可静脉注射硫酸庆大霉素牛100万~150万 IU 或四环素牛300万~500万 IU，均加入葡萄糖溶液内静脉注射。

五、炭疽

炭疽是由炭疽杆菌所引起的人和动物共患的一种急性、热性、败血性传染病，常呈散发或地方性流行。其病变特征是脾脏肿大，皮下和浆膜下出血性胶样浸润，血液凝固不良，呈煤焦油样。中国古代称之为"痈"。

（一）病原

炭疽杆菌是一种不运动的革兰氏阳性大杆菌，长3~8 μm，宽1.0~1.5 μm。在动物体中单个或成对存在，少数呈3~5个菌体组成的短链，有荚膜；在培养物中菌体呈竹节状的长链，一般不形成荚膜；体内之菌体无芽孢，在体外接触空气后很快形成芽孢。

本菌繁殖型菌体抵抗力不强，在腐败的尸体内，加热60 ℃以上，及常用消毒剂都可以在很短的时间内将其杀死。对青霉素敏感。该菌的芽孢抵抗力则特别强，在干燥状态下可存活20年以上，牧场一旦被污染传染性可保持20~30年，煮沸15~25 min，160 ℃干热1 h，121 ℃高压蒸汽5~10 min可破坏芽孢。芽孢对碘制剂敏感。20%漂白粉、5%碘酊、10%氢氧化钠消毒作用显著。

（二）流行病学

各种家畜均可感染，其中牛、马、羊、鹿感受性最强；水牛、骆驼次之；猪感受性较低。实验动物与人亦具感受性。病畜的分泌物、排泄物和尸体等都可作为传染来源。主要经消化道感染，也可经呼吸道及吸血昆虫的叮咬感染。该病多为散发，常发生于炎热的夏季，在吸血昆虫多、雨水多、江河泛滥时易发生传播。

（三）症状

自然感染者潜伏期1~3 d，也有长至14 d的。根据病程可分为最急性、急性和亚急性三型。

（1）最急性型　常见于绵羊和山羊，多发生于流行初期。突然发病，走路摇晃，迅速倒卧，昏迷，呼吸困难，可视黏膜呈蓝紫色，濒死期和死后可见口鼻流出血样泡沫，肛门及阴门流出不易凝固的血液。有时在放牧或使役过程中突然死亡。

（2）急性型　多见于牛、马，病牛体温41~42 ℃，表现兴奋不安，吼叫或乱顶人畜；呼吸增速，心跳加快；食欲废绝，可视黏膜呈蓝紫色有出血点；初便秘后腹泻带血，有时腹痛，尿暗红色，有时混有血液；泌乳停止；孕畜流产；濒死期体温下降，呼吸高度困难；一般经1~2 d死亡。

（3）亚急性型　病程稍长，一般为2~5 d。病牛常在颈部、胸前、腹下及直肠、口腔黏膜等处形成炭疽痈。肿胀迅速肿大，初期硬固有热痛，后渐变为无痛，指压呈捏粉样，最后中央坏死，有时形成溃疡。肠黏膜有炭疽痈，呈现腹痛症状。

（四）病变

尸僵不全，尸体极易腐败而致腹部膨大；从鼻孔和肛门等天然孔流出不凝固的暗红色血液；可视黏膜发绀，并散在出血点；血液黑红、浓稠、凝固不良呈煤焦油样；剥开皮肤可见皮下、肌肉及浆膜下有出血性胶样浸润；脾脏显著肿大，较正常大2~5倍，脾体暗红色，软如泥状；全身淋巴结肿大、出血，切面呈黑红色。

炭疽痈常发部位为肠和皮肤，即出现肠痈和皮肤痈；肠痈多见于十二指肠和空肠，皮肤痈常见于颈、胸前、肩胛或腹下、阴囊与乳房等部位。

（五）诊断

对原因不明而死亡或临床上表现痈性肿胀、腹痛、高热，病情发展急剧，死后天然孔流血的病畜，应首先怀疑为炭疽。禁止解剖疑似炭疽病死动物。确诊可采用细菌学诊断、血清学诊断。Ascoli 反应适宜于腐败病料及动物皮张，风干、腌浸过肉品的检验，先决条件是被检病料中必须有足够检出的抗原量。

鉴别诊断应注意与牛气肿疽和巴氏杆菌病相区别。

（1）牛气肿疽　多具气性肿胀，有捻发音；患部肌肉红黑色，切面呈海绵状；脾和血液无明显变化。

（2）巴氏杆菌病　颈部肿胀与炭疽相似，但脾不肿大；血液凝固良好。

（六）防制

（1）预防措施　在疫区或常发地区，每年对易感动物进行预防注射，常用的疫苗是无毒炭疽芽孢疫苗，接种14 d 后产生免疫力，免疫期为1年。另外，要加强检疫和大力宣传有关本病的危害性及防治办法，特别是告诫广大牧民不可食用死于本病动物的肉品。

（2）扑灭措施　发生本病时，应尽快上报疫情，划定疫点、疫区，采取隔离封锁等措施，对病畜要隔离治疗，禁止病畜的流动，对发病畜群要逐一测温，凡体温升高的可疑患畜可用青霉素等抗生素或抗炭疽血清注射，或两者同时注射效果更佳，对发病羊群可全群预防性给药，受威胁区及假定健康动物作紧急预防接种，逐日观察至2周。

（3）消毒　天然孔及切开处，用浸泡过消毒液的棉花或纱布堵塞，连同粪便、垫草一起焚烧，尸体可就地深埋，病死畜躺过的地面应除去表土15～20 cm 并与20% 漂白粉混合后深埋。畜舍及用具场地均应彻底消毒。

（4）封锁　禁止疫区内牲畜交易和输出畜产品及草料。禁止食用病畜乳、肉。人炭疽的预防应着重于与家畜及其畜产品频繁接触的人员，凡在近2～3年内有炭疽发生的疫区人群、畜牧兽医人员，应在每年的4～5月前接种"人用皮上划痕炭疽减毒活菌苗",连续3年。发生疫情时,病人应住院隔离治疗,病人的分泌物、排泄物及污染的用具、物品及被子衣服均要严格消毒,与病人或病死畜接触者要进行医学观察,皮肤有损伤者同时用青霉素预防,局部用2%碘酊消毒。

六、破伤风

破伤风又称强直症,是由破伤风梭菌经伤口感染引起的一种急性中毒性人畜共患病。临诊上以骨骼肌持续性痉挛和神经反射兴奋性增高为特征。

（一）病原

破伤风梭菌为一种厌氧性革兰氏阳性大杆菌,在动物体内外均可形成抵抗力强大的芽孢,芽孢位于菌体一端,多数菌株有周鞭毛,能运动。不形成荚膜。在动物体内和培养基内均可产生破伤风外毒素,其中最主要的是能作用于神经系统的痉挛毒素。痉挛毒素不耐热,易被酸破坏,经甲醛处理后可脱毒变为类毒素。

本菌繁殖体抵抗力不强,一般消毒药均能在短时间内将其杀死;芽孢体抵抗力强大,可在土壤中存活几十年。

（二）流行病学

本病广泛分布于世界各地,无明显的季节性,多为散发。各种家畜均有易感性,其中以单蹄兽最易感,猪、羊、牛次之,犬、猫偶发,人的易感性也很高。

破伤风梭菌广泛存在于自然界,人畜粪便中都有,尤其是施肥的土壤、腐臭淤泥中。人畜感染主要来源是粪便和土壤。本菌必须经创伤才能感染,动物之间或动物和人之间不能直接传播。感染常见于断脐、去势、手术、断层、穿鼻、产后感染等。临床上有1/3～2/5的病例找不到伤口,这可能是创伤已愈合或经子宫、消化道黏膜损伤感染。

（三）症状

潜伏期1～2周。病牛初表现头颈部肌肉强直痉挛,拒绝采食和吞咽缓慢。随病情发展,出现全身性强直痉挛症状。严重者牙关紧闭,无法采食和饮水,由于咽肌痉挛致使吞咽困难,唾液积于口腔而流涎。头颈伸直,两耳竖立,鼻孔张开，四肢腰背僵硬，腹部蜷缩，尾根高举，行走困难，形如木马，关节屈曲困难，易于跌倒。常发生角弓反张和瘤胃臌气。末期常因呼吸功能障碍或循环系统衰竭而死亡。

绵羊和山羊表现全身强直，角弓反张，四肢僵硬，伴发瘤胃轻度膨胀和腹泻。多发生于死胎或胎衣停滞之后（产后强直症），羔羊多因脐带感染，病死率很高。

（四）诊断

根据本病的特殊临床症状，如神志清楚，反射兴奋性增高，骨骼肌强直性痉挛，体温正常，并有创伤史，即可确诊。还可从局部创伤采取病料进行细菌学诊断。鉴别诊断注意与以下疾病相区别：

（1）急性肌肉风湿症　无创伤病史，体温升高1℃以上，患部肌肉肿胀，有疼痛感，缺乏兴奋性，牙关不紧闭，两耳不竖立，尾巴不高举，水杨酸制剂治疗有效。

（2）脑炎　虽有兴奋性，牙关紧闭，腰发硬及角弓反张，局部肌肉痉挛等症状；但无创伤病史，各种反射机能都减退或消失，视力减退或消失，意识丧失或昏迷不醒，并有麻痹症状。

（3）马钱子中毒　有牙关紧闭，角弓反张，肌肉痉挛等症状；但有中毒史，反射兴奋性不高，肌肉痉挛发生较急，呈间歇性发作，经治疗缓解后，能迅速开口，或者死亡较快等。

（五）预防

在常发地区对易感家畜定期接种破伤风类毒素。成年牛、羊1 ml，幼畜0.5 ml，注射后3周产生免疫力，免疫期1年，第二年再注射一次，免疫期增加到4年。平时要注意饲养管理和环境卫生，防止家畜受伤，一旦发生外伤，要注意及时处理创伤；创伤或术后，尤其是牛羊去势后应及时注射破伤风抗毒素1万～3万 IU。

（六）治疗

治疗原则是消除病原、中和毒素、镇静解痉及加强护理。初期病势凶猛，中和毒素为主要治疗手段，同时注意消除病原，应用解痉药物阻断毒素和神经肌肉结合；中期相对稳定，镇静解痉，强心补液，维护心脏机能，防止并发症；

约经10 d的治疗转入疾病恢复阶段，应采用加强护理，缓解局部肌肉痉挛，调整胃肠机能等对症治疗措施。

（1）消除病原 彻底清创，除去创伤内的脓性异物、坏死组织以及痂皮，创伤口深而小的进行扩创，用3% 过氧化氢或2% 高锰酸钾溶液洗涤，再用5%~10% 碘酊涂擦，最后撒布碘仿磺胺粉或高锰酸钾粉。同时用青霉素和链霉素作全身治疗。

（2）中和毒素 静脉注射破伤风抗毒素，成年牛50万~90万 IU，犊牛20万~40万 IU，可一次注射，也可分3 d注射。破伤风抗毒素可在体内保持2周左右。同时应用40% 乌洛托品，成年牛50 ml，犊牛2 ml，加入葡萄糖溶液内静脉注射，每日一次，连用7~10 d。过长应用会导致尿路出血。

（3）镇静解痉 镇静常用氯丙嗪，犊牛150~200 mg，成年牛250~500 mg，上、下午各肌肉注射一次（羔羊可肌肉注射氯丙嗪100 mg，每日2~4次）。也可用水合氯醛25~50 g混于淀粉浆500~1 000 ml灌肠，每日1~2次。也可二法交替应用。或用2% 静松灵1~3 ml，每日上下午各注射一次；解痉常用25% 硫酸镁，犊牛25 ml，成牛100 ml，静脉注射或肌肉注射；牙关紧闭时用1% 普鲁卡因在锁口穴注射，每穴注射10 ml，每天一次直至开口；腰背强立者镇静解痉，用25% 硫酸镁在脊柱两侧各选5个点作点状注射，每点注射10 ml直至痊愈。

（4）对症治疗 主要有强心补液、补糖、补碱、整肠健胃。牛产后破伤风可用高锰酸钾溶液冲洗产道，静脉注射甲硝唑2.5~5 g（加入葡萄糖溶液内）。牛羊破伤风引起瘤胃臌气时，可进行瘤胃切开，将瘤胃壁切口与皮肤切口缝合在一起，便于长期排气，每天经切口灌入饮水、麸皮和药物，待病畜开始吃草、反刍后，再分别缝合瘤胃和皮肤切口（切除坏死部分）。

（5）加强护理 病牛放入光线暗的畜舍，避免音响，保持安静，对不能采食的可用胃管投入流食。

七、气肿疽

气肿疽俗称黑腿病或鸣疽，是由气肿疽梭菌引起的，主要是牛的一种急性热性传染病。其特征是突然在肌肉丰满部位发生气性炎性肿胀，患部皮肤发黑，按压有捻发音。

（一）病原

气肿疽梭菌为两端钝圆的粗大杆菌，周身有鞭毛，能运动、无荚膜，在体内外均可形成中立或近端芽孢，呈纺锤形或汤匙形。属革兰氏阳性菌，专性厌氧菌。繁殖性菌体抵抗力不大，芽孢抵抗力强，可在泥土中保持5年以上，在液体或组织内的芽孢经煮沸20 min、0.2% 升汞10 min 或3% 福尔马林15 min 方能杀死。

（二）流行病学

本病多发于黄牛，2岁以内者多发。水牛、奶牛、绵羊易感性较小。山羊、鹿、猪、骆驼和水貂亦可感染。病畜是本病的传染源。病菌主要存在于病变部位的肌肉、皮下组织以及水肿液中，可随破溃后的渗出物排出体外。病菌也可以正常菌群的形式存在于牛的肠道内。病牛的排泄物、分泌物及处理不当的尸体，污染的饲料、水源及土壤会成为持久性传染来源。

该病主要经消化道传染。病菌随污染的饲料、饮水进入畜体，经消化道黏膜创伤侵入组织。健康带菌牛当肠黏膜有损伤时，也可发生内源性感染。本病常呈地方性流行，多与气肿疽疫源地有关。无明显季节性，夏季放牧（尤其在炎热干旱时）容易发生。

（三）症状

潜伏期3~5 d，最短1~2 d，长的7~9 d。往往突然发病，体温达41~42℃，食欲和反刍停止，常呈跛行。不久会在肩、股、颈、臀、胸、腰等肌肉丰满处发生炎性气性肿胀，初热而痛，后肿胀部位的中心变冷，失去知觉，产生多量气体，沿皮下和肌间向四周扩散，肿胀部分皮肤干硬而呈暗黑色，触诊有捻发音，穿刺或切面有黑红色液体流出，内含气泡，有特殊臭气，肉质黑红而疏松，周围组织水肿；局部淋巴结肿大。严重者呼吸增速，脉细弱而快。死前体温下降。一般病程1~3 d，有的可延长至10 d。病变可发生于舌和口腔等部位。

（四）病变

尸体迅速腐败，瘤胃臌气，天然孔常有带泡沫血样的液体流出。患部皮下及肌间组织有广泛性的气性、出血性胶样浸润；肌肉黑红色，肌间充满气体，呈疏松多孔的海绵状，有酸败气味。局部淋巴结充血、出血或水肿。

（五）诊断

根据流行病学、典型症状及病理变化可作出初步诊断，确诊需要进行细菌学诊断、血清学诊断。值得注意的是，在剖检或采取病料时都必须进行严格消毒，防止病原扩散或形成不易消灭的气肿疽疫源地。

本病有高热、局部肿胀和急性死亡等症状，与炭疽病、巴氏杆菌病、恶性水肿病有相似之处，应注意鉴别。

（1）炭疽　各种动物均易感；局部肿胀为水肿性，没有捻发音；脾脏高度肿大；镜检可发现有荚膜竹节状的炭疽杆菌；炭疽沉淀试验呈阳性。

（2）巴氏杆菌病　肿胀主要见于咽喉部和颈部，为炎性水肿，硬而热痛，无捻发音；常伴有急性纤维素性胸膜肺炎的症状和病变；血液或实质脏器涂片染色镜检可见两极着色的巴氏杆菌。

（3）恶性水肿　恶性水肿的发生与皮肤损伤病史有关。主要发生在皮下，且部位不定。无发病年龄与品种区别。气肿不显著，肌肉无海绵状病变。肝表面触片染色镜检，发现微弯曲长丝状的腐败梭菌。

（六）防制

在近1～3年内有本病发生的地区，每年春秋两季进行气肿疽甲醛菌苗或明矾菌苗预防接种。不论大小，牛皮下注射5 ml，羊皮下注射1 ml；对6月龄以下的小牛，待满6月龄时应再注射一次。

从未发生过本病的地区，发生本病后应立即对整个牛群进行检疫。对假定健康牛，可先皮下注射抗气肿疽血清15～20 ml，1周后再注射气肿疽菌疫苗5 ml；对病牛和可疑牛就地隔离治疗。病牛尸体及其粪、尿、垫料等一起烧毁或深埋，牛舍及用具应严格消毒。

（七）治疗

（1）抗菌治疗。早期静脉注射抗气肿疽血清150～200 ml，重症患者8～12 h后再重复一次。同时应用青霉素肌肉注射，每次400万～600万 IU，每日2～3次；或10%磺胺嘧啶钠注射液100～200 ml，10%葡萄糖注射液500 ml，

40%乌洛托品50 ml，混合静脉注射，每日2次。也可静滴庆大霉素120万IU或四环素4 g（加入葡萄糖溶液内）。

（2）外科治疗　早期，可用0.25%～0.50%普鲁卡因溶液10～20 ml溶解青霉素80万～120万IU在肿胀部位周围分点注射，可收到良好效果。后期，可切开肿胀部除去坏死组织，用2%高锰酸钾或3%双氧水（过氧化氢）充分冲洗。

（3）对症治疗　注意强心、解毒。

（4）中药治疗　可选用具有清热、凉血和解毒作用的药物。

方一：当归31 g、赤芍31 g、连翘31 g、双花62 g、甘草10 g、蒲公英24 g、苦参50 g、地丁30 g、重楼30 g。共研为末，开水冲，候温灌服。

方二：紫草62 g、黄柏31 g、黄连19 g、黄芩31 g、白芷31 g、栀子31 g、升麻12 g、甘草31 g、苦参50 g，共研为末，开水冲，候温灌服。

八、牛传染性胸膜肺炎

牛传染性胸膜肺炎也称牛肺疫，是由丝状支原体引起的牛的一种接触性传染病。主要特征为纤维素性肺炎和胸膜炎。

（一）病原

病原体为丝状支原体丝状亚种。其形态多样，有球状、球杆状、纤丝状、分支状、环状、星状等，但以球状和丝状多见。革兰氏染色阴性。不易着色，涂片在固定后用5%铬酸处理3～5 min，再用吉姆萨染色或1∶10的石炭酸复红染色1～3 h后镜检。

支原体对外界环境因素抵抗力不强。日光直射、干燥和高温可使其迅速死亡。对新砷凡纳明、链霉素和硫柳汞较敏感，对青霉素具有抵抗力。但1%来苏儿、5%漂白粉、1%～2%氢氧化钠或0.2%升汞均能迅速将其杀死。0.001%的硫柳汞或每毫升含20～100 ml的链霉素，均能抑制本菌。

（二）流行病学

在自然条件下主要侵害牛类，包括黄牛、牦牛、犏牛、奶牛、驯鹿及羚羊。各种牛的易感性依品种、年龄及饲养环境不同而有差别。奶牛、牦牛最易感。

幼龄牛和老龄牛比壮年牛易感。山羊、绵羊和骆驼在自然情况下不易感染。其他动物和人无易感性。

病牛和带菌牛是本病的主要传染来源。病原体多存在于病牛的肺组织、胸腔渗出液和气管分泌物中，从呼吸道排出体外，也可由尿和乳汁排出，在产犊时子宫渗出物也向外排毒。病愈牛15个月甚至2～3年后还能感染健康牛。本病主要经呼吸道和消化道感染。病牛咳出的飞沫以及尿所污染的饲料、垫草是主要传播媒介。本病多呈散发性流行，常年可发生，但以冬春两季多发。非疫区常因引进带菌牛而呈暴发性流行；老疫区因牛对本病具有不同程度的抵抗力，发病缓慢，通常呈亚急性或慢性经过，往往呈散发性。

（三）症状

潜伏期2～4周，短者8 d，长者可达4个月之久。

（1）急性型　病初体温升高至40～42 ℃，稽留热；鼻孔扩张，鼻翼扇动，有浆液或脓性鼻液流出。呼吸高度困难，呈腹式呼吸，有呻声或痛性短咳。前肢外展，喜站。反刍迟缓或消失，可视黏膜发绀，臀部或肩胛部肌肉震颤。脉细而快，80～120次/min。前胸下部及颈下部水肿。胸部叩诊呈浊音或水平浊音，有痛感，听诊肺泡音减弱，可听到啰音、支气管呼吸音、胸膜摩擦音。泌乳停止，便秘或腹泻交替发生。病牛迅速消瘦，常因窒息死亡。病程5～8 d。

（2）慢性型　多数由急性型转化而来。病牛消瘦，常伴发病性咳嗽，叩诊胸部有浊音区且敏感。牛使役能力下降，消化机能紊乱，食欲反复无常，有的无临床症状但长期带毒。病程2～4周，也有延续至半年以上者。

（四）病变

特征性病变在肺脏和胸腔。肺的损害常限于一侧，以右侧居多，多发生在膈叶。初期以小叶性肺炎为特征，肺炎灶充血、水肿，呈鲜红色或紫红色。中期为该病典型病变，表现为纤维素性肺炎和浆液性纤维素性胸膜肺炎，肺实质往往同时见到不同时期的肝变，红色和灰白色互相掺杂，切面呈大理石状外观。肺间质水肿增宽，灰白色，淋巴管扩张，也可见到病灶。病肺与胸膜粘连，胸膜显著增厚并有纤维素附着，胸腔有淡黄色并夹杂有纤维素之渗出物，多的可达10 000~20 000 ml。支气管淋巴结和纵隔淋巴结肿大、出血。心包液混浊且增多。后期肺部病灶坏死并有结缔组织包囊包裹，有的形成脓腔或空洞，有的结缔组织增生使整个坏死灶瘢痕化。

（五）诊断

本病初期不易诊断。若引进种牛在数周内出现高热，持续不退，同时兼有浆液性纤维素胸膜肺炎的症状并结合病理变化可作出初步诊断。确诊可进行病原体的分离鉴定以及血清学试验。补体结合实验是我国规定于牛群检疫的现行方法。对接种疫苗的牛群，有部分可出现阳性或疑似反应（一般维持3个月左右），故对接种疫苗的牛群无诊断意义。对无本病地区进行检疫时，也可能有1%~2%的非特异性反应。

临床诊断应注意和牛巴氏杆菌病及牛肺结核病相区别。

（1）牛巴氏杆菌病　肺炎型病牛，虽然有呼吸困难，呈现急性纤维素型胸膜肺炎症状，有干性痛咳。但是发病急、病程短；常见有喉头水肿；有败血症表现，组织和内脏有出血点；肺病变部大理石样变及间质增宽不明显。病原体为巴氏杆菌。

（2）牛肺结核病　牛肺结核易与急性牛肺疫的初期及慢性牛肺疫相混淆。牛肺结核的病程长，咳嗽时有气管分泌物咳出，体温正常或呈弛张热；剖检肺部有结核结节，无大理石样变化；结核菌素变态反应阳性；病原体为结核分枝杆菌。

（六）防制

非疫区勿从疫区引入牛。老疫区宜定期用牛肺疫兔化弱毒菌苗或绵羊化弱毒菌苗注射。氢氧化铝菌苗，臀部肌肉注射，大牛2 ml，小牛1 ml；盐水苗，尾尖皮下注射（距离尾尖2~3 cm柔软处）大牛1 ml，小牛0.5 ml。此两种疫苗均可产生1年以上的免疫力。注射菌苗后如发生严重反应应立即按牛肺疫病治疗。暴发牛肺疫的地区，要通过临床检查，同时采血送检，检出病牛应隔离、封锁，必要时宰杀淘汰；污染的牛舍、屠宰场应用2%来苏儿或20%石灰乳消毒。

（七）治疗

本病早期治疗可达到临床治愈，但是病牛症状消失，肺部病灶被结缔组织包裹或钙化，长期带菌，故从长远利益考虑应以淘汰病牛为宜。

（1）抗生素治疗。阿米卡星或四环素、土霉素2~3 g，加在葡萄糖注射液内静脉注射，每日一次，连用5~7 d；链霉素3~6 g，肌肉注射，每日一次，连用5~7 d。除此之外辅以强心、健胃、利尿等对症治疗。

九、放线菌病

放线菌病是多种动物和人的一种多菌性的非接触性慢性化脓性肉芽肿性传染病。以牛最为多见，其特征是头、颈、下颌和舌发生放线菌肿。又称大颌病，木舌症。

（一）病原

本病的病原有牛放线菌、伊氏放线菌和林氏放线杆菌。牛放线菌、伊氏放线菌是牛骨骼和猪的乳腺炎放线菌病的主要病原，伊氏放线菌是人放线菌病的主要病原。

牛放线菌、伊氏放线菌为革兰氏阳性，不能运动，能形成孢子，菌体呈细丝样分支，兼性厌氧。在动物组织中呈现带有辐射状菌丝的颗粒性聚集物—菌芝，外观似硫黄颗粒，其大小如别针头，呈灰色、灰黄色或微棕色，质地柔软或坚硬。硫黄样颗粒在载玻片上压平后，镜检呈菊花状，菌丝末端膨大向周围呈放射状排列，革兰氏染色其中央部分染成紫色，周围的放射状菌丝染成红色。

林氏放线杆菌革兰氏阴性，不能运动。在动物组织中可形成菌块，无显著放射状菌丝。革兰氏染色中心与周围均呈红色。

放线菌对青霉素、红霉素、四环素、林可霉素比较敏感。林氏放线杆菌对链霉素、磺胺类（磺胺嘧啶、磺胺二甲嘧啶）比较敏感。一般消毒药都有效。

（二）流行病学

牛、猪、羊、马、鹿等均可感染发病，人也可感染。动物中以牛最易感染，尤其是2~5岁牛。放线菌和放线杆菌是动物口腔或消化道的真性寄生菌，也存在于污染的土壤、饲料和饮水中。当黏膜或皮肤上有破损，便可自行发生感染。牛、羊多因食入带刺饲草，刺破口腔黏膜而感染。

本病广泛分布于世界各地，散发性发生。

（三）症状

（1）牛放线菌病 病牛常见下颌骨肿大，肿胀部位呈蘑菇状的生成物，界限明显。肿胀进展缓慢，6～18个月才出现一个小而坚实的硬块，初期有压痛，后期无痛感；若两侧下颌骨受侵害，牛的下颌部增大。病牛呼吸、吞咽和咀嚼均感困难，消瘦甚快，有时皮肤化脓破溃，脓汁流出，形成瘘管，长久不愈。剖检见放线菌肿中有乳黄色脓肿块，有的因广泛坏死和骨质增生引起蜂窝状病变。受害下颌骨变得粗大，肿胀进展缓慢。

（2）放线杆菌病 主要表现受害部位如头、颈、颌、舌等软组织发生硬结，不热不痛，舌和咽部组织变硬，又称为"木舌病"，硬结破裂后可形成瘘管，不断排出脓汁。有的受害组织形成肉芽肿，如有化脓菌侵入，形成脓肿。侵害舌部时，早期在舌黏膜和肌层可出现蘑菇状生长物，粟粒大小至榛子大小，后期因结缔组织弥漫性增生，坚硬如木板状，故称木舌。乳房患病时，呈弥漫性肿大或局部性硬结。

绵羊和山羊主要发生在嘴唇、头部和身体前半部的皮肤，皮肤增厚，可发生多数小脓肿。病羊不能采食，消瘦，衰弱，常发生肺炎。

（四）诊断

本病的症状和病变比较特殊，不易与其他传染病混淆。确诊可采取少许脓汁用水稀释，找出硫黄样颗粒，在水中洗净，置载玻片上加一滴15%氢氧化钠溶液，覆以盖被片用力挤压，镜检，见特异性菌体。革兰氏染色后可鉴别是何菌。

（五）预防

防止本病的发生，应避免在低湿地放牧。舍饲牛只最好于饲喂前将干草、谷糠等浸软，避免刺伤口黏膜。防止皮肤、黏膜发生损伤，有伤口时及时处理在本病的预防上十分重要。

（六）治疗

（1）局部治疗 硬结采用外科手术切除，如有瘘管一同切除，创腔填塞细盐或10%碘酊纱布，1～2 d更换一次。伤口周围注射10%碘仿醚或2%鲁戈氏液。也可采用烧烙法治疗。

（2）全身疗法　内服碘化钾，成年牛每天4~8 g，犊牛每天2~4 g，连用2~4周。重者可静脉注射10%碘化钠，牛每次50~100 ml，隔日一次，连用3~5次。用药过程中，可能出现碘中毒现象（黏膜、皮肤发疹、流泪、脱毛、消瘦和食欲缺乏），应暂停用药5~6 d。同时全身应用抗生素或抗菌药物。

第八章　牛寄生虫病

第一节　吸虫病

一、肝片形吸虫病

肝片形吸虫寄生于牛的肝脏胆管中，虫体的刺激引起肝炎、胆管炎，并伴有全身性中毒现象和营养障碍，尤其对幼畜可引起大批死亡。

（一）病原体

肝片形吸虫背腹扁平，外观呈柳叶状，该虫为雌雄同体，大小为21~41 mm×9~14 mm。

（二）生活史

肝片形吸虫的中间宿主为淡水螺。成虫寄生于牛的肝脏胆管内，产出虫卵随胆汁排入肠腔，经粪便排出体外。虫卵在适宜的条件下经11~12 d孵出毛蚴，毛蚴游动于水中，遇到中间宿主淡水螺，即钻入体内。毛蚴在螺体内，经无性繁殖发育为胞蚴、雷蚴和尾蚴几个发育阶段。尾蚴从螺体逸出，进入水中，经3~5 min便脱掉尾部，黏附于水生植物的茎叶上或浮游于水中而形成囊蚴。牛吞食含有囊蚴的水或草而被感染。囊蚴于动物的十二指肠内脱囊而出，童虫穿过肠壁进入腹腔，后经肝包膜钻入肝脏。在肝实质中的童虫，经移行后到达肝脏胆管，发育为成虫，成虫在动物体内可寄生3~5年。

（三）流行病学

呈地方性流行，多发生于在狭小而潮湿的牧地上放牧的牛群，舍饲动物也可因饲喂从低洼、潮湿牧地割来的牧草而受感染。

春末夏秋季节是肝片形吸虫病流行的重要季节。虫卵的发育，毛蚴和尾蚴的游动以及淡水螺的存活与繁殖都与温度和水有直接关系。本病在多雨年份，特别在久旱逢雨的温暖季节可促使其暴发和流行。

（四）致病作用和病理变化

肝片吸虫的致病作用和病理变化，与虫体的发育阶段不同及与虫体寄生数量而有不同的表现。当一次感染大量囊蚴时，童虫在向肝实质移行过程中，可机械损伤和破坏肠壁、肝包膜和肝实质及微血管，引起肝炎和出血，此时肝脏肿大，肝包膜上纤维素沉积、出血、肝实质内有暗红色虫道和幼小的虫体。

虫体进入胆管后，由于虫体长期的机械刺激和毒性物质的作用，引起慢性胆管炎、慢性肝炎和贫血现象。虫体多时，引起胆管扩张、增厚、变粗甚至堵塞；胆汁停滞而引起黄疸。部分虫体随胆汁进入胆囊，甚至引起胆总管阻塞，而导致胆绞痛，死亡的虫体在胆管内可以作为胆结石的核心而增大堵塞胆管。

（五）症状

轻度感染症状不明显。严重感染时，在童虫移行阶段患畜可突然死亡。有的病初表现体温升高，精神沉郁，食欲减退，衰弱离群，迅速发生贫血、肝区疼痛，腹水，严重者可在几天内死亡。多发生在夏末、秋季及冬初季节。当成虫在胆管寄生阶段时，多表现慢性经过，其特点逐渐消瘦，贫血，低蛋白血症。患畜表现高度消瘦，黏膜苍白，眼睑、颌下及胸下水肿和腹水，妊娠牛可引起流产，终因恶病质而死亡。

（六）诊断

根据临床症状、流行病学、粪便检查和死后剖检见到虫体等进行综合判定。

（七）治疗

常用药物有：硝氯酚：口服量为3～4 mg/kg体重，丙硫苯咪唑：口服量为20～30 mg/kg体重，三氯苯唑（肝蛭净）：口服量为10～15 mg/kg体重，每日一次口服，上述驱虫药，一次口服难以治愈，需重复几日口服方能奏效。

（八）预防

（1）定期驱虫　一般每年两次驱虫，一次在冬季；另一次在春季。急性病例随时驱虫。

（2）不在低洼牧地放牧，动物饮水最好用自来水、井水或流动的河水。保持水源清洁，从流行区运来的牧草经晒干后，再喂舍饲的动物。

二、歧腔吸虫病

歧腔吸虫寄生于反刍动物牛的肝脏胆管、胆囊内。歧腔吸虫病在我国分布很广，危害很严重。

（一）病原体

常见的虫种有矛形歧腔吸虫和中华歧腔吸虫。矛形歧腔吸虫呈矛形，棕红色，大小为6.67～8.34 mm×1.61～2.14 mm。

（二）生活史

歧腔吸虫的发育需要两个中间宿主参加，第一中间宿主为陆地螺（蜗牛），第二中间宿主为蚂蚁。虫卵随终末宿主的粪便排至体外，被第一中间宿主蜗牛吞食后，在其体内孵出毛蚴，进而发育为母胞蚴、子胞蚴和尾蚴。在蜗牛体内的发育期为82～150 d。尾蚴从子胞蚴的产孔逸出后，移行至螺的呼吸腔，在此，每数十个至数百个尾蚴集中在一起形成尾蚴群囊，外被覆黏性物质成为黏球，从螺的呼吸腔排出，粘在植物或其他物体上。当含尾蚴的黏球被第二中间宿主蚂蚁吞食后，尾蚴在其体内形成囊蚴。牛吃草时吞食了含囊蚴的蚂蚁而感染。囊蚴在终末宿主的肠内脱囊，由十二指肠经胆总管到达肝脏胆管内寄生。需72～85 d发育为成虫，成虫在宿主体内可存活6年以上。

（三）流行病学

宿主动物非常广泛，已知哺乳动物达70余种，除牛、羊、鹿、骆驼、马、兔等家畜外，许多野生的偶蹄动物均可感染。动物随年龄的增加，其感染率和感染强度也逐渐增加。

（四）症状

轻者无明显症状，严重寄生时，可引起胆管炎，胆管壁增生，肥厚。肝脏肿大，肝被膜肥厚。临床可见黏膜黄疸，逐渐消瘦，颌下和胸下水肿，下痢，甚至死亡。

（五）诊断与治疗

粪便中检出虫卵或死后剖检发现大量虫体即可确诊。

治疗常用药物：

（1）海涛林：配成2%的混悬液，经口灌服有特效，剂量30～60 mg/kg体重。

（2）六氯对二甲苯：口服，200～300 mg/kg体重，连用两次，驱虫率可达100%。

（3）吡喹酮，口服，20～25 mg/kg体重；丙硫苯咪唑，口服用量为20～30 mg/kg体重。每日一次，连用数日。

第二节　绦虫病

一、莫尼茨绦虫病

莫尼茨绦虫寄生于反刍动物牛、羊、鹿等的小肠中，主要危害羔羊和犊牛。

（一）病原体

常见的莫尼茨绦虫有两种：扩展莫尼茨绦虫和贝氏莫尼茨绦虫，它们在外观上很相似，头节小，近似球形，上有4个吸盘，无顶突和小钩。体节宽而短，成节内有两套生殖器官，生殖孔开在节片的两侧。子宫呈网状。卵巢和卵黄腺在节片两侧构成花环状。睾丸数百个，分布在整个体节内。扩展莫尼茨绦虫的节间腺为一列小圆囊状物，沿节片后缘分布。贝氏莫尼茨绦虫的节间腺呈带状，位于节片后缘的中央。

扩展莫尼茨绦虫长约10 m，呈乳白色带状，分节明显。虫卵近似三角形；贝氏莫尼茨绦虫呈黄白色，长约4 m，虫卵为四角形。

虫卵内有特殊的梨形器，器内有六钩蚴。

2. 生活史

莫尼茨绦虫的中间宿主为地螨类。终末宿主将虫卵和孕节随粪便排出体外，虫卵被中间宿主吞食后，六钩蚴穿过消化道壁，进入体腔，发育成具有感染性的似囊尾蚴。动物吃草时吞食了含似囊尾蚴的地螨而被感染。扩展莫尼茨绦虫在犊牛体内经47~50 d发育为成虫。绦虫在动物体内的寿命为2~6个月，以后自动排出体外。

3. 症状

莫尼茨绦虫病是犊牛的疾病，成年动物一般无临床症状。犊牛表现消瘦，开始排粪变软，后发展为腹泻，粪中含有黏液和孕节片，严重者贫血，衰弱。有的无目的地走动，步态蹒跚，震颤等神经症状。

4. 诊断

在犊牛粪球表面有黄白色的孕节片，形似煮熟的大米粒，镜检可发现孕节片内含有大量虫卵即可确诊。

5. 治疗

（1）硫双二氯酚：一次口服量犊牛为50 mg/kg体重。

（2）氯硝柳胺：犊牛60~70 mg/kg体重，一次灌服。

（3）丙硫咪苯唑：犊牛一次口服量为15~20 mg/kg体重。

（4）吡喹酮：犊牛口服量为10~15 mg/kg体重。

6. 预防

犊牛在2~3个月龄时应该进行第一次驱虫，第一次驱虫后2~3周，最好再进行第二次驱虫。

二、棘球蚴病

棘球蚴又称包虫，是棘球绦虫的中绦期，寄生于牛、羊、猪、人及其他动物的肝、肺及其他器官中。棘球蚴体积大，生长力强，并可寄生于人畜体内任何部位，对局部组织造成压迫，可引起继发感染，是一种重要的人畜共患的寄生虫病。

（一）病原体

我国常见的棘球绦虫有细粒棘球绦虫和多房棘球绦虫。成虫寄生于犬科动物的小肠中。

细粒棘球绦虫很小，仅有2~7 mm长，由头节和3~4个节片组成。头节上有4个吸盘，顶突钩36~40个，排成两圈。成节内含一套雌雄同体的生殖器官，睾丸数35~55个。生殖孔位于节片侧缘的后半部。孕节的长度约占全虫长的一半，子宫侧枝为12~15对，内充满虫卵。

细粒棘球蚴为一包囊状构造，内含液体。其形状常因寄生部位不同而有变化，一般近似球形，直径为5~10 cm。棘球蚴的壁分两层：外层为乳白色的角质层，内层为胚层，又称生发层。胚层向囊腔芽生出成群的细胞，这些细胞空腔化后形成一个小囊，并长出小蒂与胚层相连，在囊内壁上生成数量不等的原头蚴，此小囊称为育囊或生发囊。育囊可生长在胚层上或者脱落下来漂浮在囊液中。母囊内还可生成与母囊结构相同的子囊，甚至子系囊，与母囊一样亦可生长出育囊和原头蚴。有的棘球蚴还能外生，即向母囊外衍生子囊。游离于囊液中的育囊、原头蚴和子囊统称为棘球砂。原头蚴上有小钩和吸盘，具有感染性。无原头蚴的囊叫作不育囊，不育囊可长得很大。

囊液呈淡黄色，内含蛋白质。囊液与宿主的血清极其相似，含有免疫球蛋白和抗补体物质及石灰小体。

2. 生活史

犬、狼等终末宿主将细粒棘球绦虫的虫卵和孕节随粪便排出体外，虫卵污染饲草和饮水，当牛吞食虫卵后而受感染。进入消化道的六钩蚴，钻入肠壁经血流或淋巴循环至全身各处，以肝、肺两处最多，经6~12个月的生长方可发育为有感染性的棘球蚴。当犬和其他的食肉动物吞食棘球蚴后，经40~50 d的发育即可发育为细粒棘球绦虫。虫体在犬体内寿命为5~6个月。

3. 症状

棘球蚴对动物的危害程度，主要取决于棘球蚴的大小、数量和寄生部位。严重感染的牛表现消瘦，衰弱，呼吸困难或轻度咳嗽，剧烈运动时症状加重。各种动物都可因囊泡破裂产生严重的过敏反应而突然死亡。

4. 诊断

动物棘球蚴的生前诊断比较困难，往往在尸体剖检时发现。

5. 预防与治疗

重点是预防本病的发生，治疗对牛的棘球蚴病价值不大。

（1）对犬进行定期驱虫，可用氢溴酸槟榔碱，一次内服量为2 mg/kg体重。

（2）吡喹酮，一次内服量为5 mg/kg体重。

（3）病畜的脏器不得随意喂犬。

（4）保持畜舍、饲草、饮水的卫生，防止犬粪的污染。

三、牛脑多头蚴病

牛脑多头蚴病是由寄生于狗、狼的带科多头绦虫的幼虫——多头蚴，寄生于牛的脑部所引起的一种绦虫病，俗称脑包虫病。因能引起明显的转圈运动，故亦称转圈病。

（一）病原体

牛脑多头蚴病的病原体是多头绦虫，成虫在终宿主犬、狼、狐狸的小肠内寄生。幼虫在奶牛、黄牛、牦牛和骆驼等偶蹄类的脑内，有时亦能在延脑或脊髓内发现，是危害牛的严重的寄生虫病，常呈地方性流行。

1. 生活史

寄生在终宿主体内的成虫，其孕节脱落后随宿主粪便排出体外，节片虫卵散布在牧场上或饲料、饮水中，被牛、羊（中间宿主）吞食而进入胃肠道；虫卵在小肠内孵化成六钩蚴，经肠内消化作用，六钩蚴脱壳逸出，借小钩吸附于肠黏膜上，然后穿入肠壁静脉而随血流进入门脉系统，随血流到肺及肝脏中发育成包虫囊。由于颈动脉较粗，蚴虫常随血流至颅内，特别是在大脑中动脉分布区。其中以大脑顶叶、额叶为最多，小脑、脑室与颅底较少。囊包为微白色半透明包膜，充满无色透明囊液，外观与脑脊液相似，容积可由50~200 ml不等。

多头蚴在牛体内发育缓慢，感染后2~5周呈粟粒大小，6周囊体直径可达2~3 cm，经过2~3个月，直径可达3~4 cm或更大，并有很多头节，但还可继续生长到7~8个月停止生长，包囊的直径可达5 cm以上。

犬、狼、狐狸等肉食兽吞食了含有多头蚴的牛脑组织，多头蚴在终宿主的消化道中经消化液的作用，囊壁溶解，原头蚴附着在小肠壁上逐渐发育，经过

41~73 d成熟，并有孕节随粪便排出体外，多头蚴上的每个原头蚴均可发育成一条绦虫。多头绦虫在终宿主的小肠内可存活数年之久，一年内任何季节都可以向外散布病原。

2. 流行病学

本病为全球性分布。我国内蒙古、宁夏、甘肃、青海及新疆等牧区多发。其他省，如陕西、山西、河南、山东、江苏、福建、贵州、云南、四川等有羊多头蚴病的报道。此外，奶牛、黄牛、山羊和牦牛的多头蚴病在山东、山西、西北各省常见。当患多头蚴病牛羊的脑部被犬、狼、狐吃后，就造成了犬、狼、狐感染多头绦虫的机会，绦虫的孕卵节片随粪便排出，就有可能污染草场、饲料和饮水，造成多头蚴病的流行。

3. 致病作用

感染初期，当六钩蚴随血液循环被带到脑组织时，因虫体在脑膜与脑组织中移行，引起刺激与损伤，产生脑炎与脑膜炎。此后虫体在脑内移行逐渐缓慢而定居于脑的某一部位不再进行移行。经过两个多月的时间，虫体虽有发育增长，但并不能构成危害，这时初期症状消失，患畜在外观上表现正常。但当多头蚴继续增大，足以压迫脑髓时，就会引起脑贫血、萎缩、眼底充血、视神经盘水肿；嗜酸性粒白细胞增多。随着多头蚴不断增大，压迫脑部的力量也增加，导致患畜症状逐渐严重，视神经营养不良，运动机能发生障碍而出现强迫运动，有的发生痉挛。多头蚴不仅压迫脑的局部组织，而且可波及脑的各个部位，甚至间接地影响全身脏器，结果可导致患畜贫血、食欲与反刍废绝及恶病质而死亡。

4. 临床症状

前期症状为急性型，后期症状为慢性型。

（1）前期症状　牛的前期症状不明显。感染初期，六钩蚴移行至脑部引起炎症，表现为体温轻度升高，脉搏及呼吸加快，病牛精神不振，但采食与反刍无明显变化。

（2）后期症状　牛的脑多头蚴病多属此型，当多头蚴发育到一定体积而压迫脑组织引起脑部组织局部萎缩形成囊腔、颅内压增高时才呈现一系列神经症状。

主要临床症状是向寄生侧脑半球作转圈运动，随着虫体增大及病程的延长，则转圈运动将持续时间延长，间歇时间变短，转圈直径也越小。

眼睛视力降低，甚至消失。视力降低首先出现在与转圈运动相反的那只眼。眼睑松弛，上下眼睑处于半闭合状态，病的后期两侧眼的视力均消失。眼的角膜、虹膜、晶状体及玻璃体无明显变化，但眼底可见中央血管怒张充血、视神经盘水肿。

蹄冠反射降低：用针头刺虫体寄生侧脑半球的对侧肢的蹄冠，其反射迟钝或消失。

对患病侧颅部进行叩诊，其虫体所在部叩诊音调低沉，呈浊音，锤下抵抗音低。

病的初期与中期，病牛精神不振，食欲减少，体温、脉搏及呼吸无异常。病的后期，表现为昏睡，空口咀嚼，不知饮食，时有兴奋不安，有些病牛运动共济失调。

多头蚴孢囊在大脑半球寄生数量常为1个，个别病畜达2~3个。虫体过多者，症状复杂，预后不良。

由于虫体寄生部位不同，其临床症状也不一致。

虫体寄生额叶：病牛常盲目前走，遇到障碍物，将头抵在上面而呆立不动。虫体寄生大脑半球对侧的眼视力障碍，瞳孔开张，眼底视神经盘水肿、眼底中央血管怒张充血。

虫体寄生顶颞叶：初期向虫体寄生侧作较大直径的转圈运动，随着病情的发展，虫体增大而转圈直径减小，对侧眼视力障碍，蹄冠反射迟钝或消失。

虫体寄生枕叶：运动时高举后仰，身体倾斜，摇摇欲倒，跌倒时头向后仰，颈部肌肉强直性痉挛。

虫体寄生小脑：运动失调，不能保持平衡，卧地后不能起立或角弓反张。

5. 诊断

转圈运动是判定牛多头蚴病的主要依据。虫体寄生部位是位于向转圈侧的大脑半球上，同时对侧眼视力降低或消失，对侧肢的蹄冠反射迟钝，结合叩诊部音调变低而敏感即可确定虫体寄生部位。

6. 鉴别诊断

犊牛维生素 A 缺乏症：由于构成视紫红质所需的维生素 A 醛不足，则暗适应不全而出现夜盲。另外，幼畜生长期，缺乏维生素 A，造成骨骼形成不全，骨软弱且过分增厚。由于骨骼系统和中枢神经系统生长不相适应，而导致颅内容积过小，颅内压增高。临床表现为运动失调，无定向转圈运动，视力障碍，叩诊脑部无浊音区。另外，对饲草饲料分析以及流行病的调查可以确定为由维生素 A 缺乏引起。

7. 防治

对感染多头绦虫的犬只应当治疗或捕杀，防止犬粪污染饲草及饮水。病畜尸体应当焚烧、深埋，无害化处理，切勿弃置。

已感染多头蚴的病牛可进行手术摘除。

第三节　原虫病

一、双芽巴贝斯虫病

牛双芽巴贝斯虫病是一种经蜱传播的季节性血液原虫病。临床上以体温升高、贫血、黄疸和出现血红蛋白尿为特征的一种血液寄生虫病。

（一）病原体

双芽巴贝斯虫寄生于牛红细胞内，虫体长度大于红细胞半径，其形态有梨籽形，圆形，椭圆形及不规则形等。典型的形状是成双的梨籽形，尖端以锐角相连。每个虫体有一块染色质。虫体多位于红细胞的中央，每个红细胞内虫体数目为1~2个，很少有3个以上。红细胞染虫率为2%~15%。虫体经吉姆萨染色后，胞浆呈淡蓝色，染色质呈紫红色。

（二）生活史

牛双芽巴贝斯虫在微小牛蜱体内发育、繁殖，待虫体发育到感染阶段时，当带虫蜱再叮咬健康牛时即可感染健康牛。

（三）症状

潜伏期8~15 d。病牛体温升高到40~42 ℃，呈稽留热型。食欲消失，反刍停止，便秘或腹泻，排黑褐色、恶臭粪便。病牛迅速消瘦、贫血、黏膜苍白和黄染。由于红细胞大量破坏，出现血红蛋白尿，尿色呈棕红色或黑红色。血液稀薄，红细胞大小不均，着色淡。重症时如不治疗可引起死亡，死亡率可达50%~80%。

（四）病理变化

尸体消瘦，贫血，血稀如水。皮下组织及脂肪均呈黄色胶样水肿状。各内脏器官被膜均黄染。皱胃和肠黏膜潮红并有点状出血。肝、脾肿大，胆囊扩张。肾肿大，淡红黄色，有点状出血。膀胱膨大，存有多量红色尿液，黏膜有出血点。肺瘀血，水肿。心肌柔软，黄红色；心内外膜有出血点。

（五）诊断

根据病畜的临床症状，发病季节多在夏、秋季发病。在体温升高后1~2 d，耳尖采血涂片检查，在红细胞内可发现少量圆形的和变形虫样的虫体；在血红蛋白尿出现期检查，可在血片中发现较多的梨籽形虫体。

（六）治疗

应尽量做到早确诊，早治疗。常用药物：①咪唑苯脲，治疗剂量为1~3 mg/kg 体重，配成10%溶液肌肉注射。②三氮脒（贝尼尔），剂量为3.5~7.0 mg/kg 体重，配成5%~7%溶液，作深部肌肉注射。本药对某些奶牛有反应，如偶尔出现起卧不安，肌肉震颤等副作用，但很快消失。若反应严重，可肌肉注射肾上腺素或地塞米松，但妊娠奶牛应慎用地塞米松。

（七）预防

（1）预防本病的关键在于消灭蜱，可手工摘蜱或用药物杀蜱。

（2）可应用咪唑苯脲进行药物预防，在发病季节注射一次可产生60 d的保护作用。

二、泰勒梨形虫病

泰勒梨形虫病是一种经蜱传播的季节性很强的地方性寄生虫病，多呈急性经过，以高热，贫血，出血，消瘦和体表淋巴结肿胀为特征，本病在西北、华北、西南、华东等地区流行，发病率与病死率都大，使养牛业遭到严重损失。

（一）病原体

（1）环形泰勒虫寄生于红细胞内的虫体称为血液型虫体（配子体），虫体很小，形态多样。有圆形、杆形、卵圆形、梨籽形、逗点形、十字形、三叶形等各种形状。其中以圆环形和卵圆形为主，占总数的70%~80%。寄生于巨噬细胞和淋巴细胞内进行裂体增殖所形成的多核虫体为裂殖体（或称石榴体或柯赫氏蓝体）。裂殖体呈圆形、椭圆形或肾形，位于淋巴细胞或巨噬细胞质内或散在于细胞外。用姬氏法染色，虫体胞浆呈淡蓝色，其中包含许多红紫色颗粒状的核。

（2）瑟氏泰勒虫　本虫体大部分有较长的杆状形态，少部分虫体的形态与大小与环形泰勒虫相似，它与环形泰勒氏虫体的区别是各虫体形态中以杆形和梨籽形为主，占67%~90%，且随着病程不同，这两种形态虫体比例会发生变化。在上升期杆形为60%~70%，梨籽形为15%~20%，高峰期，杆形和梨籽形为35%~45%，下降期和带虫期，杆形为35%~45%，梨籽形为25%~45%。

（二）生活史

感染泰勒虫的蜱在牛体吸血时，子孢子随蜱的唾液进入牛体内，首先侵入局部淋巴结的巨噬细胞和淋巴细胞内进行裂体增殖，形成大裂殖体（无性型）。大裂殖体成熟后，破裂为许多大裂殖子，又侵入其他巨噬细胞和淋巴细胞内，重复上述的裂殖过程。同时大裂殖子可随血液循环至全身各组织器官。裂体增殖反复进行到一定时期后，有的可形成小裂体（有性型）。小裂殖体成熟后破裂，许多小裂殖子进入红细胞内变为配子体（血液型虫体）。

当幼蜱或若蜱在病牛身上吸血时，把带有配子体的红细胞吸入胃内，在蜱体内经过一段有性生殖后，最后产生许多具有感染性的子孢子。在蜱吸血时，子孢子被接种到牛体内，重新开始在牛体内的发育和繁殖。

（三）症状

环形泰勒虫病：潜伏期14~20 d。发病后体温升高到40~42 ℃，呈稽留热，少数病牛呈弛张热或间歇热。病牛表现精神沉郁，行走无力，脉弱而快，心音亢进有杂音。呼吸快，咳嗽，流涕。眼结膜充血肿胀，流泪，以后贫血，有绿豆大小的溢血斑。可视黏膜及尾根、肛门周围、阴囊等薄的皮肤上出现粟粒乃至扁豆大的、深红色、略高出皮肤的溢血斑点。有的在颌下、胸前、腹下、四肢发生水肿。病牛排干而黑的粪便，常带有黏液或血丝。体表淋巴结肿胀为本病的特征。大多数病牛一侧肩前或腹股沟浅淋巴结肿大，初为硬肿，有痛感，后渐变软，常不易推动（个别牛不见肿胀）。病牛迅速消瘦，血液稀薄，贫血。但贫血不是由溶血所引起，临床上无血红蛋白尿，可视黏膜黄染不明显。病后期食欲、反刍完全停止，溢血点增多变大，濒死前体温下降，卧地不起，衰竭死亡。耐过的病牛可长期带虫。

瑟氏泰勒虫病的症状与上述相似，其特点是病程长，一般在10 d以上，症状较缓和，死亡率较低。

（四）病理变化

全身皮下、肌间、黏膜和浆膜上均有大量的出血点和出血斑。全身淋巴结肿大，切面多汁。皱胃黏膜肿胀、充血，有大头针大或黄豆大，暗红色或黄白色的结节。结节部上皮细胞坏死后形成糜烂或溃疡。溃疡中央凹下呈暗红色或褐红色，周围黏膜充血、出血，构成细窄的暗红色带。皱胃的上述变化具有诊断意义。肝、脾、肾肿大，胆囊扩张。

（五）诊断

本病的诊断与双芽巴贝斯虫病相同，观察临床症状和镜检血片中有无虫体；此外，还可作淋巴结穿刺检查石榴体。

预后：红细胞染虫率的计算对判定本病预后意义重大。若染虫率不断上升，临床症状日益加剧，则预后不良，反之，若染出率不断下降，食欲恢复时预后良好。

（六）治疗

可用下列药物治疗，如能早期应用比较有效的杀虫药，再配合对症治疗，特别是输血疗法以及加强饲养管理可以大大降低病死率。

（1）磷酸伯氨喹 本药对瑟氏泰勒虫效果好，口服，0.75～1.5 mg/kg 体重，每日一剂，连服3剂。

（2）三氮脒　7 mg/kg体重，配成7%溶液肌肉注射，每日一次，连用3 d。如果红细胞染虫率不下降，还可继续治疗2次。

（3）苯脲咪唑　1.0～1.5 mg/kg体重，肌肉注射，每天一次，连用2 d。

（4）阿卡扑林　2.0 mg/kg体重，皮下注射。

对红细胞数、血红蛋白量显著下降的牛可进行输血。每天输血量，犊牛不少于500～2 000 ml，成年牛不少于1 500～2 000 ml，每天或隔2 d输血一次。

【预防】预防的关键是消灭牛舍内和牛体上的璃眼蜱。在本病流行区可应用牛泰勒虫病裂殖体胶冻细胞苗对牛进行预防接种。接种后20 d产生免疫力，免疫期为一年以上。

第四节　线虫病

一、线虫病

线虫寄生于反刍兽第4胃和小肠的毛圆科线虫，分为捻转血矛线虫、仰口线虫、食道口线虫、吸吮线虫病，其中以捻转血矛线虫致病力最强。

（一）血矛线虫病

1. 病原体

捻转血矛线虫呈毛发状，头端尖细，口囊小，内有一称背矛的角质小齿。雄虫呈淡红色，长15～19 mm。雌虫呈红白线条相间的外观，似捻转状，故称捻转血矛线虫，亦称捻转胃虫，长27～30 mm。虫卵壳薄，光滑，稍带黄色。

2. 生活史

捻转血矛线虫寄生于牛的第4胃，偶见于小肠。虫卵在外界适宜的条件下约经1周发育为第3期感染性幼虫。感染性幼虫被牛吞食后，在瘤胃内脱鞘之后移行至真胃，钻入黏膜，感染后18～21 d发育成熟，成虫游离在胃中，成虫的寿命不超过一年。

3. 致病作用

捻转血矛线虫以吸食宿主的血液为生。据实验，2 000条虫体寄生在真胃黏膜时，每天吸血达30 ml。因此，该病的主要特征是贫血和衰弱。

4. 症状

急性型的以犊牛突然死亡为特征。结膜苍白，高度贫血。亚急性型表现患畜眼结膜苍白，下颌间和腹下部水肿。身体逐渐消瘦、衰弱，病程一般为2~3个月至4个月，不死者转为慢性型，慢性型的症状不明显。

5. 诊断

根据临床症状和流行情况可初步怀疑本病。确诊此病必须根据患畜的症状，死后病畜的剖检结果作综合判断。

6. 防治

可用左咪唑、丙硫苯咪唑、噻苯咪唑及阿维菌素等药物治疗。

预防本病应进行计划性驱虫，一般在春秋各进行一次。放牧牛应尽量避开潮湿地带和幼虫活跃的时间，以减少感染机会。

（二）牛仰口线虫病（钩虫病）

牛仰口线虫寄生在牛的小肠，主要是十二指肠；虫体吸食宿主的血液，引起贫血，对牛危害很大，并可引起死亡。

1. 病原体

本虫头端向背面弯曲，口囊大，口腹缘有1对新月形的角质切板，虫体呈乳白色或淡红色。羊钩虫在口囊底部的背侧有一个大背齿，底部腹侧有1对小的亚腹侧齿。雄虫长1.2~1.7 cm，雌虫长1.5~2.1 cm。牛钩虫在口囊底部背侧有一个大背齿，在腹侧有两对亚腹侧齿。雄虫长1.0~1.8 cm，雌虫长2.4~2.8 cm。

2. 生活史

虫卵在潮湿的环境中，在适宜的温度条件下，可在4~8 d内形成幼虫；幼虫从壳内逸出，经两次蜕化，变为感染性幼虫。牛吞食了感染性幼虫或感染性幼虫钻入牛皮肤而被感染。幼虫经皮肤感染时，幼虫从宿主的表皮缝隙钻入，脱去皮鞘，然后沿血液循环进入肺，并进行第3次蜕化变为第4期幼虫，之后上行到咽，进入小肠，进行第4次蜕化为第5期幼虫，然后发育为成虫。经口感染时，幼虫在小肠内直接发育为成虫。研究发现，经口感染的幼虫，其发育率比经皮肤感染的要少得多。

3. 症状

钩虫在小肠内寄生时，以口囊吸着于肠黏膜上，并以齿刺破绒毛吸食流出的血液。据研究100条成虫每天可吸食血液8 ml，失去4 μg铁。因此患畜表现进行性贫血，严重消瘦，下颌水肿，顽固性下痢，粪带黑色。幼畜生长受阻，有的表现后躯肌肉萎缩和进行性麻痹，死亡率很高。

4. 诊断

根据临床症状，病畜或死畜的剖检结果，在小肠内发现大量虫体即可确诊。

5. 防治

防治措施和治疗药物参照血矛线虫病。

（三）食道口线虫病（结节虫病）

本病主要发生于放牧的牛。成虫寄生于肠腔，幼虫寄生于肠壁。对牛的危害比较严重。

1. 病原体

食道口线虫的口囊呈小而浅的圆筒形，其外周为显著的口领，口缘有叶冠，颈沟，其前部的表皮常膨大形成头囊。颈乳突位于颈沟后方的两侧。有或无侧翼。雄虫的交合伞发达，有1对等长的交合刺。雌虫阴门位于肛门前方附近，排卵器发达，呈肾形。寄生于牛的食道口线虫主要有哥伦比亚食道口线虫，微管食道口线虫，粗纹食道口线虫，辐射食道口线虫和甘肃食道口线虫。

2. 生活史

虫卵在适宜条件下，孵出第1期幼虫，经7~8 d蜕化两次变为第3期幼虫。当宿主吞食了感染性幼虫而被感染。感染后12 h可在真胃、十二指肠和结肠腔中见到很多幼虫，并已脱鞘。感染后36 h，大部分幼虫钻入小肠和结肠固有膜的深处，以后幼虫形成包囊，囊为卵圆形。幼虫在囊内进行第3次蜕化后，返回肠腔，在其中发育为成虫。

3. 症状

在食道口线虫中，以哥伦比亚食道口线虫危害最大，主要引起结肠的肠壁发生结节病变，影响肠的蠕动、食物消化和吸收。主要表现持续性腹泻，粪便呈暗绿色，有很多黏液，有时带血。严重感染者可因体液失去平衡而衰竭死亡。

慢性病例表现便秘和腹泻交替进行，渐进性消瘦，下颌间可能发生水肿，最后虚弱而死。

4. 诊断和治疗

根据临床症状，在病畜或死畜肠壁发现大量幼虫结节，肠腔内有多量虫体时即可确诊。治疗药物参考血矛线虫病。

（四）牛吸吮线虫病

牛吸吮线虫病俗称牛眼虫病，又称寄生性结膜角膜炎。

1. 病原体

虫体呈乳白色，表皮上有显著的横纹，口囊小，无唇，边缘上有内外两圈乳突。雄虫通常有大量的肛前乳突，雌虫的阴门位于虫体前部。我国最常见的有罗氏吸吮线虫。其次有大口吸吮线虫、斯氏吸吮线虫。

2. 生活史

吸吮线虫的发育史中需要蝇参加，如胎生蝇、秋蝇等作为中间宿主。雌虫寄生在牛的结膜囊内，在此产幼虫，幼虫在蝇舐食牛眼分泌物时被咽下，然后进入蝇的卵滤泡内发育，并蜕化，约经1个月后变为感染性幼虫。感染性幼虫穿出卵滤泡，进入体腔，移行到蝇的口器。带有感染性幼虫的蝇舐食牛眼分泌物时，感染性幼虫进入牛眼内，大约经过20 d即可发育为成虫。

3. 症状

吸吮线虫的致病作用主要表现为机械性损伤结膜和角膜，引起结膜炎、角膜炎，如继发细菌感染时，可导致失明。临床上常见患牛眼潮红、流泪和角膜混浊等症状。病牛极度不安，摇头，摩擦眼部，食欲缺乏，产奶量下降等。

4. 诊断和治疗

在眼内发现乳白色细小的吸吮线虫即可确诊。治疗时，可用橡皮球或玻璃注射器，吸取3%硼酸溶液、枸橼酸乙胺嗪溶液，3%盐酸普鲁卡因溶液，冲洗第三眼睑内侧和结膜囊，虫体即可随药液排出体外。

5. 预防

本病的流行与蝇的活动季节密切相关，因此，在蝇活动季节应该大量灭蝇、灭蛆，消灭蝇类滋生地。

二、犊新蛔虫病

蛔虫寄生于犊牛肠道引起的以肠炎和营养衰竭为特征性疾病。

（一）病原体

该虫体粗大，呈淡黄色。头端有3片唇，食道呈圆柱形。雄虫长11～26 cm，尾端有一小锥突，弯向腹面。雌虫长14～36 cm，尾直。虫卵近似球形，壳厚，外层呈蜂窝状。

（二）生活史

母牛吞食感染性虫卵后，幼虫在小肠中从卵壳内钻出，穿过肠壁，移行至肝、肺、肾等器官组织中，进行第二次蜕化，变为第3期幼虫，并停留于该组织中。母牛怀孕8～9个月时，幼虫又开始移行至子宫，进入胎盘羊膜液中，进行第3次蜕化，变为第4期幼虫，该幼虫被胎牛吞入小肠中发育。犊牛出生后，幼虫在小肠内进行第4次蜕化后，逐渐长大，经25～31 d变为成虫。成虫在犊牛小肠中可寄生2～5个月，以后逐渐从宿主体内排出。

现在认为，犊牛哺乳了含有蛔虫幼虫的乳汁，亦可被感染。

（三）临床症状

犊牛出生两周后为受害最严重时期，主要发生于5个月以内的犊牛。常见是食欲缺乏，腹泻；因肠黏膜损伤，可见排出多量黏液或血液，有特殊臭味。腹部膨大，患犊消瘦，精神不振，后肢无力，站立不稳，虫体太多时可造成肠阻塞或肠穿孔而死亡。

（四）诊断

根据临床症状，结合犊牛的年龄及临床症状和化验找到虫卵，即可确诊。

（五）治疗

左旋咪唑，10 mg/kg体重，一次内服。丙硫苯咪唑驱虫，15～20 mg/kg体重，一次内服。

阿维菌素内服与皮下注射：一次量为0.2 mg/kg体重。1～2周龄的犊牛对敌百虫敏感，内服正常剂量（20～40 mg/kg体重）而发生中毒，故禁用。

（六）预防

对患犊应于15～30日龄时驱虫，早期治疗不仅对保护犊牛健康有益，还可减少蛔虫虫卵对环境的污染，应将母牛和犊牛隔离饲养，减少母牛受感染的机会。

第五节　蜘蛛昆虫病

一、螨病

螨病又叫疥癣病，主要由疥螨和痒螨寄生在畜禽体表而引起的慢性寄生性皮肤病。以剧痒、湿疹性皮炎和脱毛为主要特征，患部逐渐向周围扩展，具有高度传染性。

（一）病原体

疥螨：呈龟形，背面隆起，腹扁平、浅黄色。体背面有细横纹、锥突、圆锥形鳞片和刚毛。腹面有4对粗短的足。

痒螨：体呈长圆形，透明的淡褐色角皮上有稀疏的刚毛和细横纹，足长。

（二）生活史

疥螨和痒螨的全部发育过程都在动物体上度过，包括卵、幼虫、若虫、成虫四个阶段。

疥螨的口器为咀嚼式，在宿主表皮挖凿隧道，在隧道内进行发育和繁殖。雌螨在隧道内产卵后，卵经3～8 d孵出幼螨。幼螨离开隧道爬到皮肤表面，然后钻入皮内开凿小穴，在其中脱皮变为若螨，若螨进一步蜕化形成成螨。雌、雄成螨在宿主表皮上交配，交配后的雄螨不久死亡，雌螨寿命为4～5周。整个发育过程为8～22 d，平均15 d。

痒螨的口器为刺吸式，寄生于皮肤表面，吸取渗出液为食。雌螨在皮肤上产卵，约经3 d孵出幼螨，进一步发育蜕化为若螨、成螨。雌、雄成螨在宿主表皮上交配，交配后1～2 d即可产卵。痒螨整个发育过程10～12 d。

（三）临床症状

剧痒是整个病程的主要症状。病情越重，痒觉越剧烈。当螨在宿主皮肤上采食和活动时，就刺激神经末梢而引起痒觉。该病发痒有一个特点，即病畜进入温暖场所或运动后皮温升高时，痒觉更加剧烈。

结痂、脱毛和皮肤增厚也是螨病的主要症状。在虫体和毒素的刺激作用下，皮肤发生炎症，发痒处皮肤形成结节和水疱。由于蹭痒，导致结节、水泡破溃，流出渗出液。渗出液与脱落的上皮细胞，被毛及污垢混杂在一起，干燥后就结成痂皮。痂皮被擦破或除去后，创面有大量液体渗出及毛细血管出血，又重新结痂。随着角质层角化过度，患部脱毛，皮肤肥厚，失去弹性而形成皱褶。

消瘦也是本病的一个重要症状。由于发痒，病畜终日啃咬、摩擦和烦躁不安，影响正常的采食和休息，并使消化、吸收功能降低。加之该病又发生在冬季，由于皮肤裸露，体温大量散失，体内蓄积的脂肪被大量消耗，再加上患部的组织液不断向外渗出，所以，病畜逐渐消瘦，有时继发感染，严重时衰竭死亡。

（四）诊断

对有明显症状的螨病，确诊并不困难。若症状不够明显时，则需要采用健康与患病部位交界处的痂皮，检查有无虫体，才能确诊。

（五）治疗

（1）药物喷淋法　双甲脒水乳液（500 mg/kg体重）、溴氰菊酯水乳液（50～100 mg/kg体重）二嗪农水乳剂（250～600 mg/kg体重）等向动物体表喷淋，隔7～10 d后再同法喷淋一次。

（2）药物注射法　阿维菌素、伊维菌素注射剂，通灭、害获灭等一次皮下注射量，0.2 mg/kg体重，严重病畜隔7～10 d重复用药一次。如果在患疥螨病同时，局部继发细菌感染，则应用青霉素肌肉注射或内服磺胺类药物同时治疗方可治愈。

（六）预防措施

（1）畜舍要宽敞、干燥、透光、通风良好；畜舍经常打扫，注意环境卫生。

（2）经常注意畜群中皮肤有无发痒，掉毛现象，及时发现隔离饲养和治疗。

（3）引入家畜时应事先了解有无螨病存在，并作螨虫检查，确实无螨病时，再并入畜群中。

二、虱

虱是哺乳动物和鸟类体表的永久性寄生虫，常具有严格的宿主特异性。

（一）病原

虱体扁平，无翅，呈白色或灰黑色，头、胸、腹分界明显，头部复眼退化。具有刺吸型或咀嚼型口器。触角3～5节，胸部有足3对，粗短。发育属不完全变态。

（二）症状

寄生于哺乳动物体表的虱，以吸血为主，称为兽虱或吸血虱。如牛血虱、牛颚虱、牛管虱等。虱在吸血时，分泌有毒素的唾液，刺激神经末梢，引起皮肤发痒，患畜啃痒或到处擦痒，造成皮肤损伤，有时还可继发感染。

以食毛为生的虱，称为毛虱。如牛毛虱。羽虱以羽毛、绒毛及皮屑为食，在体表爬动引起奇痒不安，因啄痒而伤及皮肉，被毛脱落，食欲不佳、消瘦和生产力降低。

（三）治疗

治疗毛虱时可参考治疗螨病的各种药物。治疗食毛虱时，可用0.7%～1.0%氟化钠水溶液喷淋畜体。1∶1 500～1∶2 000的特效灭虫精水溶液，一次喷淋可将毛虱100%杀灭（该药由山东农业大学动物医院提供）。阿维菌素、伊维菌素口服或注射灭虱基本无效。

第六节　牛皮肤真菌病

皮肤病是世界范围内的常见病，在我国的牛临床中，随着牛数量的逐渐增多，皮肤病的病例更加突出。由于皮肤病的发生与动物品种，动物个体、年龄、气候、海拔、生活环境等因素有关；有些病例发病后存在继发感染；有些皮肤病需要长期治疗，并受诊断水平和诊断设备的限制，因此皮肤病是临床上的主要疾病。由于缺乏化验和滥用药物甚至药物的误用，加上牛主人对于治疗的急迫性和兽医不够耐心等因素的影响，临床治疗受到挑战。临床常见的牛皮肤病分类有多种，其中将皮肤病分成以下几种是比较实用的临床分类方法：寄生虫性皮肤有跳蚤、虱子，以及钩虫幼虫性皮炎，真菌性皮肤等。

牛皮肤真菌病是由真菌引起的，临床上以被皮呈圆形脱毛、形成痂皮等病变为特征，且该病传染快、蔓延广。

（一）临床症状

发病牛的皮肤病多发生在头部，特别是眼的周围、颈部等部位，不久就遍及全身。病初成片脱毛区域如小硬币大小，有时保留一些残毛，随着病情的发展，皮肤出现界限明显的秃毛圆斑，一部分皮肤隆起变厚形似灰褐色的石棉状，病初不痒，逐渐开始出现发痒表现。

（二）实验诊断

（1）直接镜检 刮取患部痂皮连同受害部的毛，浸泡于20%氢氧化钾溶液中，微加热3~5 min，然后将所采病料置于载玻片上滴蒸馏水1滴，加盖玻片镜检，可看到分隔的菌丝或成串的孢子。

（2）真菌的分离培养 将采集的被毛、痂皮等病料，先用生理盐水冲洗，再用灭菌吸纸吸干后，接种在马铃薯葡萄糖琼脂培养基上（添加1%酵母浸出液，同时为了抑制杂菌繁殖干扰，每毫升培养液添加0.125毫克的氯霉素），放在37℃恒温箱中培养10 d，在培养基表面形成棉絮状的白色菌落，显微镜下观察，可见到棒状的大分生孢子和分隔的菌丝。

（三）防治措施

（1）分群隔离 对所有牛只逐头保定检查，有临床症状的牛只全部转群集中在同一牛舍内，病、健牛只固定人员饲养，不得串舍。

（2）强化消毒 采取全方位的卫生清理和消毒，牛舍要求每天上、下午两次清扫，两次用消防水龙头冲洗，两次用来苏儿、百毒杀更替消毒，舍外包括人员、用具及场地等每天进行一次清洗和消毒。

（3）具体治疗措施 对于发病牛整个治疗工作分为三个疗程，每个疗程7 d。①用灰黄霉素原粉饮水对症治疗，每头5 g/次，2次/天。②先用温的来苏儿溶液浸泡过的毛巾对患部浸润→用牙刷去掉患部痂皮→用5%~10%碘酊涂擦患部→最后用达克宁外涂。③对于去掉的痂皮集中清理，洒油烧掉，保定牛只用具、人员和场地消毒处理。

（4）健康牛只的预防措施　对于健康牛只饮用添加灰黄霉素原粉的水，每头4 g/次。

第九章　牛营养代谢病部分

第一节　糖、脂肪、蛋白质代谢障碍病

一、酮病

酮病是碳水化合物和脂肪代谢紊乱所引起的一种全身功能失调的代谢性疾病。临床特征是酮血、酮尿、酮乳，出现低血糖、消化机能紊乱、乳产量下降，兼有神经症状。

（一）病因

主要因素是母牛高产、营养、分娩及泌乳，其中最为重要的一个因素，就是营养供应不足，致使母牛能量负平衡。病因学的突出特点是碳水化合物饲料不足、糖类缺乏，导致体蛋白分解和脂肪动员，结果引起了酮体生成增加。

1. 原发性营养性疾病

该病即饲料供应过少，饲料品质低劣、饲料单纯，日粮处于低蛋白、低能量的水平下，致使母畜不能摄取必需的营养物质。所以也称为消耗性、饥饿性酮病。

2. 自发性酮病

该病指按正常饲养方式饲喂，日粮处于高能量、高蛋白的条件下，这种在饲料充足而又高产的奶牛发生的酮病，称之为"有生产者的醋酮血病"。这类酮病的发生在生产中常见，它常发生于分娩后1~8周内的高产母牛，开始呈亚临床酮病，或随后痊愈，或发展为临床型酮病。其发生可能与机体消化代谢机能障碍有关，即不能使摄入充足的碳水化合物转变为葡萄糖所致。

3. 继发性酮病

奶牛由于患前胃弛缓、瘤胃膨气、创伤性网胃炎、真胃移位、胃肠卡他、

子宫炎、乳腺炎及其他产后疾病，往往引起母牛食欲减退或废绝，由于不能摄取足够的食物，机体得不到必需的营养所致。

4. 食物性或生酮性酮病

饲料性质能引起酮病的发生。当供给含丁酸多的饲料，所含丁酸经瘤胃壁或瓣胃壁吸收后引起发病。青贮饲料比干草含生酮物质要多，而由多汁饲料制成的青贮料含生酮物质高于其他青贮料。

（二）发病机理

健康的反刍动物，脂肪酸的氧化和合成都在同时正常进行着，中间产物的积聚不显著，血液中酮体含量甚微，不会发病。

高产奶牛，由于泌乳，故对营养需要量显著增高，这就必须要从饲料中获得能量以满足自身需要。奶牛机体基本能量代谢不是葡萄糖，而是靠前胃中碳水化合物发酵形成的挥发性脂肪酸（VFA）的糖原异生作用来提供。经研究证明，母牛产犊后4~6周已出现泌乳高峰，但其食欲恢复和采食量的高峰在产犊后8~10周出现，即说明分娩后食欲恢复与产奶量的上升不能同步进行；另外，在干奶期供应能量水平过高，分娩前母牛过肥等因素的作用，都可影响产后母牛对饲料的采食量。由于不能摄取足够的饲料，必将导致能量负平衡，引起肝内含糖量的不足，则血糖降低。由肝糖水平下降的低血糖所引起的糖代谢紊乱，必将引起体脂动员，其结果是血液游离脂肪酸（FFA）浓度上升、肝脏 FFA 增加。FFA 在肝内代谢有3个转归，即合成甘油三酯，氧化供能和生成酮体。所以认为碳水化合物的缺乏所引起的低血糖是酮病发生的主要因素。

酮体（β-羟丁酸、乙酰乙酸、丙酮）为脂肪代谢的中间产物，它们在肝内产生，然后由血液运送至其他组织如肌肉、心脏、脑和肾脏被氧化利用，生成 CO_2 和 H_2O，血中含量极少。血糖下降、大量脂肪酸进入肝脏，脂肪酸经氧化所产生的乙酰辅酶 A，因血糖低、草酰乙酸含量减少，故不能在肝中进入三羧酸循环被氧化，致使血中酮体过高。当血中酮体含量超过正常范围和肝外组织氧化酮体的能力降低时，此时血酮含量在体内积存而引起酮病。

酮体中的 β—羟丁酸、乙酰乙酸都是较强的有机酸、若体内聚积过多，可引起代谢性酸中毒，并使细胞外液的晶体渗透压升高，故可引起水和电解质的平衡失调。乙酰乙酸为有毒的有机酸，脱羧变为丙酮，还原为β—羟丁酸。丙酮的还原或β—羟丁酸的脱羧，都生成异丙醇，则可引起奶牛的神经症状，患畜表现沉郁或兴奋。

（三）症状

1. 临床型酮病

根据症状表现不同可分为消化型和神经型两种。通常消化症状和神经症状同时存在。

（1）消化型　主见食欲降低或废绝。病初，食欲减退，乳产量下降。通常先拒食精料，尚能采食少量干草，继而食欲废绝。异食，患畜喜喝污水、尿液，舔食污物或泥土。反刍无力，口数不定，或少于30次，或多于70次，前胃弛缓、蠕动微弱；粪便干而硬、量少；有的伴发瘤胃膨胀；体重明显减轻，消瘦、皮下脂肪消失，皮肤弹性减退；精神沉郁，对外反应微弱，不愿走动。体温、脉搏、呼吸正常；随病程延长，体温稍有下降（37.5℃），心跳增速（100次/min），心音模糊，第一、第二心音不清，脉细而微弱，重症患畜全身出汗，似水洒身，尿量减少，呈淡黄色水样，易形成泡沫，有特异的丙酮气味。乳量下降，轻症者呈持续性；重症者，突然骤减或无乳，并具有特异的丙酮气味。一旦乳量下降后，虽经治愈，但乳产量多不能完全恢复到病前水平。

（2）神经型　主见有神经症状。病状突然发作，特征症状是患畜不认其槽，棚内乱转；目光怒视，横冲直撞，四肢叉开或相互交叉，站立不稳，全身紧张，颈部肌肉强直，兴奋不安，也有举尾于运动场内乱跑，阻挡不住，饲养员称之为"疯牛"；空嚼磨牙，流涎，感觉过敏，乱舔食皮肤，吼叫，震颤，神经症状发作持续时间较短，为1～2h，但8～12h后，仍有复发现象，有的牛不愿走动，呆立于槽前，低头耷耳，眼睑闭合，似睡样，对外反应淡漠，呈沉郁状。

2. 亚临床型酮病

仅见酮体升高和低血糖，也有部分血糖在正常范围内，缺乏明显的临床症状；或者仅见乳产量有所下降，食欲降低，进行性消瘦是其重要特征，一直到体质很弱、相当消瘦时产乳量才有明显的下降，呈慢性经过，病程可持续1～2个月，尿检酮体定性反应为阳性或弱阳性。

（四）诊断

由于奶牛酮病临床症状很不典型，所以单纯根据临床症状很难做出确切诊断。因此，在确诊时应对病畜作全面了解，要询问病史，了解母牛产犊时间、产乳量变化及日粮组成和喂量，同时对血酮、血糖、尿酮及乳酮作定量和定性测定，要全面分析，综合判断。

乳酮和尿酮有诊断意义。酮体定性试验阴性可排除酮病，试验阳性最好再做定量试验。奶牛患创伤性网胃炎、皱胃变位、消化不良等疾病时，常导致继发性酮病；产后瘫痪也可并发酮尿症；乳牛正常临产时，血酮可能有短暂的升高，随着分娩后食欲的恢复，血酮迅速下降而不发生酮病。

表 9-1　酮病与产后瘫痪、瘤胃酸中毒、妊娠毒血症临床鉴别表

病别	酮病	生产瘫痪	瘤胃酸中毒	妊娠毒血症
发病	产后 1~3 周内	产后 1~3 d	随分娩出现	产后 5~35 d
发病胎次	4~7 胎	5 胎以上	1~6 胎	不限
发病季节	冬春	无季节性	冬春	无季节性
病程	1~10 d 痊愈	1~2 d 痊愈	于 24 h 内死亡	0.5~10 月，死亡
心脏	100 次/min	100 次/min	90~150 次/min	90~150 次/min
呼吸	微弱	微弱	加快	正常
姿势	不典型	颈部呈 S 状	背头、平躺	后期躺卧、爬行
知觉	正常	减退或消失	正常	正常
精神	兴奋、不安	正常或沉郁	兴奋、休克	正常或沉郁
脱水	不明显	轻度或中度	不明显	不明显
尿酮体	+++	+	-	+++
浓糖	特效	有效	无效	有效
浓钙	不明显	有效	无效	有效
等渗液	不明显	不明显	有效	不明显

病别	酮病	生产瘫痪	瘤胃酸中毒	妊娠毒血症
苏打水	有效	不明显	特效	不明显
肝肿大	++	−	±	+++
肾肿大	++	−	±	+++
脂肪肝	++	−	+	+++
体温	37.5℃	37.5℃	38～39℃	39.5℃以上

注："−"为无，"+"为明显，"++"～"+++"为极明显。

亚临床型酮病诊断较为困难。由于本病在高产牛群已普遍存在，所以对产后10～30 d的母牛应特别注意食欲的好坏和奶产量的变化。确诊需对血、乳和尿中酮体进行检测。综合判定主要考虑以下3点：①多发于高产母牛；②在产后10～30 d内，40 d后少见；③日粮能量水平不足，进食量不足。

（五）防治

对酮病患牛，通过适当针对性治疗都能获得较好的治疗效果而痊愈。已经痊愈的奶牛，如果饲养管理不当，又有复发的可能。也有极少数病牛，对药物治疗无反应，最后被迫淘汰或死亡。对于继发性酮病，应尽早做出确切诊断并对原发病采取有效的治疗措施。

（六）治疗

提高血糖浓度，减少脂肪动员，促进酮体的利用，增进瘤胃的消化机能，提高采食量。常用治疗方法有以下几种：

1. 替代疗法

即葡萄糖疗法，静脉注射50%葡萄糖500～1 000 ml，对大多数病畜有效。因一次注射造成的高血糖是暂时性的，其浓度维持仅2 h左右，所以应反复注射，如加5%氯化钙200～300 ml可加速治愈。

2. 激素疗法

应用促肾上腺皮质激素ACTH 200～600 IU，一次肌肉注射。肾上腺糖皮质激素类可的松1 000 mg肌肉注射对本病效果较好，注射后40 h内，患牛食欲恢复，2～3 d后泌乳量显著增加，血糖浓度增高，血酮浓度减少。

3. 其他疗法

对神经性酮病可用水合氯醛内服，首次剂量为30 g，随后用7 g，每日两次，连服数日。提高碱贮，解除酸中毒，可用5%碳酸氢钠液500～1 000 ml，一次静脉注射。为了促进糖皮质激素的分泌，可以使用维生素A每千克体重500 IU，内服；维生素C 2～3 g内服。防止不饱和脂肪酸生成过氧物，以增加肝糖量，可用维生素E 1 000～2 000 mg，一次肌肉注射，或7 000 mg口服，连服2～3 d。为加强前胃消化机能，促进食欲，可灌服人工盐200～250 g和酵母粉500 g；维生素B_1 20 ml，一次肌肉注射。中药处方，当归、砂仁、赤芍、熟地、神曲、麦芽、益母草、广木香各35 g，研末，开水冲调灌服，每日或隔日一次，连服3～5次，对增进食欲，加速病愈效果较好。

（七）预防

（1）加强饲养管理，供应平衡门粮，保证母牛在产犊时的健康。

（2）加强干奶牛的饲养。应防止干奶牛过肥，应限制或降低高能浓厚饲料的进食量，增加干草喂量。

（3）分群管理。根据奶牛不同生理阶段进行分群管理，同时应随时调整营养比例。饲料要稳定，防止突然变更；饲料品质要好，严禁饲喂发霉变质饲料。

（4）加强运动，增加全身抵抗力。舍饲母牛每日必须有一定的运动时间，减少产后子宫弛缓、胎衣不下的发生，增进食欲。

（5）加强临产和产后牛只的健康检查。建立酮体监测制度。对乳酮、尿酮应定期检查。产前10 d，隔1～2 d侧尿酮pH一次；产后1 d可测尿pH、乳酮。隔1～2 d一次，凡阳性反应，除加强饲养外，立即对症治疗。

（6）定期补糖、补钙。对年老、高产、食欲缺乏及有酮病病史的牛只，于产前1周开始补50%葡萄糖液和20%葡萄糖酸钙液各500 ml，一次静脉注射，每日或隔日一次，共补2～4次。

（7）调整日粮结构，增加生糖先质物质。在高产而又有酮病发生的牛群中，应加强日粮的供应。保证有足够的能量水平；减少生酮饲料的喂量，考虑应用生糖先质物质的补饲。

二、奶牛妊娠毒血症

奶牛妊娠毒血症也称为母牛肥胖综合征、牛脂肪肝和肥胖牛的酮病。临床上以食欲废绝、胃肠蠕动停止，兼有黄疸为特征。

（一）病因

干奶期母牛日粮中精料喂量过大、能量和蛋白质水平过高、母牛实际进食量超过实际营养需要量，是母牛肥胖综合征的主要原因。造成日粮营养水平过高，精料喂量增大的原因有：一是日粮不平衡，粗精比例不当。二是管理不细，不分群饲养。

（二）发病机理

本病的发生主要是干奶期精料喂量大，牛肥胖，产后进食量下降，致使造成能量负平衡，导致体脂肪分解，游离脂肪酸（FFA）升高和酮体增加。脂肪动员过程中形成大量的游离脂肪酸（FFA）浸润于肌细胞间隙和子宫肌层，则将引起骨骼肌和平滑肌运动障碍，诱发母牛卧地不起、真胃移位、胎衣停滞、子宫炎等综合征，血中FFA含量增多，促使Ca^{2+}向脂肪细胞转移，加之FFA与Mg^+形成整合物，不仅可诱发低镁血症的出现，还能影响钙的动员，致使低血钙症发生。由于脂肪肝影响雌激素和孕酮的代谢，临床上表现出不孕症、产犊间隙延长等繁殖障碍。

（三）症状

1. 急性型

随母牛分娩而表现出症状，患牛精神沉郁，食欲废绝，瘤胃蠕动减弱；产奶量下降或无奶。可视黏膜发绀、黄染。病程初期体温升高（39.5~40℃以上）。步态强拘，目光呆视，对外反应微弱。伴拉稀者，排出黄褐色、具恶腥臭稀粪。对药物无反应，于2~3 d内死亡或后期卧地不起而淘汰。

2. 亚急性型

多于分娩3 d后发病，患牛主要呈现为产后酮病。表现为食欲降低或废绝，奶产量减少，粪便量少且干，尿液偏酸，pH6.0，具酮味。酮体检验呈阳性。病程绵延，呈渐进性消瘦，有的病牛尚伴发乳房炎、胎衣不下。有乳腺炎时，见乳房肿胀，乳汁呈脓性或极度稀薄，呈黄水样，乳汁酮体检验呈阳性。产道内蓄积大量褐色具臭味恶露。药物治疗无效，后期卧地不起，呻吟，磨牙，衰竭死亡。

（四）诊断

根据流行病学、临床症状、酮体检验可确诊。鉴别诊断详见酮病部分。

（五）治疗

药物治疗的目的是抑制脂肪分解，减少脂肪酸在肝脏中的积存，加速脂类的利用。其原则是解毒保肝、补充葡萄糖以缓解血糖下降。

（1）提高血糖浓度，补充糖源。50% 葡萄糖液500～1 000 ml，静脉注射；50% 右旋糖酐，第一次量为1 500 ml，后改为500 ml，每日两次或3次，静脉注射；木糖醇500～1 000 ml，一次静脉注射，每日两次，有升糖和降酮作用；丙酸钠114～228 g 或丙二醇117～342 g，每日两次内服，服药前，可静脉注射50% 右旋糖酐，其效果更好。

（2）促进脂肪氧化，用解脂制剂。50% 氯化胆碱粉50～60 g，一次内服；也可用10% 氯化胆碱溶液250 ml，一次皮下注射；泛酸钙200～300 mg，配成10% 溶液，一次静脉注射，连续注射3 d。

（3）增进食欲，改善瘤胃功能。复合维生素 B 液200～250 ml，一次灌服，每日两次。

（4）抗脂肪分解和抗酮体的生成，可用烟酸12～15 g，一次内服，连服3～5 d。

（5）防止继发感染，可使用抗生素如四环素、金霉素，静脉注射。

（6）防止氮血症，可用5% 碳酸氢钠注射液500～1 000 ml，一次静脉注射。

（六）预防

应采取综合性预防措施。①防止干奶牛过肥，日粮中控制精料喂量，增加干草喂量。②控制脂肪动员。应对临产母牛加强看护，对肥胖牛、高产奶牛和食欲减退牛，在预产前5～7 d，可用50% 葡萄糖液500～1 000 ml，一次静脉注射，每日一次，直至产犊。为保持瘤胃内环境的稳定、维护瘤胃正常生理功能，促进糖异生和减少体脂肪的动员，日粮中可加入如下物质：50%粗制氯化胆碱粉50~60 g，产前20 d加入精料中饲喂，每日一次，直至产犊；烟酸4~6 g，产前7 d加喂，每日一次；丙酸钠125 g，丙二醇200 ml，产前6 d加喂，每日一次，连续加喂10~20 d。③加强配种工作，提高受胎率。加强母牛发情鉴定，不错过发情期，不漏掉发情牛，适时配种，防止空怀牛发生，避免干奶期过长而使母牛过肥。④日粮中添加保护性蛋氨酸。泌乳初期，奶牛对蛋氨酸的需求增加，仅通过瘤胃中未降解的饲料蛋白质和微生物蛋白合成是不够的，所以必须额外补充。⑤饲料中保证有充足的维生素E。维生素E不仅有预防本病的作用，对已发病牛能减少肝脂肪浸润，恢复正常代谢，能减轻症状，起到治疗之功效。

第二节　矿物质代谢障碍病

一、牛血红蛋白尿病

母牛产后血红蛋白尿病，是一种发生于高产乳牛的营养性代谢病。临床上以低磷酸盐血症、急性溶血性贫血和血红蛋白尿为特征。

（一）病因

低磷酸盐血症是本病的一个重要因素，但与产后泌乳增高而磷脂排出有重要关系。不论在产后发病的乳牛或是产前发病的乳牛，这一点都不例外。另一方面，并非所有低磷酸盐血症的母牛都会发生临床血红蛋白尿，但发生临床血红蛋白尿的母牛一般都伴有低磷酸盐血症。也有人发现饲喂十字花科植物或铜缺乏是发病的原因。

（二）症状

红尿是本病最突出的，甚至是早期唯一的症状。最初1~3 d内尿液逐渐由淡红向红色、暗红色直至紫红色和棕褐色转变，以后又逐渐消退。这种尿液做潜血试验，呈强阳性反应，而尿沉渣中很少或不见红细胞。病牛乳产量下降，而体温、呼吸、食欲均无明显变化。随着病程的延长，贫血加重，可视黏膜及皮肤变为淡红色或苍白色，并黄染。血液稀薄，凝固性降低，血清呈樱桃红色。

循环和呼吸也出现相应的贫血体征。

（三）病变

尸体消瘦，全身黄疸，黏膜苍白。肝肿大，脂肪浸润，中央小叶灶件坏死；胆囊肿大，内积满浓稠带颗粒的胆汁。脾肿大，网状内皮细胞增生，红髓管状分布减少，淋巴生发中心减少。肾色淡似胶冻样，肾小管上皮退行性变化，肾曲细管中有管型及含铁血黄素沉着。膀胱内积有褐色血红蛋白尿。淋巴结肿大，切面多汁外翻，呈褐色。

临床病理学的特征性改变包括：PCV（红细胞比容）、RBC（红细胞数）、Hb（血红蛋白）等红细胞参数值降低，黄疸指数升高、血红蛋白血症、血红蛋白尿症等急性血管内溶血和溶血性黄疸的各项检验指征以及低磷酸盐血症。

（四）诊断

本病多发生于寒冷冬季，呈地区性。本病的发生常与分娩有关，临床上有红尿、贫血、低磷酸盐血症等，饲料中磷缺乏或不足，磷制剂疗效显著，不难诊断。

应注意和以下疾病鉴别：

1. 肾盂肾炎

出肾棒状杆菌、人肠杆菌感染所致。尿中有血块、脓块尿液检查有蛋白质、上皮细胞、红细胞、白细胞及大量病原菌。

2. 钩端螺旋体病

由致病性钩端螺旋体引起，病牛体温升高，乳汁浓稠呈淡红色或含血块。鼻镜干裂，齿龈、唇内和舌面发生溃疡、坏死，血、尿及流产胎儿胸水中能检查到病原体。

3. 焦虫病

病牛体温升高，体表淋巴结高度肿大，在红细胞内可以看到呈环形、逗点状的虫体。

4. 牛蕨中毒

因采食蕨而引起中毒，其特征是可视黏膜瘀斑性出血，鼻孔、肠道及泌尿生殖道向外流血。犊牛喉部水肿，呼吸呈喘鸣声；呈现血小板减少症、白细胞减少症；凝血时间延长，收缩不良；体温升高。

（五）治疗

尽快补磷，以提高血磷水平；输入新鲜血液以扩充血容量；静脉输液以维持水分。①20%磷酸二氢钠注射液300～500 ml，一次静脉注射，每日1次或2次。对重病牛可2～4次，在静脉注射的同时，可用相同剂量再皮下注射，效果更为明显。②骨粉120～180 g，每日2次或3次口服，连续饲喂5～7 d。如结合静脉注射磷酸二氢钠，则可大大缩短病程，加速痊愈。③输血。500～2 000 ml，每日一次，2～3次。④15%磷酸二氢钠注射液1 000 ml、5%葡萄糖生理盐水500 ml、25%葡萄糖注射液500 ml、5%碳酸氢钠注射液500 ml、氢化可的松25 ml，复方氯化钠液500ml，一次静脉注射，早晚各一次。

（六）预防

①饲喂平衡日粮。日粮营养标准应按母牛需要量供应，为此，配合日粮时，营养要全面，矿物质特别是磷的供应量不能忽略。②控制块根类饲料喂量。甜菜、甘蓝、萝卜每日饲喂不要过多，以5～10 kg为宜。③定期监测土质，掌握本地区土壤成分。植物成分受土壤成分的影响。土壤中某些成分过多或过少，都会在植物成分中表现出来，因此，为防制本病的发生，应对土壤及饲料成分进行分析。做到饲喂时缺什么、补什么。有人认为本病与缺铜有关，对那些缺铜的病牛，每日用120 mg有效铜，对预防本病的发生也有益。④做好防寒保暖工作，减少应激因素的刺激。

二、产后瘫痪

产后瘫痪也称乳热和临床分娩低钙血症。其特征是精神沉郁、全身肌肉无力、昏迷、瘫痪卧地不起。

（一）病因

奶牛产后瘫痪与其体内钙的代谢密切相关，血钙下降为其主要原因。导致血钙下降的主要原因：钙随初乳丢失量超过了由肠吸收和从骨中动员的补充钙量；由肠吸收钙的能力下降，从骨骼中动员钙的贮备的速度降低。

奶牛产后瘫痪是一种相当独特的内分泌功能紊乱，营养水平很大程度上又影响着钙－激素的调节，因此，饲养管理不当是引起本病发生的根本原因，具体表现是日粮不平衡，钙、磷含量及其比例不当。具体表现在以下几方面：

（1）母牛在干奶期，特别是在怀孕后期日粮中钙含量过高。

（2）口粮中磷不足及钙磷比例不当。

（3）日粮中 Na^+、K^+ 等阳离子过高，阴离子盐含量不足。

（4）维生素 D 不足或合成障碍。

（二）症状

症状分三个阶段。

1. 前驱症状

呈现出短暂的兴奋和抽搐。病牛敏感性增高，四肢肌肉震颤，食欲废绝，站立不动，摇头、伸舌和磨牙。行走时，步态踉跄，后肢僵硬，共济失调，左右摇摆，易于摔倒。被迫倒地后，兴奋不安，极力挣扎，试图站立，当能挣扎站起后，四肢无力，步行几步后又摔倒卧地。也有见只能前肢直立，而后肢无力者，呈犬坐样。

2. 瘫痪卧地

几经挣扎后，病牛站立不起便安然卧地。卧地有伏卧和躺卧两种姿势。伏卧的牛，四肢缩于腹下，颈部常弯向外侧，呈"S"状，有的常把头转向后方，置于一侧肋部，或置于地上，人将其头部拉向前方后，松手又恢复原状。躺卧病牛，四肢伸直，仰卧于地。鼻镜干燥，耳、鼻、皮肤和四肢发凉，瞳孔散大，对光反射减弱，对感觉反应减弱至消失，肛门松弛，肛门反射消失。尾软弱无力，对刺激无反应，系部呈佝偻样。体温可低于正常，为37.5～37.8 ℃。心音微弱，心率加快可达90～100次/min。瘤胃蠕动停止粪便干、便秘。

3. 昏迷状态

精神高度沉郁，心音极度微弱，心率可增至120次/min，眼睑闭合，全身软弱不动，呈昏睡状；颈静脉凹陷，多伴发瘤胃臌气。治疗不及时，常可致死亡。

（三）诊断

根据产犊后不久发病，常在产后1～3 d内瘫痪；体温低于正常38 ℃以下；

心跳加快100次/min；根据卧地后知觉消失、昏睡、便秘等特征可作出初步诊断。应注意和母牛躺卧不起综合征、低镁血症（牧草抽搐、泌乳抽搐）、产后毒血症、热（日）射病、瘤胃酸中毒相区别。

（四）治疗

治疗及时与否、药物用量大小、机体本身的所处状况等，都直接影响到本病的病程长短和预后是否良好。随分娩而瘫痪的病畜，多于1~2 d痊愈，距产犊时间较长而瘫痪者，病程较长，3~5 d痊愈，卧地后半月不起者，预后不良。

治疗原则是提高血钙量和减少钙的流失，辅以其他疗法。

1. 钙剂疗法

常用的是20%葡萄糖酸钙液500~1 000 ml，或5%氯化钙液500~700 ml，一次静脉注射，每日2次或3次。典型的产后瘫痪病牛在补钙后，表现出肌肉震颤、打嗝、鼻镜出现水珠、排粪、全身状况改善等。若与促反当液、安钠咖、氢化可的松或地米松结合静脉注射则疗效更好。多次使用钙剂而效果尚不显著者，可用5%磷酸二氢钠注射液500~1 000 ml，10%硫酸镁注射液150~200 ml，一次静脉注射。与钙交替使用，能促进痊愈。

2. 乳房充气法

将患牛乳房洗净，外露4个乳头，用酒精棉球擦净乳头，将消毒过的导乳管插入乳头内，并接乳房送风器，向内打气。打气时先向接近地面的乳区内打气，然后再向上面的乳区内打气。为防止注进空气逸出，打满气的乳区将其乳头用绷带绑紧。打入气体量以乳房皮肤紧张，乳区界线明显为准。气体量不足，影响疗效；气体量过多，易引起乳腺腺泡损伤。

3. 牛奶疗法

对产后瘫痪不久的母牛，可用新鲜的、健康母牛的乳汁300~4 000 ml，分别通过乳头管注入于病牛的4个乳区内，可起到治疗作用。因注射的鲜奶很快被吸收，机体得到了生物学上的全价物质，促使被破坏了中枢神经系统的机能得到迅速恢复。

4. 其他疗法

用钙、镁、磷无效病例，如病牛有食欲，赶之想起，后躯呈半状姿势的病牛，可能是因低血钾肌肉无力所致，可用10%氯化钾40~100 ml、10%葡萄糖1 000 ml混合缓慢静滴，同时，后海穴注射氯化钾20 ml、颈部注射30 ml。此外，用0.2%盐酸或硝酸士的宁20 ml在脾俞或百会穴注射，也可进行自家血疗法。

5. 对症治疗

加强护理，多铺垫草，勤翻畜体，注意保温；臌气者，穿刺瘤胃放气；直肠宿粪可灌肠；注意不要经口投药，因咽喉麻痹，易引起异物性肺炎。

（五）预防

（1）加强干奶期母牛的饲养，增强机体的抗病能力，控制精饲料喂量，防止母牛过肥。

（2）充分重视矿物质钙、磷的供应量及其比例比以2：1为宜。

（3）提供良好的饲养环境。干奶时可集中饲养；临产牛要在产房或单圈饲养。圈舍要清洁、干净，运动场宽敞，能自由运动，尽可能减少各种应激因素的刺激。

（4）加强对临产母牛的监护，提早采取措施，阻止病牛的出现。

（5）注射维生素 D_3 对临产牛可在产前8 d 开始，肌肉注射维生素 D_3 制剂1 000万 IU，每日一次，直到分娩为止。

（6）静脉补钙、补磷。对于年老、高产及有瘫痪病史的牛，产前7 d 静脉补钙、补磷有预防作用。其处方是：10%葡萄糖酸钙注射液1 000 ml、10%葡萄糖液注射液2 000 ml、5%磷酸二氢钠注射液500 ml、氢化可的松注射液1 000 mg、25%葡萄糖注射液1 000 ml、10%安钠咖注射液20 ml，一次静脉注射。

三、骨软症

骨软症是成年动物钙、磷代谢障碍的一种慢性全身性疾病。病理特征是软骨内骨化完全，骨质疏松和形成过量的未钙化的骨基质。临床特征是消化紊乱，异嗜癖，骨质变软，肢势异常，蹄变形，尾椎吸收及跛行。本病主要发生于牛和绵羊，尤以年老而又高产的母牛易发。

（一）病因

病因主要由于饲料、饮水中磷含量不足，导致钙、磷比例不平衡而发生。随泌乳量增高，饲养管理不当，发病增多。

（二）发病机理

当磷钙供应不足、比例不当、磷钙消耗量大、高产奶牛肝功能低下，使维生素 D 不能正常羟基化，血中25-OH-D$_3$含量低下，导致血清1，25-（OH）2-D$_3$含量降低，结果影响钙、磷的吸收和骨化不全。血钙下降，表现出神经兴奋性降低。为了维持血钙浓度的恒定，中枢神经系统反射性地引起甲状旁腺机能加强，在蛋白分解酶的作用下，使骨骼脱钙，骨质疏松。管状骨许多间隙扩大，哈佛氏管的皮层界线不清，骨小梁消失，骨的外面呈齿形、粗糙。

由于肾小管排磷加强，血磷由尿中排出，血磷下降，促使血钙、血磷的乘积低于生理的常数，所以继续从骨骼中脱钙以维持其恒定。脱钙最早多发生于负重较轻的骨骼，如肋骨、尾椎、蹄部等。由于钙质的溶解，骨质疏松，临床发现骨柔软、弯曲、变形、骨折以及局灶性增大等。

（三）症状

病初无明显症状；患牛异食，常舔舐墙壁、牛栏、泥土，喝粪汤尿水，或有时食欲减少，降乳，发情配种延迟等。当脱钙时间持续，则见骨骼变形，表现为尾椎被吸收，最后1尾或2尾椎吸收消失，甚至多数尾椎排列不齐、变软或消失。肋骨肿胀、畸形，肋软骨肿胀呈串珠样，似如"串糖葫芦"。髋关节吸收、消失。蹄生长不良，磨灭不整，蹄变形，呈翻脆状。严重者，两后肢趴关节以下，向外倾斜，呈"X"形，患畜弓腰，后肢抽搐，常见提肢弹腿。泌乳高时，症状明显。患畜两后肢伸于后方，不愿行走，行走时，呈拖拽其两后肢状。蹄质变疏、呈石灰粉末状，跛行。经常卧地不起，运动强拘，弓腰，拉胯，后肢摇摆。

（四）诊断

据其症状，如蹄变形、尾椎吸收、后肢抽搐、乳量下降、胎次高的奶牛易发，并结合饲料调查分析饲料中钙、磷含量不足与两者之间的比例不当可以确诊。长骨 x 线检查，显示骨质密度降低，皮层变薄，最后1～2尾椎骨被吸收而消失。

（五）治疗

病初如及时治疗，收效较大。如症状已趋明显，则已不可能使之恢复。

（1）饲料可补加碳酸钙、磷酸钙、乳酸钙等，每日30~50 g，连服数日。

（2）静脉注射10% 氯化钙200~300 ml 或20% 葡萄糖酸钙500 ml 或20% 磷酸二氢钠液300~500 ml 或3% 次磷酸钙液1 000 ml，每日一次，连续注射5~7 d。

（3）维生素 AD 注射液5~20 ml、维丁胶性钙20 ml，一次肌肉注射，隔日1次，连续3~5 d。

（六）预防

（1）奶牛饲养过程中，应充分重视矿物质的供应与比例，其钙磷比以1.4∶1为宜。

（2）对于已发现脱钙现象而表现出症状的高产牛，为防止病情恶化，促使机体恢复，可采用提早停乳。

（3）为保证蹄的健康，防止蹄变形加剧，坚持定期修蹄。

（4）日粮呈高精料而干草、块根缺乏，易引起酮病的发生。由于酮病的发生可继发骨质营养不良。所以控制日粮，防止和减少酮病的发生，减少继发性骨质营养不良的出现。

四、佝偻病

佝偻病是指犊牛在生长过程中，由于矿物质钙、磷和维生素 D 缺乏所致的成骨细胞钙化不全、软骨肥大及骨骺增大的营养不良性疾病。临床特征是消化不良、长骨弯曲和跛行。

（一）病因

仔畜断乳过早，饲喂缺乏维生素 D 的饲料，日光照射不足以及消化道疾病等，都可导致维生素 D 缺乏。此时，机体对钙、磷的吸收减少，随粪尿排出的钙、磷增加，导致血清钙、磷的水平降低，焦磷酸酶、成骨细胞及破骨细胞的活性降低，故使磷酸钙难以在骨间质中沉积而不能将骨基质转化为骨质，发生佝偻病。

（二）症状

一般表现：精神沉郁，消化扰乱，异食癖，如舔墙壁、食褥草、吃粪、喝尿及污水。营养不良，消瘦，贫血，生长发育缓慢。

特征变化：四肢各关节肿大，特别是腕关节和跗关节最为明显，四肢长骨弯曲变形，肋和肋软骨连接处肿大呈串珠样；脊柱变形；由于骨及关节的变化，从而影响全身的变化。站立时拱背，两前肢腕关节外展呈"O"形；两后肢跗关节向内收呈"X"状，运步强拘，起立和运动困难，跛行，喜卧不起，牙齿发育不良，咀嚼困难；胸廓变形，鼻、上颌肿大、隆起，颜面增宽，呈"大头"，呼吸困难。重病牛有神经症状，抽搐，痉挛，易发生骨折、韧带剥脱。

（三）治疗

对病牛应尽早治疗，在饲养上给豆科牧草及其籽实、优质干草和骨粉。同时，可用维生素 D2（骨化醇）2～5 ml，肌肉注射，隔日一次，3～5次为1个疗程；维生素 AD1～3 ml，一次肌肉注射；维丁胶性钙5～10 ml，一次肌肉注射，每日1次，连续注射。

（四）预防

加强妊娠后期母牛的饲养管理，防止犊牛先天性骨发育不良。加强犊牛的护理，尽早培养采食能力，给予适口性好、品质好的饲料，保证蛋白质、矿物质及维生素的供给。犊牛舍应干燥、通风，并且阳光充足。

第十章　常见内科病防治

第一节　消化系统疾病

一、口炎

口炎是口腔黏膜炎症的总称，临床上以流涎、采食和咀嚼障碍为特征。按其炎症的性质，可分为卡他性、水疱性、糜烂性、溃疡性、脓疱性、蜂窝织炎性、中毒性及真菌性等类型。

（一）病因

病因主要是受到机械性损伤（如芒刺，牙齿过长，饲草中带有金属异物刺伤）、化学性的、电学的以及有毒物质及传染性因素的刺激、侵害和影响所致。

（二）症状

初期都表现为口黏膜潮红、肿胀、疼痛、口温增高、流涎、采食和咀嚼障碍等症状。

1. 卡他性口炎

该病是一种单纯性口炎，为口腔表层轻度的炎症。口黏膜弥漫性或斑点潮红，硬腭肿胀，唇部有时散在小结节和烂斑，舌面常有灰白色或灰黄色舌苔，口温增高，采食与咀嚼小心、缓慢或不敢咀嚼，流涎，重病例齿龈、颊部黏膜肿胀，甚至糜烂，大量流涎。

2. 水疱性口炎

该病表现为唇内面、硬腭、口角、颊部、舌缘和舌尖以及齿龈黏膜有散在或密集的粟粒大乃至蚕豆大的透明水疱，3~4 d 后破溃形成鲜红色烂斑，5~6 d 后痊愈，如口蹄疫。

3.溃疡性口炎

常见异物损伤口腔黏膜未及时治疗引起溃疡。齿龈部分肿胀，呈暗红色，易出血，1~2 d后病变部为苍黄色或褐色糜烂性坏死，散发腐败性腥臭味，流涎中混有血丝，带恶臭，常伴发体温升高。

（三）诊断

根据症状，通过流行病学调查，实验室诊断，结合病因及其特征分析论证。应注意与牛传染性水泡性口炎、口蹄疫、牛恶性卡他热等传染病鉴别诊断。

（四）治疗

本病应除去病因，加强饲养及护理，供给质软而富有营养的饲料和清洁的饮水。治疗应以净化口腔、收敛、消炎、止痛为治疗原则。

口炎初期，可用弱的消毒收敛剂冲洗口腔，每天1~2次。炎症轻时，可用1% 食盐水或2%~3% 硼酸溶液洗涤口腔；炎症重而有口臭时，用0.1% 高锰酸钾或0.5 % 普鲁卡因溶液冲洗；或涂以2% 甲紫溶液，犊牛贴覆人用口腔溃疡膜。

慢性口炎时，可涂擦1%~5% 蛋白银溶液或0.2%~0.5% 硝酸银溶液。

水疱性、溃疡性口炎和真菌性口炎时，除用前述药液冲洗口腔外，在糜烂和溃疡面上可涂布碘甘油（1∶9）或1% 磺胺甘油乳剂。

还可用中药青黛散口含。

青黛散：青黛20 g，黄柏10 g，黄芩10 g，儿茶10 g，桔梗10 g，冰片10 g，薄荷8 g，人用草珊瑚片10片，蜂蜜150 g共研细末，装入小布袋内，以温水浸湿后口内衔之，每次1 h，每天2~3次。

二、咽 炎

咽炎是咽黏膜及其邻近部位炎症的总称。

（一）病因

原发性病因：常见于机械性芒刺、温热性和化学性药物刺激引起。继发性原因：常见于口蹄疫、巴氏杆菌病、恶性卡他热、结核等传染病。

（二）症状

病畜采食、咀嚼缓慢；吞咽小心或表现吞咽困难或咀嚼后又吐出。头颈部伸直，咳嗽，流涎，有的流鼻液，咽部肿胀，严重者，在吞咽时常有食糜从鼻腔逆流出，常伴发喉炎，外部触诊咽部局部增温、肿胀、疼痛，不让触摸，咳嗽。更严重时吞咽困难，口腔积聚大量唾液，打开口腔有大量唾液流出和草团滞留口腔，咽部肿胀或溃疡，个别会继发周围蜂窝织炎，病牛体温，呼吸，脉搏增高，局部迅速肿胀，触诊疼痛。慢性常引起上呼吸道狭窄，出现呼吸困难，一般体温正常。

（三）诊断

临床依据头颈伸展，口鼻流涎，吞咽困难，局部触诊疼痛，视诊咽部黏膜红肿，损伤，溃疡便可确诊。

（四）治疗

在于加强护理，抗菌消炎，清热解毒，利咽喉。

病初，可先清理口腔、咽部异物，先冷敷，后温敷，每天3～4次，每次20～30 min。也可用10%鱼石脂软膏或樟脑酒精局部涂布。消炎，可应用青霉素和磺胺类等药物配合安痛定，10%水杨酸钠溶液，氢化可的松，速尿静脉注射。

局部封闭疗法，用0.25%普鲁卡因注射液稀释氨苄青霉素320万 IU60 ml 分点咽部封闭。口含青黛散。

三、食管阻塞

食管被食物或异物所阻塞，使吞咽发生障碍，称食管阻塞。临床主要表现突然停止采食，吞咽障碍，流涎和瘤胃臌气等症状。

（一）病因

常由于饲喂不及时，又给予未切碎的块根类饲料，或未经粉碎、泡软的饼粕类饲料，由于过饥，大口采食，昂头急咽而发病。在采食时，突然受惊急咽是诱因。常见阻塞物有蔓青萝卜、黄萝卜、土豆、苹果、草团、青玉米棒子等。阻塞部位常见多为颈部食道，少见于胸部食道。

（二）症状

本病常发生在采食中，病牛表现突然停止采食，苦闷不安，头颈伸展，空口咀嚼，伸舌，流涎，不断做吞咽动作。时间稍久，转而稍安静，常又出现食欲。梗塞部位于颈段食道者，常可触及梗塞物；若梗塞部位于胸段食道者，颈段食道膨大，其间积有唾液而触压时出现波动，并发出哗哗声。牛发生食道梗塞时，常继发急性瘤胃臌气。

（三）诊断

视诊，触诊，结合胃管探诊有助于本病的确诊和确定梗塞部位。本病要与先天性食道扩张，颈静脉周围炎区别。

（四）治疗

本病的治疗原则是除去阻塞物，解除梗塞，缓解瘤胃臌气等并发症的发生。

颈部食道阻塞，使用开口器，用手掏出。胸部食道阻塞常用胃管推送入瘤胃。由于食道前2/3是由骨骼肌组成，后1/3是平滑肌，处理时要按外科手术要求进行。首先进行六柱栏内保定，加胸腹带，后采用肌肉注射2 ml静松灵全麻醉，肌肉注射阿托品15 ml，再顺胃管灌入2%普鲁卡因溶液50 ml，液状石蜡200 ml，同时瘤胃穿刺放气减压。10 min进行手术。

掏出法：后用手掌抵住阻塞物的下端，朝咽部挤向口腔方向，助手用毛巾裹住手臂，经过开口器进入口腔，仔细将异物取出。

送下法：胸部阻塞在做好上述准备后，用一个比较硬的带线的胶管直接送入瘤胃，送下时要仔细，慢慢进行。当然最好是从口腔拿出来，采取以上措施不见效时，可进行切开食管，取出阻塞物。

四、前胃弛缓

前胃弛缓，是因前胃兴奋性降低，收缩力减弱，瘤胃内容物运转缓慢，菌群失调，引起消化障碍以及全身机能紊乱的一种综合征，并不是一个独立的疾病。

（一）病因

前胃弛缓病因较复杂，一般分为原发性和继发性两种。

原发性前胃弛缓的病因与饲养管理不当，缺钙以及应激因素有关。如饲料过于单纯、长期饲喂纤维多、营养价值低的劣质草料或霉败变质饲料。日粮中矿物元素和维生素缺乏，特别是钙磷不平衡，引起的低血钙症，影响到神经体液调节机能，成为前胃弛缓发生的主要因素之一。饲养制度和饲养方式突然改变，突然变更饲料或大量增喂精料，使前胃机能紊乱导致本病发生。

各种应激反应在前胃弛缓的发生中起重要的作用。由于应激因素有饲养管理条件的改变、长途运输、气候骤变、饥饿、疲劳、分娩、断乳、恐惧、感染、手术、外伤与中毒等因素，均可导致前胃弛缓发生。

继发性前胃弛缓，通常为一种临床综合征。继发于创伤性网胃腹膜炎、真胃扭转、瘤胃积食、瓣胃阻塞、瘤胃酸中毒等胃脏疾病。还继发于某些营养代谢病，如软骨病、生产瘫痪、酮病、硒缺乏等，或继发于某些传染病或寄生虫病。此外，长期应用大剂量磺胺类或抗生素类药物制剂，使瘤胃内菌群失调，引起前胃弛缓。

（二）症状

前胃弛缓按其病情发展过程可分为急性和慢性两类。

急性型：多呈现急性食欲减退或消失，反刍减少或停止，泌乳量下降，瘤胃收缩力减弱，蠕动次数减少，蠕动音低沉无力，瘤胃内容物充满黏硬或呈粥状，便秘或下痢交替。如果伴发前胃炎或酸中毒时，排棕褐色糊状粪便、恶臭，精神沉郁，发生脱水现象。

慢性型常为继发性因素引起，表现食欲不定，时好时坏，常虚嚼，磨牙，异嗜，反刍间断，嗳气减少，嗳出带有酸味气体；病情发展缓慢，呈周期性消化不良，瘤胃蠕动音减弱或消失，内容物稀软或黏硬；瘤胃轻度臌胀，肠蠕动音微弱或低沉；粪便干硬，呈暗褐色，附着黏液；有时下痢，或下痢与便秘交替发生。病的末期，伴发瓣胃秘结，继发瘤胃臌气，出现脱水与自体中毒，病情恶化。

（三）诊断

根据临床表现为食欲与反刍减少，瘤胃蠕动强度和频率下降，体温，脉搏，呼吸次数正常，结合病史，流行病学调查与瘤胃内容物性质的变化作为诊断依据。

瘤胃液 pH 正常为6.5～7.0，前胃弛缓时，pH 下降至5.0以下，个别病例升至8.0或更高，纤毛虫存活率显著降低或消失（平常时，每毫升瘤胃内容物纤毛虫平均约100万个）。

（四）治疗

治疗原则是治疗原发病，排除病因，增强前胃机能，改善瘤胃内环境，恢复正常微生物区系，防治自体中毒和脱水等综合疗法。

原发性前胃弛缓，初期可禁食1～2 d，不禁止饮水，饲喂易消化的饲草料。促进瘤胃蠕动，可用氨甲酰胆碱2 mg，或新斯的明20 mg，或比赛可灵20 mg 皮下注射。应用促反刍注射液500 ml，10% 氯化钠注射液500 ml，5% 氯化钙注射液250 ml，20% 安钠咖注射液10 ml，一次静脉注射。

防腐止酵，小苏打100 g，鱼石脂100 ml，酒精150 ml，水1 000 ml，内服。

缓泻，可用硫酸镁或硫酸钠300～500 g，鱼石脂100 g，温水6 000～10 000 ml，内服。

防止脱水与酸中毒，可用25% 葡萄糖注射液1000～1 500 ml，5% 碳酸氢钠注射液500 ml，V_C 100 ml，氢化可的松注射液100 ml，静脉注射，V_{B1} 100 ml 肌肉注射。

中兽医疗法，病初体壮者灌服加味大承气汤：大黄、厚朴、枳实、桔梗、陈皮各60～80 g，炒神曲、麦芽、山楂各100 g，芒硝200 g，玉片30 g，车前子40 g，莱菔子80 g，共为末，开水冲调，候温灌服，一日一剂，连服3剂。

瘤胃积液较多者灌服大戟散：大戟、千金子、大黄、滑石，各40 g，甘遂、二丑、官桂、白芷各20 g 共为末，开水冲调，候温灌服，一日一剂，连服3剂。

病久体弱者灌服加味补中益气汤：党参100 g、白术、茯苓、甘草、厚朴、黄芪、各80 g，陈皮50 g，当归45 g，炒神曲、麦芽、山楂各100 g，共为末，开水冲调，候温灌服，一日一剂，连服3剂。

五、瘤胃臌气

瘤胃臌气是因前胃神经反应性降低，收缩力减弱，采食易发酵的饲料，在瘤胃内微生物的作用下，异常发酵，产生大量气体，引起瘤胃和网胃急剧膨胀，导致呼吸与血液循环障碍，发生窒息现象的一种疾病。临床特征为腹围急剧增大，呼吸极度困难，腹痛，反刍、嗳气和血液循环障碍。

瘤胃臌气依其病因可分为原发性和继发性两种类型，依其性质又可分为非泡沫性和泡沫性两种。

（一）病因

原发性急性瘤胃臌胀，多发生于采食大量发酵的青绿饲料，如新鲜苜蓿、三叶草、豆科种子，作物幼苗，块根植物的茎叶和经霜、雪、冰冻和霉败的饲草以及易发酵的青贮料，特别是豆科植物，含有多量的蛋白质、皂甙、果胶和半纤维素等物质，改变了瘤胃内容物的理化特性，使瘤胃内菌群共生关系、动态平衡关系失调，以及机体神经反应性降低，导致本病发生。

继发性瘤胃臌胀，可继发于食道梗塞、前胃迟缓、创伤性网胃腹膜炎、瓣胃阻塞等病过程中。

（二）症状

常发生于大量采食易发酵的饲料后不久。病畜腹围急剧增大，腰旁窝突出，严重者可高出脊背。叩诊瘤胃紧张而呈鼓音。食欲、反刍和嗳气很快停止，瘤胃蠕动初期增强，很快减弱或消失。呼吸高度困难，口中流出多量混有泡沫的口涎，呼吸每分钟可达80～100次，心跳每分钟可达100次以上。结膜初充血后发绀，脉搏快而弱，静脉怒张，体温正常。

泡沫性瘤胃臌气，常有泡沫唾液从口中逆出或喷出。瘤胃穿刺时，只能断断续续排出少量气体，瘤胃液常阻塞穿刺针孔，排气困难。病至后期，站立不稳，心力衰竭，血液循环障碍，静脉怒张，呼吸困难，最后由于窒息或心脏麻痹而死。

慢性瘤胃臌气，多由继发性因素引起，病情时好时坏，腹部中等臌气或反复臌气，病情发展缓慢。

（三）诊断

根据临床症状，结合病史进行诊断。但应注意区别原发性和继发性的原因，继发性的瘤胃臌气还表现原发病的症状。还应注意确诊是泡沫性还是非泡沫性的瘤胃臌气。

（四）治疗

瘤胃臌气发病迅速、急剧、必须及时排气减压，防止窒息死亡。本病的治疗原则：注重排气消胀，理气止酵，强心输液，健胃消导、止痛。

初期，使病畜头部抬举，用草把适度按摩腹部，促进瘤胃气体排出。或用涂有松馏油的木棒（或用椿树枝），横置口内，两端露出口角之外，以绳系紧并缚于两角基部，促进嗳气。

急性臌气，及时施行瘤胃穿刺术。穿刺部位在左侧腰旁窝中央。放气时应缓慢，以防发生脑贫血。

泡沫性臌气，穿刺很难排出，宜用表面活性药物，如二甲基硅油8 g，或消胀散50 g，水适量内服。

非泡沫性臌气用10%鱼石脂酒精100～150 ml，加水500～1 000 ml内服。在制酵同时可与缓泻剂同时应用。常用的泻剂有硫酸镁500 g、人工盐100 g、小苏打100 g。

为改善瘤胃内菌群失调，促进消化功能，消除瘤胃臌胀，可内服EM原露。EM为微生物制剂，对瘤胃臌胀有良好的治疗效果。牛100 ml，常水3 000 ml，一次内服。

在治疗过程中，应根据病情与体况，采用强心补液，解除酸中毒，增进疗效，但输液量一次不要超过3 000 ml，以免加重心肺负担。当泡沫性瘤胃臌胀用药无效时，应及时采取瘤胃切开术，取出其内容物，按照外科手术要求处理，可获良好效果。

六、瘤胃积食

瘤胃积食是由于前胃收缩力减弱，食大量难以消化的饲料、饲草，或平时不喂的新鲜粗饲料，致使瘤胃扩张，容积增大，内容物停滞和阻塞，瘤胃运动和消化机能障碍，形成脱水和毒血症。

（一）病因

主要是过食大量青草、苜蓿、新麦秸，马铃薯秧等饲料；或因饥饿采食了大量谷草、稻草、豆秸等难以消化的饲料；或因大量采食大麦、玉米、大豆等谷物，又饮大量水，使饲料膨胀而致病。户养牛运动不足，神经反应性降低。突然变换可口的饲料，采食过多；产后失调及过度疲劳，使前胃消化功能减退，发生瘤胃积食。

此外，饲养管理不当，受各种不利因素的影响，如精神恐惧不安，中毒与感染，妊娠后期运动不足，分娩应激反应也可发生瘤胃积食。还可继发于前胃弛缓、创伤性网胃腹膜炎、瓣胃阻塞、皱胃变位、皱胃阻塞等疾病。

（二）症状

瘤胃积食病情发展迅速，通常在过量采食后数小时内发病常并发瘤胃酸中毒。

（1）病的初期，病牛神情不安，回头顾腹。

（2）食欲、反刍消失，嗳气、流涎，呼吸急促。

（3）腹部膨胀，触诊瘤胃，内容物黏硬坚实，用拳按压，遗留压痕。腹部膨胀以下腹部明显。

（4）腹部听诊，瘤胃蠕动音减弱或消失。肠音微弱或沉寂，便秘，粪便干硬呈饼状，间或发生下痢。

（5）直肠检查，瘤胃扩张，容积增大后移，充满黏硬内容物。有的病例，内容物松软呈粥状，但瘤胃显著扩张。

（6）全身症状，病至晚期，病情急剧恶化，肚腹胀满，瘤胃积液，呼吸急促而困难，脉搏疾速达120次/min以上，呼吸60次/min以上，结膜发绀，眼球下陷，全身衰弱，卧地不起，发生脱水与自体中毒，呈现昏迷和循环虚脱。

（三）诊断

依据过食发病，瘤胃内容物充满而黏硬或坚实，腹围增大，呼吸促迫且具有腹痛表现，容易确诊。

（四）治疗

本病的治疗原则，增强前胃运动机能，促进瘤胃内容物的运转，消积化滞，防止脱水与自体中毒及对症治疗。

首先禁食1~2 d，不禁止饮水，并进行瘤胃按摩，每次5~10 min，每隔30 min一次。或先灌服大量温水，再按摩，效果更好，也可用酵母粉500~1 000 g，一天分两次内服，具有消食化积作用。

清肠消导，可用硫酸镁或硫酸钠500~800 g，鱼石脂80 g，75% 酒精100~150 ml，常水6 000~10 000 ml，一次内服。应用泻剂后，用新斯的明0.1 g，皮下注射，兴奋前胃神经，促进瘤胃内容物运转与排出。

病因疗法，可用10% 氯化钠溶液500 ml，静脉注射；或先用1% 温食盐水洗涤瘤胃，再用促反刍液，最好是用10% 氯化钠溶液500 ml，5% 氯化钙溶液250 ml，20% 安钠咖注射液20 ml，静脉注射。改善中枢神经系统调节机能，增强心脏活动，促进血液循环和胃肠蠕动，解除自体中毒现象。晚期病例，除了反复洗涤瘤胃外，宜用5% 葡萄糖生理盐水2 000~3 000 ml，20% 安钠咖注射液10 ml，维生素 C 1 g，5% 碳酸氢钠500 ml，氢化可的松100 ml，安乃近100 ml静脉注射。强心补液，保护肝功能，促进新陈代谢，防止脱水。

在病程中，为了抑制乳酸的产生，应及时用青霉素或土霉素内服，间隔12 h，再投药一次，继发瘤胃臌胀时，应及时穿刺放气，以缓和病情。

在药物治疗无效时，即应进行瘤胃切开术，取出内容物，并用1% 温食盐水洗涤，必要时，接种健康牛瘤胃液。加强饲养和护理，促进康复过程。

中兽医疗法 加味大承气汤：大黄、厚朴、枳实、桔梗、陈皮各60~80 g，炒神曲、麦芽、山楂各100 g，芒硝200 g，玉片30 g，车前子40 g，莱菔子80 g，共为末，开水冲调，候温灌服，一日一剂，连服3剂。

七、创伤性网胃腹膜炎

创伤性网胃腹膜炎，是由于金属异物（针、钉、细铁丝等尖锐金属物）混杂于饲料内，随饲料被采食落入网胃，刺损网胃壁导致前胃弛缓，瘤胃反复臌气，消化紊乱，并因穿透网胃刺伤膈和腹膜或肝脏，引起急性弥漫性或慢性局限性腹膜炎，乃至继发创伤性心包炎或肝炎。

（一）病因

主要是饲草、饲料内混入尖锐的异物如铁钉、缝针、细铁丝、发针、玻璃碎片等，被牛误食落入网胃内，由于网胃收缩力强，尖锐异物刺伤胃壁，或可刺伤横膈膜、心脏、肺、肝、脾等器官，造成病理损害和炎症。

（二）症状

发病突然，刚发病时心率会突然升高达每分钟达140次以上，瘤胃蠕动忽然消失，反刍，食欲消失。随后又表现一定的食欲，瘤胃收缩力减弱，反刍减少，瘤胃臌气，胃肠蠕动减弱等反复性的前胃弛缓症状。随着病情加重，病畜不愿走动，走路小心，站立时肘头外展，肘肌纤维性震颤，当强迫其下坡，表现痛苦、呻吟。用手提捏鬐甲部皮肤时，病牛敏感，背部下凹或呻吟，用拳头顶压网胃区时，即剑状软骨左后部腹壁，病牛疼痛，呈现不安，发出痛苦的呻吟，躲避或反抗。

如仅发生创伤性网胃炎和局限性胃腹膜炎，体温、呼吸、脉搏无明显变化。当伴发弥漫性腹膜炎，体温升高。

当成为创伤性心包炎时，全身症状加重，脉搏疾速，常出现颈静脉阳性搏动，在病的前期或心包渗出液少时，可听到心包摩擦音，其后由于心包渗出液增多时而呈现心包拍水音，由于静脉淤血，病畜颈静脉怒张，胸下、颌下及胸前等处发生水肿。

（三）治疗

一经确诊立即淘汰。

八、瓣胃阻塞

瓣胃阻塞是由于前胃运动机能发生障碍，特别是瓣胃的收缩力减弱，内容物充满而干涸，不能运送到真胃，而引起的阻塞性疾病。

（一）病因

原发性病多由于长期饲喂粗硬或粉状饲草，加上饮水严重不足，或饲料中含有泥沙等所致。其他如维生素与矿物质的缺乏，以及运动不足等与发病也有一定关系。

本病常继发于腹腔器官粘连、真胃阻塞和变位、瓣胃创伤、前胃弛缓、生产瘫痪的过程中。

机体在上述各种不良因素的影响下，瓣胃的机能减弱，不能将其内容物后送到真胃，或真胃阻塞不能有效排空，而网胃内的内容物则不断进入瓣胃内，结果导致瓣胃内多量内容物停滞，水分被吸收，内容物变干而造成瓣胃阻塞。被阻塞的内容物刺激瓣胃，压迫瓣胃的小叶，时间过久可引起小叶发炎、坏死或瓣胃麻痹，继而有毒产物被吸收，使全身状况恶化。

（二）症状

具有前胃弛缓的一般症状外，其主要症状为排粪减少，粪便干而硬，色黑，如算盘珠状，粪球表面有黏液，粪球切面颜色深浅不均，且分层排列。病至中后期，不见粪便排出，只见粪水排出。

病畜食欲减弱，反刍减少，很少见到废绝，多数病牛鼻镜干燥，后变为干裂，瘤胃收缩力减弱。触诊瓣胃时有坚硬感；叩诊瓣胃时，病畜呈现疼痛不安，呻吟，躲避检查；听诊蠕动音极弱或消失。严重的病例，可在肋弓后的腹部触到半圆形的瓣胃。

病至后期，随瓣胃小叶坏死，则全身症状显著恶化，表现体温升高达40℃以上，呼吸、脉搏增数，精神高度沉郁，脱水等。最后，可因心力衰竭而亡。

（三）治疗

本病的治疗原则是排出瓣胃内容物和增强前胃的运动机能。排出胃内容物可选用硫酸镁（钠）500～800 g，液状石蜡1 000～2 000 ml，或植物油500～1 000 ml，内服。以盐类和油类泻药混合应用效果较好。但对重症病例，内服上述泻药常难以收到效果，可在内服上述泻药后8～10 h，再应用增强瓣胃运动机能的药物，如2% 盐酸毛果芸香碱、新斯的明、氨甲酰胆碱等，以提高疗效。阻塞严重病牛，笔者采用手术疗法，即先行瘤胃切开术，待取出全部胃内容物后，将胶管插入瓣胃，用大量生理盐水或常水冲洗，直至把大部分网胃内容物冲出，但没有成功一例，建议淘汰处理。

此外，根据病情实施合理的强心，补液，解毒等措施，进行对症疗法。

九、皱胃阻塞

皱胃阻塞亦称皱胃积食。由于迷走神经调节机能紊乱，皱胃弛缓，皱胃内容物积滞，形成阻塞，常继发瓣胃秘结，导致消化严重障碍，瘤胃积液，脱水和自体中毒的严重病理过程。

（一）病因

皱胃阻塞的病因，主要是由饲料单纯且粗硬，或饲草铡得过细；饲养失宜，饮水不足引起。有的因误食胎盘、毛球、破布和塑料布等引起机械性阻塞。

继发性原因：继发于前胃弛缓、外伤性网胃腹膜炎、腹腔器官粘连、小肠阻塞等疾病。

（二）症状

病初呈前胃弛缓的症状，食欲、反刍减退或消失，鼻镜干燥，伴发便秘，体温止常。病情发展，石下腹显著增大，常做排粪姿势，排粪逐渐减少，以后仅有少量棕褐色糊状粪便，混有少量黏液或紫黑色血丝和血块，粪便恶臭。

皱胃区视诊，右侧中腹部后下方局限性隆起，用拳头抵触中下部皱胃区，病畜因感疼痛而退让或踢蹴。个别牛用听诊器放置在右侧腰窝旁听诊，同时用叩诊锤轻叩右侧倒数第一、二肋骨弓，即可听到钢管音，排粪便很少。病牛精神极度沉郁，鼻镜干燥，结膜发绀，眼球下陷，血液黏稠，呈现脱水和自体中毒状态，衰弱而卧地不起，终因心力衰竭和自体中毒而死。

（三）治疗

治疗原则为排除皱胃内容物，注重消食化滞，防腐止酵，晚期注意强心补液，防止脱水与自体中毒。为排除皱胃内容物，防腐止酵，可用硫酸钠（镁）300~500 g，植物油500~1 000 ml，鱼石脂80 g，酒精150 ml，常水6 000~8 000 ml，内服。

为改善中枢神经系统调节作用，兴奋胃肠机能，强心，防止脱水和自体中毒，可及时用10%氯化钠500 ml，20%安钠咖20 ml，25%葡萄糖2 000 ml，Vc100 ml，5%氯化钙250 ml，氯化钾10 g静脉注射。发生自体中毒，应用5%碳酸氢钠500 ml静脉注射。

可灌服当归苁蓉汤：当归200 g，肉苁蓉140 g，大黄、郁李仁各120 g、丹皮、川楝子、桃仁、公英、银花各100 g，川朴，枳实、莱菔子各120 g。

必须指出，皱胃阻塞，多继发瓣胃阻塞，药物治疗多不佳。确诊后，要及时施行瘤胃切开术，取出瘤胃内容物，然后用胃管插入网胃—瓣胃孔，用温生理盐水冲洗瓣胃和皱胃，可获得较好的疗效或者直接淘汰。

十、真胃变位

牛真胃变位是真胃的解剖学位置发生变化。它可分为左方变位和右方变位2种。牛真胃左方变位是指真胃由腹中线偏右的正常位置，经过瘤胃腹囊与腹腔底壁间潜在空隙移位于腹腔左壁与瘤胃之间的位置变位。右方变位是指位于腹底正中线偏右的真胃，向前或向后发生位置的变化引起的疾病。右方变位又可分为右方半扭转和全扭转。右方半扭转只是轻度的扭转，真胃围绕自己的纵轴向后作90度以内的旋转，粪便可以排下。右方完全转位，是指真胃围绕自己的纵轴作向前作180～270度旋转，粪便不可以排下，发病急剧，病程短暂。

变位真胃的特征：真胃显著扩张、麻痹，机械性排空障碍、出血性炎症。机体中度或重度脱水，低血钾，低血氯，低血钙、代谢性碱中毒，病程长的引起代谢性酸中毒。

（一）病因

影响真胃变位的发病有牛日喂精料量及其成分、胎次、年龄、泌乳量、季节等因素。真胃变位的发生与瘤胃机能紊乱有直接关系，特别是分娩前过食精料引起瘤胃酸中毒的关系最为密切，瘤胃机能紊乱是发病的主要条件；2—3岁头胎牛产后20 d内发生占本病总发病率的80%；高产牛产后发病率高于低产牛；此病在每年的11月至来年5月间，天冷时容易发生；产后低血钙是发病的直接因素。

从发病数量分析，本病主要发生在初产牛产后15 d内，其他胎次和产前发病很少。散养农户发病率高于大型牛场，寒冷季节发病率高于温暖季节，高产牛的发病率高于低产牛。

（二）发病机理

牛在以上各种病因作用下，只要具备了真胃迟缓；真胃受外力的作用和牛腹腔忽然有了空间这三个条件可能促使本病的发生。

1. 真胃迟缓的原因

主要原因有真胃负荷过大；饲料配比不当；寒冷应激；代谢性或感染性疾病等。

（1）真胃负荷过大　大量精料或难于消化的饲料或异物，积聚前胃并阻塞于真胃，致使前胃感受器长期过度地受刺激，由兴奋转为抑制状态，使真胃的消化功能严重紊乱。

此外，饲喂粉得很细的麦秸、稻草、干草、粉碎的饲料、青贮玉米、棉籽壳、啤酒糟等进入瘤胃不经充分咀嚼和反刍，直接进入瓣胃到真胃，真胃内容物增多，体积增大，积滞真胃弛缓。

由于幽门口不全阻塞，真胃逐渐膨胀，内容物不能及时排出，但盐酸、氯离子、钾离子仍然持续向真胃分泌，而进入小肠量少，造成其吸收减少。

另外机体脱水，Cl^-、K^+丧失。由于Cl^-、K^+丧失，影响平滑肌的静息电位，使真胃平滑肌兴奋性降低，肌肉收缩无力，更加重真胃弛缓程。

（2）饲料配比不当　日粮中高精料低粗料，精料过多发酵引起酸中毒是主要因素；加上环境污染、农药残留、饲料霉变等，或多或少引起真胃慢性中毒；牛只运动不足，导致瘤胃内食糜的后送速度减慢，真胃的挥发性脂肪酸剧增，使得真胃神经末梢受损，影响迷走神经对胃的作用，从而抑制平滑肌的运动和幽门的开放，破坏了真胃功能，造成真胃弛缓甚至麻痹；酸性食糜进入十二指肠增多。食糜进入小肠取决于幽门括约肌的运动和食糜状况，酸性食糜对十二指肠的化学性和机械性刺激，反射地抑制胃的运动，减慢胃的排空，酸性的小肠食糜以及其中脂肪酸与小肠黏膜作用，释放促胰液素、促胰酶素和抑胃肽等激素，通过体液途径抑制胃运动和排空；真胃内气压增高。超过常量的气体使胃壁扩张，胃壁毛细血管受到压迫致使循环血量减少，消化液分泌减少影响真胃的消化机能。

（3）寒冷应激　分娩应激过程中，机体导电性和体液的改变最大，致使消化器官在分娩后发生贫血后充血，导致淤血，致使胃肠缺血，消化液分泌减少，收缩力下降。加上分娩受寒，特别是分娩后饮大量冷水引起胃肠痉挛，导致消化机能紊乱。

（4）代谢性或感染性疾病　如低血钙、酮病、胎衣滞留、子宫炎或乳腺炎、创伤性网胃腹膜炎、迷走神经性消化不良等都可诱发真胃弛缓。蛋白质、维生素和矿物质的缺乏均可促使真胃弛缓。

2. 真胃变位发生的动力因素

主要有真胃内积聚气体产生的浮力增大、分娩过程中腹肌收缩力增大、分娩时地面支撑力增大，大网膜束缚真胃力减小，真胃蠕动力降低共同作用。

（1）真胃内的气体浮力增大　真胃的生理位置主要在剑状软骨部，其纵轴略横向，从左前方斜向通过剑状软骨之后到右后方，胃底和胃体位于网胃后方的腹底壁上，幽门部则在瓣胃后方沿右肋弓转向后上方。左侧与瘤胃隐窝相接触，右侧与右腹壁接触，真胃大弯向腹侧、向左，小弯向背侧向右。

真胃内浮力增大根本原因是由于瘤胃机能下降，异常发酵产生气体积聚于真胃，并不是真胃产生。真胃积气过多反过来抑制瘤胃蠕动，导致瘤胃排下受阻，瘤胃上部积聚气体增加致使瘤胃整体上浮，使瘤胃与腹底空间加大，便于真胃向左右游走。

（2）真胃受到外力挤压　左方变位：分娩时多右侧卧地，由于地面的支撑力和真胃内的浮力，使真胃很容易滑到左腹侧，这时大网膜在瘤胃下方经过，把移位到左下腹部的真胃包起来，真胃积气，胃大弯向上扩张，顺时针轻度扭转，很容易向前转移到瘤胃前盲囊和网胃之间，最后定居于瘤胃背囊和左腹壁之间。变位的真胃被挤压，运动力逐渐降低，排空受阻。如果怀孕子宫偏于腹腔左侧，怀孕子宫逐渐将瘤胃向上抬高及向前推移，真胃则向左移走，分娩时胎儿产出，子宫压力突然释去，腹腔空间突然增大，瘤胃下沉致使真胃被挤到瘤胃左方，由于真胃内有很多气体，运动减弱，真胃很难自行复位。

右方扭转：分娩时多左侧卧地时，由于地面的支撑力和真胃内浮力增大，在瓣胃和真胃孔附近，以垂直平面旋转扭转呈180～270°，大弯向上，从右侧看来是顺时针方向，并导致幽门口完全阻塞或不完全阻塞（半扭转）。如果怀孕子宫偏于腹腔右侧，而将真胃后方及幽门部连同网膜向前推挤，置于肝右叶下方，分娩后肝叶下降，较大肝叶将真胃幽门部压住，造成真胃逐渐积聚气体。再者分娩时腹痛、努责、不断起卧，助产时用力不均、用力过猛等共同促成本病的发生。

（3）大网膜对真胃的束缚力降低　一般情况下真胃是不会游走移动的，因为真胃的小弯部有小网膜连接，真胃的大弯部有大网膜连接。真胃变位是在网膜可能由于空间拥挤，如粪便积聚、犊牛的增大、过多的膨气膨胀被撑破，或网膜兴奋性因氯离子、钾离子丧失而降低，造成网膜张力下降，束缚真胃的力降低而引起。

（4）真胃收缩力降低。

3.腹腔内忽然有空间

分娩时胎儿和羊水的急性排出，牛发情时的相互爬跨、车船运输造成体位的变化等使得腹腔上方暂时突然发生空间增大，加上瘤胃内积气造成瘤胃整体上浮，腹腔底部出现空间，形成了真胃游走变位的可能性。

（三）症状

分为左方变位和右方扭转。

左方变位：通常在分娩后2周内发生，发病初期，病牛表现食欲缺乏，时好时坏，喜吃干草不喜欢吃精料，健胃轻泻药治疗不显效，表现顽固性的前胃迟缓症状和酮病。病牛心率、呼吸数、体温正常。粪便量少，部分病牛粪便发黑，多

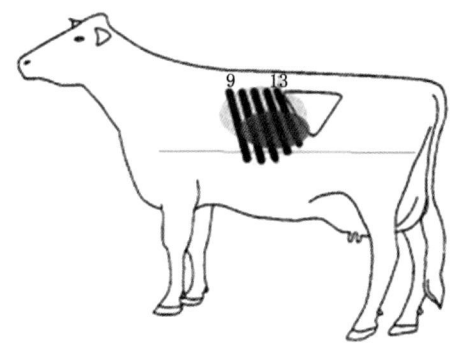

图片10-1　奶牛皱胃左方变位钢管音范围

数色正常，轻度腹泻。产奶量下降，消瘦，腹部体积明显缩小，肷部深陷，部分病牛在左侧肋骨后缘可看到且能摸到一个气球状的半圆形囊状气肿，仅此一点便可确诊，听诊有时能听到响亮的真胃流水音及金属音。多数病牛在倒数1~4肋间叩诊该部可听到清脆局限持续的钢管音。触诊左肷部多数病牛可感知腹壁与瘤胃间有距离感。

右方扭转：多数发病于产后20 d内，发病急剧。发病时，多数牛表现有突然腹痛，三大指标正常，病牛食欲减少，瘤胃机能显著降低，呈现明显的前胃迟缓症和酮病，右腹明显胀大，多数病牛在右肋后缘可看到并且能摸到真胃积气，积水的囊状隆起，用掌冲击可听

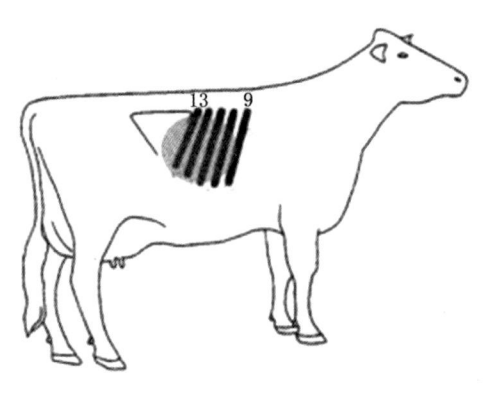

图10-2　皱胃右方变位钢管音范围

到拍水音，于该部位稍下方用拳冲击，可听到拍水音，穿刺该部液镜检无原虫，pH 2~4。

少数病牛在早期，真胃膨胀不大时，不见上述症状。一般在右侧8~13肋间、肩关节水平线处叩诊与听诊结合，可听到清脆的"钢管音"。

在变位严重，病时较长的病牛，直检可触及变位的真胃，可看见肋骨明显隆起。病至后期，排出少量黑褐色粪便，精神高度沉郁，眼窝深陷。

（四）诊断

真胃变位的诊断可以结合发病规律，饲养管理，病史等做出初步判断，但听诊结合叩诊出现"钢管音"是真胃左或右方变位的特征，是诊断真胃变位的重要依据，听不到"钢管音"，临床上不考虑是真胃变位，但有"钢管音"不一定就是真胃变位。"钢管音"的产生是叩诊腹腔时，只要有气体和液体存在时，无论是气、液在真胃内，或是瘤胃麻痹时在瘤胃内、或在肠管内、或在腹腔内，叩诊就一定会听到"钢管音"，只不过是听到"钢管音"面积的大小、清脆度、持续性、局限性不同而已。

（1）真胃变位"钢管音"的特征是清脆、持续，局限于肋间，位置较固定，由于真胃积气是逐渐增多，所以"钢管音"面积是逐渐增大，清脆度逐渐增强。

下边黑色椭圆形范围为左方变位，上边浅色椭圆形范围为皱胃阻塞、创伤性网胃腹膜炎、瓣胃梗塞的钢管音范围。

左方变位：叩诊有"钢管音"的同时，在肋骨与瘤胃间有距离感，大多数在最后肋骨后缘能看到，也能摸到有个半圆形的真胃气囊。有时当瘤胃极度空虚，加上瘤胃缺乏蠕动时，"钢管音"面积扩大，但在肋间可听到十分清脆的"钢管音"，即可确诊。左方变位有时"钢管音"消失，但确诊必须听到以上特征的"钢管音"。

真胃右方变位："钢管音"的特征是清脆、持续，局限于肋间，早期位置偏前较固定，以后，随着真胃积气、积液、体积逐渐增大，"钢管音"面积增大，清脆度增加，大多数在最后肋骨后缘能看到，也能摸到有个半圆形的真胃气囊，在气囊上叩诊，听到的"钢管音"最清脆，病程长了冲击真胃，可听到拍水音，直肠检查可摸到真胃的后缘。

（2）肠管"钢管音"的特征是在右䏚部，不很清脆，位置偏上，在右侧肋后上方，肾脏部位和腰荐部听到"钢管音"，但不见半圆状隆起的气囊。如果是盲肠"钢管音"，位置在右䏚部偏后部，面积较大，直肠检查可摸到向后延伸的膨气盲肠尖。

（3）腹腔"钢管音"的特征是"钢管音"不清脆，面积很大，左右侧都能听到，偏后上方，腹腔有大量的积水，触诊出现波动，是腹膜炎的象征。

（4）瘤胃麻痹时瘤胃"钢管音"特征是清脆，面积很大，在左侧腰旁和髋结节叩诊，也听到"钢管音"，听不到瘤胃蠕动音，瘤胃大量积液，整个左䏚部增大，腹围增大，在左腹壁与瘤胃间无距离感。

（四）治疗

分为保守疗法和手术疗法。

1. 保守疗法

左右方变位牛均可先口服小苏打100 g加水1 000 ml，过30 min再灌服消胀片50 g，硫酸镁300 g，姜酊、橙皮酊各150 ml；向牛腹腔注射0.25%普鲁卡因生理盐水2 000 ml，飘起瘤胃，术者用一个宽20 cm的木板向上反复推挤真胃，促使真胃气体顺着肠管排下，同时肌肉注射比赛克林20 ml促真胃进复位，一天一次连续3 d。

左方变位牛可采取翻滚法复位，肌肉注射静松灵1~2 ml进行全身麻醉，肌肉注射阿托品20 ml抑制唾液分泌，将牛采取双抽筋倒牛法放倒，用一根2 m长的木椽子穿过前后腿之间，分别将前后蹄部固定在椽子上，助手抬起木椽子使牛腹部朝天，来回左右摇晃，术者用一个宽20 cm的木板推挤真胃，来回几次摇晃，忽然停止5 min，促使真胃气体顺着肠管排下，最后将牛放起来，腹腔注射0.25%普鲁卡因生理盐水2 000 ml，氨苄青霉素240万 IU，同时肌肉注射比赛克林20 ml促进真胃复位。右方扭转牛不能采取翻滚法。

2. 手术疗法

四柱栏内站立保定，行腰旁神经传导麻醉结合静松灵全麻，术部普鲁卡因浸润常规麻醉。

左方变位：高大牛取左右两侧肷部通路，左侧为肷部中下切口，右侧为肷部前下切口。手术常规先后打开左右侧腹腔，在左切口前方就可以看见并摸到真胃，真胃内积气较多，积水很少。先向腹腔推入普鲁卡因20 ml，生理盐水2 000 ml，再用带胶管的针头穿刺放气减压，复位，固定。

右方扭转：保定与麻醉及准备同左方变位，做右肷部前下切口，打开腹腔后，扭转的真胃就可看见，所见病例真胃内都积有大量气体和液体，排气减压后，探查清楚真胃扭转的方向，作与扭转相反方向的整复并复位，复位，固定。

如果遇到真胃积气、积液、积食、积砂、体积较大时必须行真胃切开术排净真胃内容物，再行复位，选靠近切口近的真胃大弯用18号缝线做一直径2~3 cm的圆形荷包缝合，在荷包缝合的两侧各用18号缝线穿过真胃的肌层做牵引，在创口与真胃间垫大块灭菌纱布，在圆形荷包缝合正中切开真胃全层时，迅速经切口向真胃内插入一个直径2~3 cm粗硬塑料管，同时拉紧荷包缝合线，助手一手拉紧牵引线，一手抓住塑料管以防滑出，术者左手伸入腹腔到真胃底轻轻向上拖摆使沉积胃底的泥沙或食糜与积液混匀，利用虹吸现象引出泥沙，如果引不干净，可向真胃内灌温水再引，直到泥沙或食糜引干净，真胃切口用4

号线做结节缝合和包埋缝合。整复真胃后再幽门，幽门处网膜固定同上。清理腹腔，常规关闭腹腔。

穿刺放气减压术：用带胶管针头在真胃上部避开血管进针排气，同时术者用手轻压促进气体排出，随时向腹腔灌注生理盐水，增加润滑，减少摩擦。体外胶管排气口放入盛有半瓶水的瓶子里，随时看到有无气体排出，将真胃内气体彻底排出，折住胶管外端拔出针头。

复位术：复位的核心技术是抓幽门，将其拉起来。幽门是一个有5~8 cm大的、比较硬的组织，颜色交网膜颜色发白。

固定术：用18号缝线全层穿过腹壁牵住幽门周围网膜或系膜，打结于腹壁外，打一活结，3 d后因真胃有食糜下沉，牵张疼痛，要松线5 cm，12 d后拆线。为了防治网膜撕裂，可进行两点固定法。

拆线术：肷部切口10 d拆线，幽门部固定线12 d以后拆除。

十一、变应性胃肠溃疡

变应性胃肠溃疡是牛常见病。表现为胃肠运动功能异常、消化不良、腹部疼痛、便秘或下痢，甚至胃肠出血、排泄黑粪的综合征。在牛往往无明显临床病征，呈现亚临床症状，表现粪便潜血，粪便排出后几小时，逆光可看到粪便泛红色。

（一）病因

本病的病因比较复杂，尚不十分清楚。但病的发生，则与饲料、饲养管理、环境卫生以及使役等因素有直接的关系和影响。其中可以成为变应原的有细菌、真菌和昆虫，更有饲料、枯草、花粉、有毒植物、免疫注射、中毒与感染，以及畜舍狭小、过于拥挤、恶意鞭策、粗暴管理；或车船输送，神情紧张，过度疲劳等因素。牛由于环境卫生不良，或受到异常的声、音、光、色的刺激和影响，从而引起本病的发生和发展。

但必须指出，应激反应在本病的发生上，特别是在牛分娩过程中更是不可忽视。

牛变应性胃肠溃疡的发生及其病理演变过程，是由于饲料、饲养、卫生、管理，以及应激、中毒与感染等特异性抗原作用而引起，主要是由于内源性前列腺素（PG）缺乏所致。本病的发生机理：其一，胃酸分泌旺盛，超过胃、十二指肠黏膜所能耐受的水平；其二，胃黏液分泌降低，十二指肠液反流减少，对胃酸中和以及胃黏膜保护功能减弱；其三，胃排除异常，胃窦部食糜滞积、膨胀，促进胃泌素的分泌；其四，胃及十二指肠壁血管痉挛收缩，循环血量减少，从而促进胃液中盐酸和蛋白酶消化黏膜组织作用，导致溃疡的发生和发展。

（二）病理变化

牛变应性胃肠溃疡与其炎性或卡他性溃疡病理变化有所不同，多因局部黏膜自体消化，形成溃疡。一般多发生在胃和十二指肠的起始部，牛多数在幽门窦及胃底部黏膜皱襞上。散在圆形溃疡或消化性溃疡黏膜血管被侵蚀，甚至形成穿孔和邻近器官粘连。

（三）症状

牛变应性胃肠溃疡，通常以消化性溃疡病为主，临床病征比较轻微，多与消化不良的临床症状互相掩映，不易区别。病情较为急剧的病例，则表现为变应性胃肠溃疡综合征。病畜有时肚腹疼痛、排黑色粪便（血便），显示出胃肠溃疡病征。病程稍长，牛表现营养不良，贫血，黄疸，慢性瘤胃臌胀，便秘，排泄黑色粪便。有的犊牛病例，不表现任何临床症状而突然死亡，春、秋两季较为常见。

（四）诊断

本病无明显特征，甚至呈现亚临床症状，往往不易确诊。重剧性病例，腹壁紧张，腹痛，粪便含血液，呈酱油色才易诊断。应注意与胃肠炎、牛创伤性网胃炎、真胃扭转、球虫病以及其他胃肠道出血性疾病进行鉴别。

（五）治疗

本病的治疗，着重改善饲养管理，尽量避免粗硬不易消化的饲料，容易发酵和富有刺激性饲料应停止饲喂，给予富有营养，容易消化的饲料，减少抗原性因素的刺激，有利于康复过程。

药物疗法，宜用苯海拉明，或扑尔敏（氯苯那敏）等抗组胺药物，消除变应性反应，剂量与用法，可参照牛皱胃溃疡的治疗。清理胃肠，可用油类泻剂；健胃、助消化，可用人工盐、食母生（干酵母）；保护黏膜溃疡不受胃酸、胃蛋白酶的侵蚀作用，可用合成硅酸铝、次硝酸铋；胃肠溃疡出血时，宜用鞣酸蛋白、维生素 K 等药物进行治疗。必要时，适当应用抗生素或磺胺类药物，防止感染。

（六）预防

本病的预防，在于平时避免各种变应原性物质对机体的影响和刺激，引起变应性反应，防止本病的发生。同时注意饲料与饲养，加强管理，做好防疫卫生工作，避免各种刺激和干扰，预防发生应激状态，减少本病的发生。

十二、牛腹痛性疾病概论

腹痛其表现是以腹痛症状为主的一种综合征。腹痛综合征，见于各科疾病，系指广义概念，包括征候性腹痛、假性腹痛和真性腹痛。牛常见的是真性腹痛病，即胃肠性腹痛病。

（一）腹痛病的分类

腹痛通常可分为三类。

征候性腹痛：如传染病的肠型炭疽、传染性流产，寄生虫病中的蛔虫病，和某些中毒（有机磷农药、鼠药中毒）等疾病过程中发生的腹痛。

假性腹痛：指膀胱、肾、子宫、肝、胸膜和腹膜等胃肠以外的器官和组织疾患所致的腹痛。如膀胱炎、膀胱结石症，急性肾炎和肾石病，子宫扭转、难产、胎动性子宫痉挛和产痛，腹膜炎等。

真性腹痛：是指许多胃肠疾病所引起的腹痛，其中如急性真胃扩张、肠阻塞、肠痉挛、肠臌气、肠扭转和肠系肿瘤、犊牛水中毒等。

真性腹痛主要是由于草、料、饮水的量和质的异常，或突然变换草料等综合因素影响，并在胃肠机能紊乱的基础上所引起的胃肠疾病。其与一般胃肠病所不同之处，就在于起病急、发展快和以腹痛症状为主。

（二）腹痛的性质

依据导致腹痛发生的因素，腹痛有四种性质，即痉挛性疼痛、膨胀性疼痛肠系膜性疼痛和腹膜性疼痛。

痉挛性疼痛：系由胃肠或泌尿生殖道平滑肌痉挛性收缩所致。其特点是腹痛呈阵发性，腹痛发作和间歇相交替。发作时，病牛躁动不安，起卧，踢腹、呈中等程度或剧烈腹痛。此种腹痛多见于肠痉挛、肠系膜肿瘤和胎动不安等。

膨胀性疼痛：系因胃肠道积聚过量的食物、气体及液体而使脏壁受到过度伸张所致。其特点是，腹痛呈持续性，间歇期极短或全无，过度膨胀则腹痛反而缓解乃至消失。此种腹痛多见瘤胃臌气、真胃扩张、肠梗阻、肠扭转等。

肠系膜性疼痛：系因肠管位置改变，肠系膜受到挤压牵引所致。其特点是，腹痛持续剧烈，肠扭转。

腹膜性疼痛：系因腹膜感受器受炎性刺激所致。其特点是，腹痛持续沉重而外观稳静，常拱腰缩腹，长久站立或侧卧，不愿走动、呻吟或改变体位。此种腹痛多见于伴有腹膜炎的腹痛病如肠变位后期、腹腔肿瘤等。

（三）腹痛病的病因

1. 腹痛病外因

（1）草、料、饮水品质不良　如精料霉败变质，饲草粗硬、柔韧、不易消化，饲料冰冻，饮水冷凉，混杂泥沙，矿物质含量不足等。

（2）饲养管理不当　如精料过多，饮水不足；突然变换饲料种类及配比，突然改变饲养方式、饲喂程序及方法；犊牛忽然饮大量冷水等。

（3）天气骤变　在气温降低，温度升高，气压减低等气象参数骤然剧变的暴风雨雪天气。一般认为，天气骤变作为应激原，可使敏感机体处于应激状态，以致某些反射活动发生紊乱，特别是自主神经系统交感神经和副交感神经的协调功能失去平衡。

2. 腹痛病内因

（1）异食癖、单调饲喂、长期休闲、矿物质营养不足等所致的胃肠功能减退。

（2）齿牙病、胃肠寄生蠕虫、饲料混杂芒刺或砂石等所致的胃肠溃疡，炎症等器质性变化。

（3）系膜肿瘤。

（4）肝脏肿瘤，子宫扭转等。

（四）腹痛病的诊断

牛腹痛病，病情较复杂，病情发展缓慢，疼痛无特征，需要丰富的实践经验进行诊断，一般方法包括问诊、一般检查和特殊检查三部分。

1. 问诊

腹痛病的问诊，常结合一般检查，边看边问。要着重了解，发病时间，以推断病程；起病情况，以推断是突然起病还是起病徐缓；腹痛表现，以推断腹痛的程度和性质；饮食及粪尿，以推断胃肠阻塞之有无及程度；治疗经过，以保证治疗的连贯性，避免用药的重复或脱节。

2. 一般检查

腹痛病的一般检查，包括体温、脉搏、呼吸、结膜色泽、口腔变化、腹围大小、腹痛表现以及听取心音、肠音、胃音或食管逆蠕动音等十项。我们将其概括为一测（体温），二数（脉搏和呼吸），三听（心音、肠音、瘤胃音或食管逆蠕动音），四看（腹痛表现、腹围大小、结膜色泽以及湿度、舌色、齿龈黏膜微血管再充盈等口症）。

3. 特殊检查

腹痛病的特殊检查，包括腹腔穿刺、直肠检查、血液检验等，可依据病情，灵活运用。

腹腔穿刺：可依据腹腔穿刺液的性状，辅助确定腹痛病的类型，在腹痛病的鉴别诊断和预后判断上具有重要意义。血性腹腔液，见于各类型肠变位、出血性肠炎；渗出性腹腔液，见于泛发性腹膜炎和坏死性肠炎；含粪汁或食糜腹腔液，则见于胃肠穿孔或破裂。

直肠检查：借助直肠检查以诊断腹痛病。

血液检验：对腹痛的确定诊断并无价值，但在腹痛病的预后判断上有较大的意义。常检测的是血沉、红细胞比容总数、血小板数、溶解试验等内毒素血症指标。

（五）腹痛病的治疗

针对腹痛病的一般发病机理和基本病理过程，其综合性治疗原则应包括镇痛、减压、疏通、补液和解毒等五个方面。

1. 镇痛

要抓紧消除胃肠痉挛、胃肠膨胀、肠系膜牵引绞压、腹膜炎性刺激等引发腹痛的因素，腹痛即随之缓解或消失。但剧烈腹痛的持久存在，往往会使病程发展。

2. 减压

胃肠膨胀的弊端甚多，轻则引发疼痛，导致循环和呼吸障碍，重则造成窒息或胃肠破裂，而威胁生命。因此，一切伴有胃肠膨胀的腹痛病，都必须立即排液或放气，实施减压。

3. 疏通

疏通胃肠道是治疗胃肠阻塞性腹痛病的根本原则。除伴有肠腔闭塞的肠变位需要手术整复疏通外，在各种动力性胃肠阻塞，均应从三方面着手实施疏通：通过调整胃肠腔内环境，给化学感受器和压力感受器提供适宜刺激，以恢复胃肠平滑肌的自动运动性；通过大脑皮质、皮质下中枢或自主神经干、节、丛，以协调交感神经和副交感神经对胃肠平滑肌自动运动性的平衡控制；通过神经或液递机制，保障胃肠血液供应，疏通微循环，以改善胃肠平滑肌的物质营养代谢。

4. 补液

胃肠道完全阻塞性腹痛病，机体的水盐丢失甚为严重，疏通措施如不能迅速奏效，则应实施补液。液体的选择，应考虑到阻塞的位置和性质。高位（真胃和十二指肠）阻塞，主要补充氯离子和钠离子，切莫补给碳酸氢离子；中低位（回肠而后）阻塞，除补给氯化钠液外，要补给适量的碳酸氢钠液；机械性肠阻塞（肠变位），伴有血液的渗漏，最好另加血液或血浆等胶体溶液。

5. 解毒

指的是缓解内毒素血症，防止内毒素休克的发生；保肝，防止酸中毒。内毒素休克一经发生，则多取死亡转归。治疗完全阻塞性肠便秘，早期即应开始加用新霉素内服，而手术整复肠变位时，则应强调切除变位的肠段，并要求尽量排空变位部前侧的瘤胃内容物。

（六）腹痛病的预防

加强饲养管理，预防产后喝冷水是预防腹痛病发生的主要措施。

1. 合理配比日粮，粗料精料搭配，建立合理的饲养管理制度，饲喂定时定量，做好饲料的加工调制。

2. 保证饲料品质，不喂霉败变质、冰冻或含泥沙多的饲料。给予充足的饮水。

2. 不要突然变更饲料。

3. 加强饲养管理，特别是气候骤变时，防止受寒冷刺激。定时驱虫，及时治疗慢性消化器官疾病。在更换优质饲料、要适当控制采食，以防过食。

十三、肠痉挛

肠痉挛是由于受某种刺激而引起肠壁平滑肌发生痉挛性收缩，并以明显的间歇性腹痛为特征的一种真性腹痛。

（一）病因

主要病因是受冷，如突然饮冷水，气温降低，出汗后淋雨或被冷风侵袭等。饲喂冰霜冷冻、霉烂腐败及虫蛀不洁的饲料，以及肠道寄生虫等，也可引起本病。

（二）症状

常在采食及饮水后突然发病。腹痛呈间歇性，发作期病畜起卧不安，后肢踢腹，回头顾腹，严重时全身出汗，呼吸加快，发作期持续5~15 min，间歇期腹痛消失且有食欲，几乎与健畜无异，间歇期10~30 min。随着病程的延续，间歇期愈来愈长。病畜腹围正常，发作期肠蠕动音亢进，连绵不断，音响高亢，甚者于数步之外都可听到，尚有金属音。排粪次数增多，粪便稀软，或粪球带水，附有黏液，有酸臭味。口腔湿润，色青白，结膜正常或潮红，耳、鼻、四肢末梢冰冷。

若腹痛突然增剧并转为持续性时，并且不见粪便，粪便水，直肠检查干涩，多为继发肠变位及肠套叠或肠阻塞。

（三）诊断

依据间歇性腹痛，高朗连绵的肠音，松散稀软的粪便以及眼结膜颜色正常、口腔湿润、腹痛间歇期精神食欲正常等相对良好的全身状态，可做出肠痉挛的论证诊断。

（四）治疗

治则以解痉镇痛为主，辅以制酵清肠。

解痉镇痛：可用镇静止痛药，如30%安乃近注射液20～30 ml，皮下肌肉注射；安痛定或复方氨基比林注射液20～40ml，皮下或肌肉注射；阿托品注射液25 ml肌肉注射。生理盐水500 ml，2%普鲁卡因注射液150 ml，腹腔注射。

制酵清肠：制酵可用制酵药，如鱼石脂150 g，酒精150 ml，姜酊150 ml，陈皮酊150 ml一次灌服。

十四、肠套叠

肠套叠是一段肠管伴同肠系膜套入与之相连续的另一段的肠管肠腔内，形成双层肠壁重叠现象，导致套叠部肠腔闭塞、肠壁及肠系膜血管血运不良、水肿及缺血性坏死，由此产生毒血症、休克而死亡。本病是奶牛的一种严重的急腹症，若诊断失误治疗不当常常引起死亡。本病常发生于回肠段套叠，其次空肠与空肠的套叠或空肠与回肠套叠，回肠与结肠套叠，套叠长度不等。

奶牛的肠套叠并不是罕见的一种疾病，在犊牛、育成牛和成年奶牛都有发生。近年来在临床上发生的肠套叠都是成年乳牛，有的发病乳牛是2胎或3胎牛，而犊牛的肠套叠在临床上还较为少见，这与传统认为犊牛是肠套叠易发畜群的说法不大一致。

（一）病因

本病多属继发性，如继发于腹泻的牛，在腹泻过程中而发生，继发于肠痉挛的牛，某些肠道内寄生虫的刺激或因吃了冰冷的、腐败霉变的饲草饲料而引起，也有的因腹腔内肿瘤或炎性增生物的刺激而诱发本病。

（二）发病机制

当肠管受到某些致病因素刺激后，肠管的正常蠕动机能发生了紊乱，两个相连接的一段肠管，特别是空回肠交界处的肠段，其近心端发生痉挛性收缩而远心端肠段发生弛缓扩张，致使近心端处于痉挛收缩状态下的肠管连同肠系膜窜入弛缓扩张的后段肠管的肠腔内，造成双层肠管的重叠。套入端又称为套叠鞘部，在套叠的初期，套叠鞘部瘀血水肿较轻，无明显炎性渗出物，随着病程的延长，套叠鞘部及整个套叠的内外肠壁均发生炎性水肿，使肠壁变厚，血运不良，时久可致肠壁毛细血管破裂，血液渗入肠腔内和腹腔内，致使排的粪中常常带有血块，而腹水染成淡红色。

随着病程的延长，套叠部肠管的炎症的进一步发展，套叠内外肠壁血液循环中断，肠壁发生了坏死，肠腔内细菌及细菌代谢产物和坏死肠壁的蛋白分解产物，经没有屏障功能的坏死肠壁弥散到腹腔内，经腹膜吸收后而引起奶牛的中毒性休克。

奶牛对肠套叠肠坏死后引起的中毒性休克的耐受力较大，临床上曾接诊过发病9~12 d的两头肠套叠奶牛，手术中发现套叠坏死肠管淡灰色，肠壁薄似一张牛皮纸，经手术而治愈。

（三）症状

发生肠套叠后，病牛突然发生腹痛，后肢踢腹或后肢交替踏地，举尾，有时频频起卧，站立时背腰下沉呈凹腰表现，病牛不吃草不反刍，排粪次数增多，但每次排粪量减少。发病12~24 h，由于套叠部肠管淤血、水肿和麻痹后，腹痛减轻或腹痛消失，病牛精神委顿、鼻镜干燥，嘴角上常常有白色垂缕状黏液。排粪减少常做排粪姿势，粪中常带有黏液和少量血凝块或排出少量煤焦油样粪便，发病3~4 d后排粪完全停止。随着发病时间的延长，心率达90次/min以上，病牛腹围变大，在右腹部进行冲击式触诊可感到有轻度的振水音。

病牛体温在病的初期正常，到病的后期略有升高。直肠检查时，直肠内有少量黏粪或黏液，隔直肠壁向腹内探查，有时可触及手臂粗光滑的富有弹性肉样感的套叠肠段。病的后期，病牛心率达120次/min以上，体温降低，精神呆滞，反应极其迟钝，进入中毒素休克状态，预后不良。

（四）诊断

根据腹痛病史和排粪减少、带黏液、血凝块样的粪便或少量煤焦油样粪便，腹围变大。在体型较小的奶牛作直肠检查能触及手臂粗肉肠样肠段，腹腔穿刺腹水淡红色混油样，即可初步诊断，确诊需作剖腹探查。

（五）治疗

只要确诊发生肠套叠就应进行紧急手术进行救治。

十五、肠炎

本病为肠黏膜及其深层组织（黏膜下层、肌层以至浆膜层）的出血性、纤维素性、坏死性炎症。发病后出现重度的胃肠机能障碍，自体中毒和明显的全身症状。本病病情严重，发病率及死亡率都较高。

（一）病因

按病因分为原发性肠炎和继发性肠炎。

原发性肠炎：牛采食了霉败、虫蛀的饲料或误食了有毒物质，由于这些饲料内常含有一些植物毒素、化学毒物、虫体分泌的毒素或细菌、霉菌等，以致损伤了肠黏膜及其深层组织，而使其机能受到严重的破坏。饲养不当或突然改变饲料，如突然给以大量精料，使瘤胃机能紊乱，肠负担过重或饲料内含有异物、泥沙等均易引起发病。牛分娩过劳，由于胃肠血液循环不良，机能下降，特别在分娩后未充分休息即给大量精料时，饲料积于胃肠内不能充分消化，引起异常发酵、腐败和常在菌增殖，毒力增强，也可致病。其他如饲料过于单纯、粗糙，所含营养成分不全，缺乏维生素及矿物质等，都和本病的发生有一定的关系。

继发性胃肠炎：主要见于胃肠卡他和肠阻塞以及某些传染病（如副伤寒、恶性卡他热、牛副结核、巴氏杆菌病、大肠杆菌病）和寄生虫病（如蛔虫病、牛血矛线虫病、球虫病等）过程中。

（二）症状

腹泻是肠炎的重要症状之一，由于病变部位、炎症性质和病因不同，其临床症状也有很大的差别。原发性肠炎，开始时多呈急性肠卡他症状，以后才转为肠炎症状。

病初病畜精神沉郁，食欲大减或消失，反刍减退，饮欲也常减少，以后由于下痢而脱水，故饮欲增加。病初肠音减弱，但下痢时肠音可转强，当病情严重时肠音又可变弱。故临床上见严重下痢而肠音又消失时，常为危重之征。口腔干热而恶臭，舌苔厚浊，口色暗红。当炎症发展到大肠时，出现下痢，此时持续不断地排出大量稀软的或水样的恶臭粪便，并混有未消化饲料、黏液、血液或脱落的坏死组织。重症时可见肛门松弛，排粪失禁或里急后重现象。

后期食欲废绝，眼结膜先潮红后黄染，舌苔厚腻，口腔干臭，四肢、鼻端等末梢冷凉。全身症状严重，精神高度沉郁，肌肉震颤。眼结膜高度充血，有时伴有黄疸，以后变成暗红色。体温升高达40～41℃；脉搏初期洪大而有力，以后则变得弱而快，每分钟达100次以上。随着病程的发展，自体中毒及脱水逐渐加重，可见皮肤弹性降低，眼球下陷，体温不定，耳鼻四肢发凉，腹部蜷缩，鼻镜干燥，反刍停止，磨牙，空口咀嚼，全身或局部出汗、震颤；伴发程度不同的腹痛症状，全身肌肉搐搦、痉挛或昏睡等神经症状。

尿量减少，尿色黄而透明，呈酸性反应。

（三）诊断

本病应尽早确诊，如确诊过晚，常可造成死亡。对已发生下痢症状的病畜，可根据严重下痢，粪味恶臭，粪中含有黏液、血液、脱落组织及全身症状重剧等即可确诊。对尚未出现下痢症状的病畜，要注意其结膜，口腔，小肠音及全身变化等，最后进行综合分析而确诊。白细胞增数达2万以上和核左移，对诊断也有较大的参考价值。

（四）治疗

本病的治则以消炎杀菌，补液解毒为主，辅以清理胃肠，适时止泻，解除自体中毒和预防脱水。如病因明确，首先应排除病因。

消炎杀菌止痛：应贯彻于全过程，也适用于各种胃肠炎。为了减轻消炎药对瘤胃的扰乱，最好采用磺胺脒内服或注射诺氟沙星（氟哌酸）50 ml，静脉注射广谱抗生素如四环素250万～500万 IU，环丙沙星500 ml等，安痛定肌肉注射30 ml。

清理胃肠止泻：清理胃肠的目的是排除胃肠内的有害、有毒物质，制止异常的发酵腐败，减轻炎性刺激和缓解自体中毒的发展。但只适用于排粪迟缓和粪便恶臭时，如下痢已很严重时则禁用。止泻适用于胃肠内有害内容物基本排除。如下痢十分严重而需要立即止泻时，可用1% 阿托品15 ml 注射液皮下注射，或灌服木炭末300 g，鞣酸蛋白40 g、碳酸氢钠100 g，加适量常水内服。

补液：脱水和自体中毒常为本病致死的主要因素，故及时合理的补液和解毒疗法是抢救本病的重要措施之一。补液用药应根据脱水的性质选用葡萄糖氯化钠溶液或复方氯化钠注射液每次2 000~4 000 ml静脉注射，每天1~2次。

解毒：可用25% 葡萄糖注射液1 500 ml，5% 碳酸氢钠注射液500 ml，VC注射液100 ml，20% 安钠咖注射液20 ml，速尿注射液40 ml，一次静脉注射，每天1~2次。

强心：可用10% 安钠咖注射液30 ml，或10% 樟脑磺酸钠注射液20 ml，皮下或静脉注射。在出血性胃肠炎时，除按一般胃肠炎处理外，尚需止血。可用10% 氯化钙注射液250 ml静脉注射。如同时肌肉注射维生素K注射液20 ml，或止血敏注射液20 ml，安络血注射液20 ml。

中药治疗：以清热解毒、消黄止痛、活血化瘀为主。宜用郁金散（郁金40 g，大黄50 g，栀子、诃子、黄连、白芍、黄柏各30 g，黄芩40 g）或白头翁汤（白头翁100 g，黄连、黄柏、秦艽各50 g）研末，开水冲调，候温灌服。

十六、犊牛消化不良

犊牛消化不良是指犊牛胃肠消化机能障碍的统称。主要特征是明显的消化机能障碍和不同程度的腹泻。多发生于初生至3月龄内的犊牛，具有群发性特点，但没有传染性。

（一）病因

犊牛消化不良的发生与犊牛在胎儿发育期的条件有关，也与外界环境对犊牛机体的影响有关，也与犊牛饲养管理有关，特别是出生后1 h内初乳喂给量不足是最主要因素，其次是饲养管理不良造成瘤胃发育不良。

营养不良的母牛初乳中蛋白质（白蛋白、球蛋白）脂肪含量低，维生素、溶菌酶以及其他物质缺少。而且在产犊后经数小时才开始分泌初乳，并经1~2 d后即停止分泌初乳。这样新生犊牛只能吃到量少、质差的初乳，从初乳中得不到足够的免疫球蛋白，易引起消化不良。

当母牛患乳腺炎以及其他慢性疾病时，可严重影响母乳的数量和质量。此种母乳中通常含有各种病理产物和病原微生物，犊牛吃食后，极易发生消化不良。

犊牛的饲养、管理及护理不当是引起犊牛消化不良的重要因素。

新生犊牛的体温调节机能不十分健全，对外界环境的变化极为敏感。当受寒或者犊牛舍过于潮湿，气温剧烈变动时期，在保温不良与空气潮湿的犊牛舍内饲养的犊牛，最易发生消化不良。

新生犊牛出生后有舔食的习惯，如乳汁或乳具不洁，饲槽、饲具污秽不洁等对犊牛消化不良具有重要的影响。

初生犊牛的饲喂初乳过晚，喂量不足可使犊牛因饥饿而舔食污物，致使肠道内乳酸菌的活动受到限制，乳酸缺乏，结果肠道内腐败细菌大量繁殖，从而破坏对乳汁的正常消化作用。人工哺乳不定时、不定量，乳汁温度过高或过低，可妨碍消化腺的正常机能活动，抑制或兴奋胃肠分泌和蠕动机能，而引起消化机能紊乱，导致发病。

哺乳期犊牛过量喂给粉状精料，不喂给颗粒料容易发生消化不良。

新生犊牛期间喂奶时，没有创造条件，形成有效食道沟反射，导致牛奶进入瘤胃被发酵发生消化不良。

（二）症状

犊牛消化不良的主要临床症状是腹泻。

单纯性消化不良：患病犊牛精神不振，喜躺卧，食欲减退或完全拒乳，体温一般正常或低于正常。腹泻，粪便的结构和颜色是多种多样的。

犊牛开始发病时，粪便多呈粥样，以后则呈深黄色的水样，有时呈黄色，也有时呈粥样的暗绿色。粪便带酸臭气味，且混有小气泡及未消化的凝乳块或饲料碎片。肠音高朗，并有轻度臌胀和腹痛现象。心音增强，心搏增速，呼吸加快。持续腹泻不止时，由于组织，细胞缺水则皮肤干皱且弹性降低，被毛蓬乱失去光泽，眼球凹陷。严重时，站立不稳，全身战栗。

中毒性消化不良：犊牛精神沉郁，目光痴呆，食欲减退甚至废绝，全身衰弱无力，躺卧于地，头颈伸直且后仰。对刺激反应减弱，全身震颤，有时出现短时间的痉挛。严重腹泻，频排水样粪便，粪内含有大量的黏液和血液，并呈恶臭和酸臭气味。持续腹泻时，肛门松弛，排粪失禁。皮肤弹性降低，眼球明显凹陷。心音模糊不清，心跳加快，脉搏细弱，呼吸浅表疾速。病至后期，体温多突然下降，四肢、耳尖以及鼻端厥冷，终至昏迷而死亡。

（三）治疗

首先，将患病犊牛置于干燥、温暖、清洁的畜舍和畜栏内。禁食8～10 h，饮用温热糖盐水溶液（氯化钠5 g，白砂糖20 g，温开水1 000 ml）或用温肥皂水灌肠。

给予胃蛋白酶15片、乳酶生10片、乳酸杆菌片10片，肥儿片10片一次灌服，每天2次。同时肌肉注射卡那霉素10 ml、庆大霉素10 ml，氟哌酸注射液10 ml 等。

为制止肠内发酵、腐败过程，可选用鱼石脂15 g、消胀片10片，或藿香正气水20 ml 口服。

当腹泻不止时，可选用鞣酸蛋白10 g、次硝酸铋10 g 等药物进行止泻。

为防止机体脱水，保持水盐代谢平衡。可应用葡萄糖生理盐水注射液500 ml，V_C 20 ml、地塞米松10 mg 静脉或腹腔注射。

十七、犊牛肠炎

犊牛肠炎是指新生犊牛的肠壁表层和深层的炎症，主要特征是腹泻。

（一）病因

是畜舍内环境卫生差，阴暗潮湿，寒冷；饲喂乳腺炎牛奶，感染了大肠杆菌、沙门氏菌、衣原体、魏氏梭菌、假单胞菌、变形杆菌等；或感染病毒如轮状病毒及冠状病毒；寄生虫感染主要是球虫，其次是隐孢子虫是引起犊牛肠炎常见的因素。

（二）症状

粪便稀软，粪便有异味，颜色呈黄色或白色。根据病情的发展和腹泻的严重程度依次会出现如下症状，厌食或食欲差、精神状态欠佳；粪便稀薄呈水样，尾根部有粪便污染；出现脱水现象（眼睛塌陷、皮毛粗糙、皮肤无弹性），怕冷，起立迟缓并有困难。

（三）治疗

补充电解质溶液，缓解酸中毒。恢复正常的血容量和正常的渗透压，缓解机体的脱水状态，维持正常的血液循环。常用5%葡萄糖生理盐水、生理盐水和林格氏液。口服补液盐也广泛用于治疗中。如有出血现象加用止血药如安络血、止血敏等。对于水样腹泻者可用次硝酸铋、次碳酸铋、鞣酸蛋白、药用炭治疗。此外还要根据感染的病原情况采取针对性的治疗措施。

也可以采用中药治疗：取白头翁40 g、黄连30 g、土大黄30 g、山楂30 g、大蒜100 g、瞿麦100 g、生姜片30 g、木炭末（或草木灰）60 g，加水适量放入砂锅内，煎汤1 800 ml，加入白矾粉15 g、红糖250 g，候温，给母牛灌服1 000~1 200 ml，犊牛灌服600~800 ml，均为每天1次，连用1~3 d。轻者1 d、重者2~3 d即可治愈。

十八、牛黏液膜性肠炎

牛黏液膜性肠炎是在致病因素的作用下，使肠壁发生的一种特殊的炎症反应。它是在变态反应的基础上，渗出纤维蛋白和大量黏液形成的膜状物，被覆在肠黏膜上，引起消化障碍。牛多发生于空肠和回肠。

（一）病因

黏液膜性肠炎的病因尚不十分清楚，多数认为是在变态反应的基础上发生的，并与副交感神经紧张性增高有关。与这两点有关的常见病因：

（1）饲料过于单纯，质量不良，缺乏维生素。

（2）肠道机能紊乱，肠道菌群关系变化，产生大量的细菌毒素和发酵、腐败的产物。

（3）霉败饲料中的真菌毒素和霉败饲料变质的异性蛋白。

（4）肠道和肝脏寄生虫及其代谢产物。

（5）服用敌百虫、硫双二氯酚、硫酸钠、汞制剂、砷制剂等药物。过劳、车船运输、拥挤、卫生条件差、紧张等应激因素可促进本病的发生。

（二）发病机制

由于发病原因至今不十分明确，所谓的发病机制只能是一种推理。黏液膜性肠炎的发生发展及其病理演变过程，从其黏液膜的产生和性质方面看，主要是缺乏必需的营养物质、神经调节机能紊乱、自体中毒以及包括饲料和某些药物在内的各种因素的刺激和影响引起的变态反应。根据传染与免疫学的观点，这种变态反应，多数是由大肠杆菌、副伤寒杆菌、肝片吸虫或饲草霉败变质形成的特异性蛋白质，机体内某些异常代谢产物，敌百虫、硫双二氯酚之类的驱虫剂等，引起肠黏膜的一种非特异性炎症，在这种炎症的影响下，释放组胺，使肠壁毛细血管扩张、血中的纤维蛋白原大量渗出，并因副交感神经紧张性增高，消化液分泌减少，黏液分泌增多，从而凝结形成一种黏液膜状物，游离附着重叠在肠黏膜表面，引起消化障碍和腹痛现象，经过努责而排出体外。

（三）症状

病的初期，食欲与反刍减退，瘤胃蠕动音减弱或消失。奶牛的泌乳量降低，呼吸与脉搏疾速，具有轻度腹痛现象。里急后重，排出腥臭的稀薄粪便。经12~15 h后，病情缓和，腹痛症状消失。但经过5~6 d后，或更晚一些，病情又加剧，呈现腹痛，不断努责，终于排出灰白色或黄白色的膜状管型或索状黏液膜，长短不一，短的只有20~30 cm，长的可达几米以上。当这种膜状物排出后，腹痛症状减轻，或者消失，迅速康复。严重病例，病程较长，持续下痢；有的往往反复排出膜状结构物和腥臭粪便，即使伴发重剧性肠炎，也能逐渐痊愈。

（四）诊断

当发现黏液膜性物质从排出粪中存在时，诊断并不困难。但在本病的初期，虽然具有轻度腹痛症状，往往不易确诊。由于这种黏液膜状物的结构均匀一致，不同于格鲁布性肠炎。因为格鲁布性肠炎，主要是霉败饲料中毒，或某种剧性药物的刺激而引起的，随着病程的发展，形成纤维蛋白性假膜，一般多呈糠皮状，病情较为重剧。

（五）治疗

黏液膜性肠炎，病情较轻，炎性产物可以自行排出，有的不经治疗，也能康复。但病情重剧的，首先应根据病因，应用抗过敏药物，消除变态反应，并及时应用油类泻剂，清理胃肠，促进康复过程。

抗过敏药物，通常应用盐酸苯海拉明，0.55～1.10 mg/kg，肌肉注射。必要时可以配合维生素 C，氯化钙或葡萄糖酸钙进行治疗。或者应用盐酸异丙嗪，0.55～1.10 mg/kg，肌肉注射，也可配合氯丙嗪应用，副作用小，作用时间长，抗组胺作用较强，有利于消除过敏性炎症。如需清理胃肠，一般可用油类泻剂，如植物油或液状石蜡500～1 000 ml 灌服。

此外，根据病情发展，重剧病例，必须注意强心输液，必要时，亦可应用抗生素，防止脱水、自体中毒和继发感染，增进治疗效果。

（六）预防

根据本病发生原因，应注意加强饲养，给予富有营养和维生素饲料，搞好防疫卫生，防止感染性因素和侵袭性因素侵害，保持机体神经反应性和消化机能，避免中毒性因素的刺激和影响，预防本病的发生。

十九、创伤性心包炎

创伤性心包炎是牛误食金属异物刺伤心包而引起的心包化脓，增生性炎症。常伴发网胃炎，膈肌炎，胸膜炎，腹膜炎。特征症状是食欲废绝，心跳增速显著，颈静脉怒张，胸前垂肉，下颌严重水肿，出现间歇发热。

（一）病因

凡是能引起创伤性网胃炎的病因大都能引起创伤性心包炎。牛误食的金属异物大多是混入饲草中的钢丝、钢针、钢钉及其他金属异物，在饲料加工过程中金属异物未能拣出被牛吃入，个体户常常自制橡胶盆喂饮牛，当橡胶盆破损后，在橡胶层中的钢丝就暴露出来，钢丝被牛吃入后发生创伤性心包炎的病例常有发生。

（二）发病机制

牛的网胃前壁、膈与心包之间距离十分接近，隔着网胃壁即可明显感到心脏的跳动，三者之间距离不超过2 cm，因此当金属异物向前刺穿网胃壁后，即可继续向前经膈刺入心包，这种刺穿过程大都是在腹内压增高的基础上导致金属异物经网胃向前刺入心包。在临床上所见的创伤性心包炎病牛大多是产后1~2个月内发生或妊娠后期因腹内压大而发生。在发病初期细菌随金属物的穿刺途径而发生感染，创伤性网胃炎、膈与周围的急性局限性腹膜炎和急性创伤性心包炎，这三种病是相继发生，先发生创伤性网胃炎，随之发生膈心包及网胃壁之间的局限性腹膜炎，最后形成创伤性心包炎。创伤性心包炎的初期，心包腔内渗出大量浆液性渗出物，称为浆液性心包炎，随着炎症的发展，大量白细胞进入心包腔内，并有大量纤维蛋白的渗出，纤维蛋白在心脏跳动的过程中逐渐变为纤维素凝块，同时与大量死亡的白细胞与细菌混杂在一起，变为化脓性心包炎，此时心包腔内液体混浊，淡灰色恶臭。心包腔扩大心包腔内能积存5 000~8 000 ml恶臭化脓性液体，积存1.5~2.0 kg纤维素块。病程继续延长或因治疗不当使病期拖延，化脓性渗出物中的部分纤维蛋白逐渐沉附在心脏表面和心包内层表面，逐渐增厚并机化为纤维组织，使心脏面及心包膜均形成1.0~2.5 cm厚的绒毛状颗粒状纤维板，心脏表面的绒毛状颗粒状纤维板机化后有大量新生的毛细血管伸向心脏肌肉组织中，此阶段称为缩窄性心包炎，心脏表面形成一个紧缩的硬壳，压迫心脏，限制心脏的活动，静脉血回流心脏受阻，心脏输出量减少，全身组织动脉供血减少、冠状循环供血不足，病牛终因心力衰竭死亡。对创伤性心包炎病牛的三个不同病理阶段进行中心静脉压进行测定，浆液性阶段中心静脉压达到20 cm水柱以上，化脓性心包炎及缩窄性心包炎中心静脉压均达到28 cm水柱以上。病牛表现胸前水肿、下颌水肿、颈静脉怒张。

（三）症状

创伤性心包炎的当天，特征性症状是心率突然增数达140次/min以上，疼痛，食欲停止。初期尚未出现胸前水肿、颌下水肿及颈静脉怒张前，如不仔细听诊心脏，往往诊断为前胃弛缓。因此，在初期阶段表现为食欲减退，吃草时好时坏、反刍无力，运步小心有时呈现后肢踢腹或不安起卧表现，采取兴奋瘤胃蠕动药、健胃药，其效果很差，病情继续发展，可以听到心脏排水音，看到两侧颈静脉怒张，颈静脉沟消失，用手去触诊颈静脉时，可明显地感到一条充盈血液而怒张的血管，如一条绳索状。随着病情的发展，逐渐出现胸前水肿、颌下水肿。病牛精神沉郁，运步小心，吃草少，反刍少或不再反刍、被毛逆立肘肌震颤、空口磨牙，体温自发病之初就升高39.5 ℃以上，也有体温接近正常的。听诊心脏，心音遥远，心音明显减弱或隐约可听到心脏的跳动，听到明显的心包拍水音和摩擦音或带有金属音调。心率快，可达100次 /min 以上。两侧肺的下缘听不到呼吸音。

（四）诊断

根据创伤性心包炎的临床症状即可做出诊断，但是确诊是浆液性还是化脓性心包炎还需做心包穿刺诊断。有些创伤性心包炎病牛，不表现胸前水肿，也不表现颌下水肿，颈静脉轻度怒张，对此种病牛需认真仔细听诊心脏的声音，心音遥远、不清，必要时可测定中心静脉压，中心静脉压升高至28 cm 水柱以上，即可做出确诊。

（五）治疗

确诊以后马上淘汰处理。

第二节　呼吸系统疾病

一、上呼吸道阻塞

上呼吸道阻塞是指组成上呼吸道的器官及其紧邻的组织和器官结构异常、炎症、肿瘤，或异物进入呼吸道，导致呼吸通道狭小而引起的上呼吸道疾病。上呼吸道阻塞的主要特征是吸气性呼吸困难，张口呼吸。根据上呼吸道阻塞出现的原因可以分为先天性阻塞和获得性阻塞。

先天性上呼吸道阻塞的原因主要有呼吸道上皮源性咽囊肿、鼻囊肿、囊性鼻甲、颅骨异常、喉畸形、腮囊肿、鼻中隔偏曲、鼻息肉、鼻腔肿瘤等。这种情况可能在出生时就存在，或在出生后几个月内见到。可见吸气性呼吸困难，带有可听见的打鼾声或鼾声性吸气是多见的症状。一般治疗无效，建议淘汰。获得性阻塞比较常见：

（一）病因

大部分原因是呼吸道以外的组织和结构的增大或炎症，如肿大的上额窦突入呼吸道、咽脓肿、淋巴结肿大、肿瘤压迫、异物等。异物进入的原因有：牛在采食过程中，突然受到惊吓，会厌软骨来不及遮住呼吸道时，一些大块食物会进入上呼吸道；或者在麻醉的情况下，食物反流进入上呼吸道等，引起上呼吸道阻塞。

（二）症状

患牛最先观察到的症状是进行性吸气呼吸困难。咽脓肿或慢性上颌窦炎的动物可能发热。上颌窦发炎、单侧鼻咽或上颌窦肿瘤患畜可出现单侧流鼻液或一个鼻孔气流减小。有些病例，由于慢性炎症或肿瘤坏死，在呼出气体中有一种腐臭味。

（三）诊断

根据以上症状结合观察口腔和鼻腔，注意鼻孔的通气性和呼吸气味，检查上前臼齿和臼齿有无异常。胃管探诊鼻腔以确定鼻腔有无占位性病变即可确诊。

（四）治疗

治疗原则除去阻塞物、抗菌消炎、对症治疗。

（1）通过治疗炎症病变，解除外来压力是治疗的关键。咽和咽后部脓肿需要外科手术切开，引流，每天清洗引流部位。

（2）慢性上颌窦炎应采用环锯术治疗，摘除全部齿根部感染的牙齿。每天用稀释的消毒液或灭菌盐水冲洗患部，全身使用抗生素治疗。

（3）肿瘤病例如果不能进行手术立即淘汰。

二、鼻　炎

鼻炎是指由某些因素引起的鼻黏膜的炎症，以鼻腔黏膜充血肿胀，鼻腔分泌物明显增多，痒痛，打喷嚏、鼻塞等为主要特征。根据发病原因和临床特征，可以分为急性和慢性、原发性和继发性，在临床上最为多见的是原发性卡他性鼻炎。

（一）病因

鼻炎主要由寒冷、温热、麦芒、胃管、饲料或外界环境中吸入的尘埃、霉菌孢子及昆虫叮咬，有害气体对鼻黏膜长期的直接刺激，使鼻黏膜的完整性和防御机能受到破坏，被病原菌感染。

继发性多继发于流感、恶性卡他热、咽喉炎、支气管炎、齿槽骨膜炎等疾病炎症的蔓延或转移。

（二）症状

病初鼻黏膜充血、潮红、肿胀，流出浆液性鼻液，鼻部不适和发痒，经常打喷嚏，从鼻孔流出黏液性鼻液，表现摇头不安，频繁伸舌舔鼻孔，敏感性增高。后期鼻液呈黏脓性鼻液，混浊黏稠，色泽黄白，严重者体温升高，精神沉郁。鼻汁初为浆液性，随着炎症的进一步发展可能成为黏性、黏液脓性。

若炎症继续发展，可发生咽喉炎、气管炎，患牛表现咳嗽、吞咽障碍等。慢性或继发性鼻炎通常为亚急性，其临床症状时轻时重，长期流脓性鼻液，有的混有血丝，散发出腐败臭味。

（三）诊断

根据牛鼻黏膜的潮红肿胀、鼻孔流出数量不等的浆液性、黏液性或脓性鼻液，频繁伸出舌头舔拭鼻孔等主要症状时，可以诊断为鼻炎。

（四）治疗

治疗原则：改善环境，去除病因，治疗继发病。

（1）首先除去致病因素，加强饲养管理，改善环境卫生，适当调节空气的温度和湿度。

（2）对于重症且有大量鼻液的病牛，可用温0.1%的高锰酸钾溶液，每天冲洗鼻腔1~2次。

（3）对于鼻黏膜肿胀严重时，用可卡因0.1 g，1∶1 000的肾上腺素溶液1 ml，蒸馏水20 ml的混合液滴鼻，每日2~3次。既可促进血管收缩，又可以减轻患畜的敏感性。

（4）全身症状比较明显的，应及时用磺胺类药物或抗生素进行肌肉或静脉注射。

三、额窦炎

额窦炎是由于外伤、病原微生物或异物进入额窦等原因引起的炎症。

（一）病因

外伤骨折、角断裂等机械刺激，鼻腔内昆虫、饲料碎片及其他异物的进入，寄生虫和某些传染病等均可引起本病的发生。

症状　额窦炎可为急性或慢性，急性额窦炎常见。一般多发生于一侧鼻腔深部，病初通常为单侧流黏性鼻液，鼻液逐渐变为黄白色或黄色有恶臭、黏稠的脓汁，有时混有血丝，患畜在低头时可排出大量脓汁。严重者可见额窦或上颌窦肿大

急性额窦炎的症状为发热（39.4～41.1℃），单侧或双侧流黏液脓性鼻液，沉郁，头痛，眼半闭，伸头和伸颈，额窦叩诊敏感。如果急性额窦炎发生在牛去角之后不久，在窦角状突起的伤口处可见流出的脓汁和形成的厚痂。

慢性额窦炎多有上行性上呼吸道感染，临床症状是单侧鼻孔持续性或间断性流鼻液，低头，头和颈伸展，眼半闭，鼻镜靠在物体上显示头疼痛。持续性或间断性发热。窦部骨臌胀，疼痛。有的病例可能出现神经系统并发症如脓毒性脑膜炎、硬脑膜脓肿或破伤风。

（二）诊断

急性病例，依据临床症状、发病史和窦部触诊和叩诊作出初步诊断。慢性病例根据临床症状和窦部触诊和叩诊即可作出诊断。

（三）治疗

治疗原则：急性额窦炎的治疗主要是进行抗菌消炎，止痛和药物滴鼻治疗。慢性额窦炎，通过开放额窦开口进行治疗。

（1）急性额窦炎病例，要清理创伤，消炎止痛。0.1%高锰酸钾溶液局部清洗，青链霉素普鲁卡因局部封闭，严重静脉注射磺胺类药物或广谱抗生素，配合甘露醇，速尿。

（2）慢性病例需要在病变部位钻开额窦，清洗和排出内容物。

（3）中医疗法。加减辛荑汤：辛荑60 g，酒黄柏60 g，酒知母60 g，苍耳子30 g，黄芪40 g，广木香15 g，制乳香30 g，制没药30 g，连翘30 g，银花25 g，公英25 g，桔梗20 g，荆芥15 g，防风15 g，甘草15 g，研末开水冲，候温灌服，隔日一剂。

四、支气管炎

本病为支气管黏膜表层或深层的炎症。临床表现主要是咳嗽、流鼻液，肺部听诊有干、湿啰音。

（一）病因

主要是受寒感冒或受各种理化因素的刺激而发病，或继发于肺炎、喉炎、肺丝虫等某些传染病和寄生虫病。

（二）症状

按病程可分为急性和慢性两种。

急性支气管炎的主要特征是咳嗽，当受冷空气刺激或触压喉、气管时，可引起强烈咳嗽。病初咳嗽干、短而痛，三至四天后随渗出物增多而变为湿性长咳，且疼痛减轻。肺部听诊，初期肺泡呼吸音粗厉，二至三天后可出现啰音，开始为干性啰音，以后随渗出物增多和变稀薄而呈现湿性啰音；但啰音出现的部位并不稳定，常可因咳嗽或体位改变而消失或转移。大多表现精神不振，食欲减退，体温稍升高（升高0.5~1.0 ℃），呼吸稍增。当细支气管炎时，症状较重，体温可升高达40 ℃以上，食欲明显下降或拒食，明显的呼吸困难，脉搏增数，结膜发绀。

慢性支气管炎病程较长，其主要表现为持续性咳嗽、流鼻液，症状时重时轻；当受冷空气刺激后，则咳嗽加剧。严重病例，常继发肺泡气肿，肺部常呈现各种啰音，肺部叩诊界扩大。

（三）治疗

基本原则是以消除炎症，化痰，祛痰，止咳，平喘，制止渗出和促进炎性渗出物吸收为主，辅以合理护理。

消炎：常用磺胺嘧啶钠静脉注射，青霉素和链霉素，或红霉素配合磺胺静脉注射。也可用青霉素400万 IU、链霉素100万 IU，溶于0.25%～0.50% 盐酸普鲁卡因溶液或蒸馏水10～20 ml 中，气管内注射，每日一次。病情严重时，可选用四环素、卡那霉素、庆大霉素或环丙沙星类药物，配合氢化可的松，泼尼松治疗。

化痰、祛痰、止咳：内服氯化铵25 g，或内服远志酊100～200 ml。或内服酒石酸锑钾5 g，或复方甘草合剂100～150 ml，杏仁水40～80 ml。

平喘：可用强的松龙，地塞米松，氨茶碱，麻黄素等。

制止渗出和促进炎性渗出物吸收：可用氯化钙或葡萄糖酸钙静脉注射，V_C 以制止渗出，同时强心利尿。

五、肺炎

肺炎是肺组织炎症的总称，是指包括终末气道、肺泡腔及肺间质等在内的肺实质炎症。根据炎性渗出物的性质及病变范围的大小，临床上可分为：卡他性肺炎（支气管肺炎）和大叶性肺炎（细支气管和肺泡的炎症）。

（一）病因

卡他性肺炎多数是由感冒或支气管炎直接蔓延所致。根据肺炎的发生原因可以分为原发性和继发性。原发性肺炎即直接由细菌、病毒、真菌、寄生虫及不良的物理性和化学性因子引起。原发性肺炎的主要原因如下。

1. 细菌性肺炎

该病主要致病菌有化脓性棒状杆菌、肺炎链球菌、金黄色葡萄球菌、甲型溶血性链球菌，牛巴氏杆菌、大肠杆菌、肺炎克雷白杆菌等。

2. 病毒性肺炎

该病主要有牛副流感3型病毒、鼻病毒、腺病毒、牛呼吸道合胞体病毒、流感病毒等。

3. 支原体肺炎

该病由肺炎支原体引起。

4. 真菌性肺炎

该病主要有白色念珠球菌、曲霉菌、放线菌等。

5. 其他病原体肺炎

如立克次体、衣原体、弓形体、原虫、寄生虫等均可引起肺炎。

6. 物理、化学性肺炎

该病主要由异物、刺激性气体、毒气、烟雾等吸入对肺组织的刺激。也可见于吸入油质物质等。

继发性肺炎的主要原因有例如继发于某些疾病，如子宫炎、乳房炎时其病原菌可通过血源途径进入肺脏而致病。

（二）症状

症状分为卡他性肺炎和纤维素性肺炎。

卡他性肺炎（支气管肺炎）是支气管或细支气管与肺小叶群同时发生卡他性炎症。由于炎症主要侵害肺小叶或小叶群，故又称为小叶性肺炎。临床特征是咳嗽，流鼻液，体温升高呈弛张热，听诊有捻发音，叩诊呈局灶性浊音区。病初症状不明显，可以见到咳嗽。鼻漏病初多为透明浆液性，量多，然后量变少，呈黏性、脓性，最后又再次变为多量浆液性。咳嗽在病初为干咳，痛苦；后变为湿咳。呼吸增数，可以达到40~90次/min，站立时头颈前伸，有的可以见到张口呼吸。体温高达40~41 ℃，呈弛张热。黏膜发绀。心跳加快，可达90~100次/min，心音增强。听诊肺部，病灶部肺泡呼吸音减弱，有捻发音，干、啰音；病变周围肺泡呼吸音增强，叩诊肺部，若病灶在肺的浅部，则呈散在的点状浊音区，其周围则清音；病灶在肺的深部，则叩诊变化不明显。血液检查，白细胞总数增高。

纤维素性肺炎，又称大叶性肺炎、格鲁布性肺炎，是整个肺叶，甚至一侧肺和两侧肺的大部分发生急性炎症过程，其炎性渗出物为纤维蛋白，故又称为纤维蛋白性肺炎或格鲁布性肺炎临床上以稽留热型、定型热经过，肺部叩诊以面积浊音区为特征。依据临床症状，分为典型大叶性肺炎和非典型大叶性肺炎。

典型大叶性肺炎：病程发展规律，常按充血渗出期，红色肝变期和灰色肝变期，溶解期的顺序进行。多突然发病，体温迅速升高达40~42 ℃，呈稽留热，持续6~9 d，以后则在24~36 h内骤退或在2~5 d内渐退降至常温。病初脉搏强而有力，但次数增加不多，与体温上升的幅度很不相称（体温上升2~3 ℃或更多，而脉搏仅增加10~15次），这种特殊现象，可作为本病早期诊断的重要依据之一。呼吸困难，常呈混合性呼吸困难。病初鼻液量少，呈浆液性或黏液性；到肝变期则出现棕黄色或铁锈色鼻液；溶解期则变为多量黏液性鼻液，鼻液性状的变化，具有重要的诊断意义。若铁锈色鼻液长期存在或再度出现，则表示病情险恶。

肺部叩诊：充血期呈半浊音；肝变期呈浊音持续3~5 d，浊音区面积较大，常由肘后向后上方发展，其上后界呈弓形；到溶解期后，叩诊音又经半浊音逐渐恢复正常。健康肺组织，因代偿而叩诊呈过清音或鼓音。

肺部听诊：病变部初期肺泡呼吸音增强，以后随渗出物的渗出而可听到湿性啰音和捻发音；到肝变期，由于肺被渗出物充填，肺泡呼吸音消失而出现病理性支气管呼吸音；至溶解期则出现大量的湿性啰音和捻发音。健康部呼吸音增强。

病畜食欲大减或废绝，精神高度沉郁，结膜充血黄染，口腔发红而干热，便秘或拉稀，反刍紊乱，磨牙，喜卧于病侧，热退后，食欲可很快好转。

非典型大叶性肺炎：病程经过不典型，症状复杂且不规律，有的仅出现充血期而很快好转；有的则在恢复期中体温再次升高，而于另一侧肺又出现新的病灶，热型呈稽留或弛张，病程有长有短，并发症较多。

（三）诊断

本病根据临床症状，一般易于初步确诊，支气管肺炎时，一般病程发展较缓慢，呈弛张热型，咳嗽，呼吸、脉搏的变化，均比大叶性肺炎为重，浊音区小而散在，且常在肺部前下方三角区内。典型的大叶性肺炎，依据突然发病，病情重剧，体温升高呈稽留热型，铁锈色鼻液，肺部有较大面积的浊音区，呈定型经过，常在两周左右恢复等即可确诊。

（四）治疗

本病的治疗原则是以抗菌消炎、控制继发感染为主，辅以对症治疗和合理护理。

抗菌消炎：早期大量使用抗生素或磺胺类药物，①由厌氧菌所致肺炎和异物性肺炎可用青霉素和洁霉素每千克体重5~10 mg，配合使用甲硝唑250 m，每天1次，静脉注射；②需氧菌所致肺炎可用头孢菌素Ⅰ、青霉素，并配合使用卡那霉素（5 mg/kg）或庆大霉素1.0~1.5 mg/kg，每日2次，肌肉注射；③应用支气管扩张药。

对症治疗：心脏衰弱时，应使用强心药，一般可交替使用安钠咖。在本病肺充血期，为了减少渗出，增强机体的应激能力，可用可的松类药物以及钙剂；而在病变的溶解期，为促进渗出物的排出，可选用利尿剂等。

当炎症消散缓慢时，可用碘制剂，如碘化钾10 g，加水2 000 ml，内服。咳嗽剧烈时，给予镇咳祛痰药。

当严重呼吸困难时，25%～50%葡萄糖液500 ml，维生素C 2～4 g，生理盐水500 ml，一次缓慢静脉注射，每天1～2次，对缺氧呼吸困难起缓解作用。

六、吸入性肺炎

吸入性肺炎又称异物性肺炎，是由于饲料、食物、药物、呕吐物等异物及混入其内的腐败物误入气管、肺组织，引起肺组织发炎的炎性病理变化；常导致肺组织的腐败、分解和坏死，故又称坏疽性肺炎。临床上的主要特征有：发病急、呼吸极度困难、鼻孔中流出脓性、腐败性恶臭鼻汁。

（一）病因

常见原因有饲料、牛奶或药物误入气管，胃管误插入气管投药，用啤酒瓶经口投药时将舌头压迫，常将液状石蜡灌入气管，牛生产瘫痪处于昏迷期或全身麻醉状态时将灰尘吸入，或将瘤胃反流液误咽入肺，特别是当犊牛白肌病吞咽机能异常时常导致牛奶吸入气管或接产不及时羊水吸入气管引起。

（二）症状

异物直接由气管入肺者，发病快，立即出现惊恐不安，咳嗽，呼吸困难；严重者则很快窒息死亡。由于异物对气管和肺组织的刺激而发生咳嗽、呼吸困难，并从两侧鼻孔流出多量的带有异物颜色和气味的浆液性鼻汁，呼出气体也有异物味和臭味。以后由于肺组织的腐败分解，鼻汁则变得污秽、气味恶臭。

肺部听诊，初期多在前下部可听到明显湿啰音，以后可以听到干啰音等各种病理性呼吸音。体温迅速升高达40℃以上；心跳快，先亢进而后减弱；白细胞增高；X线检查，肺组织浸润有局灶性阴影。

（三）诊断

主要根据病史、有无继发症、误咽、鼻汁的颜色和气味、表现的临床症状（发病急、发病快、呼吸极度困难、鼻孔中流出脓性、腐败性恶臭鼻汁）可作出初步诊断，如能结合肺部听诊、叩诊及 X 线检查更好。痰液镜检发现肺组织碎片及弹性纤维也是确诊的方法之一。

（四）治疗

治疗原则：迅速排除肺内异物，抗菌消炎，制止肺组织的腐败分解。

（1）最原始的办法就是让牛站在前低后高的位置，并将头上的缰绳拴在牛前腿上驱赶在下坡路上，同时，注射樟脑油或尼可刹米兴奋呼吸中枢及皮下注射2% 毛果芸香碱5～10 ml，加速异物的排出，必要时可做低位气管切开术，并用注射器经切口抽吸误吸入气管深部的异物。

（2）用大剂量的抗生素、磺胺类药物以消炎杀菌、制止肺组织的腐败分解；也可气管内注射青霉素普鲁卡因溶液10～20 ml 等。

对于本病的治疗无理想方法，液状石蜡，中药渣等在气管内不溶解物质引起的异物性肺炎治疗无效。

七、肺水肿与肺气肿

肺水肿是肺血管外液体量过度增多甚至渗入肺泡称肺水肿。肺气肿是指终末小支气管远端的气腔扩张，同时伴有肺泡壁破坏的疾患。按病因可分为慢性阻塞性肺气肿、代偿性肺气肿、间质性肺气肿等类型。临床表现为呼吸困难、发绀、两肺散在湿啰音。

（一）病因

气肿在典型的间质性肺炎、寄生虫性肺炎以及由急性过敏反应引起的肺水肿中是一种重要的损害。牛的这种急性疾病发生于牛转移至茂盛草场后的2周内。其原因有以下种种：饲料突然改变，大量采食青草、芜菁、甘蓝、紫花苜蓿、油菜后；饲喂色氨酸在瘤胃内转变为吲哚乙酸，脱羧基形成3- 甲基吲哚，经瘤胃黏膜吸收进入血液对肺泡上皮细胞呈现毒性作用，可引起肺气肿。厩舍内空气污浊，吸入的空气常含有潜在性刺激物质；饲料发霉、变质，含尘土过多，其所含的小多孢子菌、烟曲霉都可激发肺气肿。病毒和细菌性疾病如大肠杆菌性乳腺炎引起毒血症的病牛有肺气肿；牛流行热病牛有肺气肿。金属异物所致的创伤性网胃炎，继而刺伤肺脏引起肺脓肿时，可引起肺气肿。有的饲料毒素对肺毒害，如牛白薯黑斑病中毒时，苏叶中毒，有严重的肺气肿。有毒气体如氯气中毒、夹竹桃烟雾中毒等，均可引起肺气肿。

试验研究已经证明：甲基吲哚为色氨酸的毒性代谢产物，与牛急性肺气肿有关。

（二）症状

各种致病因素引起了肺泡组织失去弹性，肺泡膨胀，破裂。引起肺排气不全和二氧化碳的蓄积，肺中气体与外界交换面积减少，致使机体供氧不足。肺气肿时，由于肺动脉的血流不畅，引起右心室扩张、衰竭和二氧化碳的潴留，使病牛发生酸中毒。

急性肺气肿突然发作，病牛精神沉郁，食，欲减少至废绝，流泪，鼻漏呈浆液性或脓性，站立不安，不愿卧地，可视黏膜发绀，体温多数升高至40.5 ℃，从口内流出白色泡沫状物，产奶量骤减，心搏增至100～160次/min，心节律不齐，心音模糊。典型症状是呼吸困难，呼吸次数增加至40～80次/min，少数达100次/min以上，气喘，腹部扇动，鼻孔扩张，举头伸颈，张口吐舌，舌呈暗紫色，胸部叩诊可呈鼓音，听诊有摩擦音和啰音，于背部两侧皮下出现气肿，触诊呈捻发音，气肿可蔓延至胸颈部、肩部和头部。肺气肿常伴有肺水肿，并且肺下部有实变和湿啰音。肺水肿常见两侧鼻孔流出黄色或淡红色的泡沫样鼻液。

（三）诊断

依据病史、临床症状和死亡病例的肺脏病理学变化进行诊断。

类症鉴别：在临床诊断时，应与热射病、肺炎等鉴别。

热射病及日射病：热射病及日射病时病牛体温升高41.5 ℃以上，并伴有神经症状。

肺炎：体温升高至40～41.5 ℃，呈弛张热，叩诊时肺部出现散在性小浊音区，听诊时浊音区肺泡音减弱或消失，其周围肺泡音增强，有时能听到啰音。细菌性肺炎常伴有毒血症，对抗菌药物治疗反应最好。

过敏反应：由过敏反应引起的肺充血与水肿有自愈倾向。

与支气管痉挛的区别：因感染或变态反应引起急性细支气管炎并导致支气管痉挛，临床表现出呼吸困难，有明显的双重呼吸，体温正常，全身反应不明显，常认为是急性肺气肿。此时用抗组织胺或抗生素治疗，再使用皮质类固醇，症状好转即为支气管痉挛。

（四）治疗

治疗原则：利尿、缓解呼吸困难，抗菌消炎。

肺气肿尚无特效疗法。继发于传染性肺炎的肺气肿，对原发性损害进行有效治疗，随着原发病的痊愈，肺气肿通常将自行消退。具体治疗方法：

1. 利尿

肺气肿时常伴有肺水肿，为减轻肺水肿，若机体体液状态良好，可使用速尿，剂量为0.5～1.0 mg/kg 体重，每日1～2次肌肉注射。

2. 解除支气管痉挛，缓解呼吸困难

阿托品0.05 mg/kg 体重，一次肌肉注射，每日2次。

3. 消炎、抗过敏

可用地塞米松20～50 mg，一次肌肉或静脉注射，配合广谱抗生素防止继发感染，连续用药。

八、间质性肺气肿

间质性肺气肿系由于肺泡、漏斗和支气管破裂，空气进入肺叶间结缔组织并通过纵隔、气管间质窜入头颈部皮下。临床上以突然呈现呼吸困难、皮下气肿以及迅速发生窒息现象为特征。

（一）病因

主要有下列几个方面。

（1）中毒。已知有黑斑病甘薯中毒、农药1605中毒等。

（2）与变态反应有关。变态反应原有干草灰尘、某些花粉、霉菌孢子、寄生虫线虫和某些青草中的异性蛋白。

（3）继发于某些传染病，如牛的流行热等。

肺脏在上述病理基础上，常由于痉挛性咳嗽或深长而有力的呼吸使肺内压力强烈增高，支气管和肺泡破裂，空气进入肺间质中。

（二）症状

本病常突然发生，迅速出现呼吸困难，患畜张口、伸舌，惊恐，气喘，脉搏加快，体温正常。

胸部叩诊，呈过清音或鼓音。若伴有急性肺泡气肿，则患侧肺叩诊界后移。

胸部听诊，肺泡呼吸音减弱，但可听到碎裂性啰音及捻发音。在肺组织被压缩的部位，可听到支气管呼吸音。若伴发支气管炎，则可听到各种啰音。在多数病例颈和肩部出现皮下气肿，乃至散布于全身皮下组织。

本病经过急剧而迅速，病畜可经过数小时或1~2 d因窒息而死亡。

（三）治疗

治疗原则在于消除过敏反应，制止空气进入肺间质组织，加强护理及时对症治疗。

对极度不安、咳嗽的病畜，可应用镇静剂，如皮下注射吗啡或阿托品或内服可待因。极度呼吸困难时，可用氧气疗法。

制止过敏，可用抗组织胺药物。扑尔敏、异丙嗪500 mg，同时肌肉注射氨茶碱5 mg，并每天肌肉注射青霉素等综合疗法，可取得良好效果。

九、青贮者病

青贮者病又称二氧化氮中毒，是指新鲜青贮饲料在无氧发酵时产生的二氧化氮，当牛长期接触或一次性大剂量吸入时，可以引起牛的中毒。主要症状有咳嗽、呼吸加快、呼吸困难等。

（一）病因

二氧化氮是由新鲜青贮饲料无氧发酵时产生的黄色气体，牛接触后可以引起下呼吸道损伤。

（二）症状

二氧化氮对牛，可能出现慢性低接触性毒性或急性严重接触性毒性。NO 气体遇到水分后转变为 HNO_3，它损伤组织。在呼吸道，HNO_3 引起类似于无水氨造成的急性损伤和随后的阻塞性细气管炎和间质纤维化。

慢性接触 NO_2 的患畜呈现慢性干咳和呼吸加快，但很少有其他症状，严重接触 NO_2 的患畜易出现湿咳，较严重的呼吸困难和肺水肿。

急性中毒：在吸入气体的当时可无明显症状或有眼及上呼吸道刺激症状，如咽部不适、干咳等。常经过6～7 h 潜伏期后出现迟发性肺水肿、急性呼吸窘迫综合征。可并发气胸及纵隔气肿。肺水肿消退后2周左右出现迟发性阻塞性细支气管炎而发生咳嗽、进行性胸闷、呼吸窘迫及发绀。

（三）诊断

因为症状没有特异性，仔细观察和了解可能是诊断的关键。根据有无接触的历史及呼吸道症状，可以怀疑为本病。肺脏活组织检查、X 射线和尸体剖检是唯一可靠的诊断方法。

（四）治疗

治疗原则为脱离危险环境，对症治疗、支持疗法。

1. 早期、适量、短程应用糖皮质激素。对患牛可谨慎使用皮质类固醇，牛对地塞米松特别敏感，10～20 mg/d，连用数天，分次给药，待病情好转后立即减量，大剂量应用一般不超过3～5日，必须考虑地塞米松引起继发感染和流产的危险。也可使用阿托品和速尿。

2. 全程应用抗生素。脱水剂及吗啡应慎用。强心剂应减量应用。

3. 积极防治肺水肿，保持呼吸道通畅，应用支气管解痉剂，肺水肿发生时必要时作气管切开通气等。

十、过敏反应和乳变态反应

过敏反应和乳变态反应是呼吸窘迫的一种。变态反应是机体接触变应原物质（包括花粉、粉尘、寄生虫、微生物、生物制剂、某些药物和饲料等）时产生的一种敏感发生异常的反应，统称为过敏反应。牛过敏反应是再次接触变应原物质后发病。主要症状：心跳过速、水肿，有时有大量的纤维发生渗出物分泌，有时出现过敏性休克，甚至致死。乳变态反应是指内源性抗原如牛奶的 a- 酪蛋白在体内蓄积过多引起牛的过敏反应。

（一）病因

过敏原就是使牛发生过敏的物质，具有抗原性，既可以认为是抗原，又称为变应原。大部分为蛋白质，也可为多肽或糖类以及人工合成的物质比如药物等。过敏原种类很多，根据来源的不同可分为：

（1）生物制剂类（血清、疫苗、和胰岛素制剂等）其他变应反应常常发生于给予磺胺类药物、某些抗生素、盐酸普鲁卡因、寄生虫等等，此外还有不明原因的变应反应。而乳变态反应的原因是内源性抗原如牛奶的 a- 酪蛋白在体内蓄积过多。

（2）吸入类过敏原这些物质是通过呼吸道经过呼吸而吸入动物体内，从而引起过敏性疾病，它大多来自生活环境，主要以下几种。

①树木、花草等的花粉，有地区性和季节性的特点，容易确定其种类。

②真菌又称为霉菌，多表现为季节性，因为真菌容易在温暖、潮湿的环境中生长。

③螨是蜘蛛类动物，也喜欢温暖、潮湿的环境。

④厩舍内尘土是一类成分复杂的混合性物质，包括螨、上皮脱屑、细菌、真菌、花粉、昆虫残片、食物残屑、排泄物、无机物等。

⑤上皮变应原，存在于动物皮屑中。

⑥羽毛变应原。

⑦昆虫 最常引起吸入性变态反应的昆虫有各种蜂类、甲虫、蛾类、蟑螂、蝗虫等。

⑧药物和工业原料，如青霉素、松香、烟草、洗涤剂等。

⑨其他植物性物质。如木棉、棉籽、亚麻仁油、蓖麻籽、大豆等。

（3）饲料、口服药物等前者除饲料外，还包括制作时加入的调料、色素、防腐剂；后者包括一切供口服的诊断和治疗药物，及其附加成分、赋形剂、色素、稳定剂。

（4）接触性接触致敏大多导致接触性皮炎。部分为属于Ⅰ型变态反应的荨麻疹和血管性水肿。常见的致敏物有马铃薯、某些抗生素、动物毛和皮屑。

（二）症状

敏感动物常在注射生物制品或抗生素后数分钟内出现症状，包括荨麻疹、皮肤黏膜结合部水肿和呼吸窘迫。症状可呈轻度，以荨麻疹为主，或者症状严重，出现症状后很快虚脱。一些生物制品比其他制品更易致病。已经观察到能引起过敏反应的抗菌药有：青霉素、磺胺及其他抗生素，尤其是四环素、多西环素，静脉给药时往往引起犊牛急性过敏性肺水肿。事实上，很多明显的过敏性反应是一些生物制品中的内毒素以及一些品种牛对疫苗反应比较敏感的结果。

患牛呈现忧虑不安，被毛竖立，可能出现心跳加快以及荨麻疹，频频排尿和排粪。呼吸困难不明显或显著，伴有肺水肿，呼吸加快和呼吸鼾声。严重病例出现发绀，皮肤湿冷以及低压性虚脱。

变态反应多见于母牛干奶或减少挤奶次数以使乳房"臌胀"时突然发作。任何推迟正常挤乳间隔都可引起敏感牛对自身a-酪蛋白的这种反应。如前所述，症状可轻微或严重，形成不同程度的荨麻疹、黏膜皮肤结合部水肿和呼吸症状。

（四）诊断

根据疾病的病史和症状就可以做出诊断。

（五）治疗

治疗原则是阻止与过敏原的进一步接触，应用脱敏药物。对于乳变态反应，立即挤出牛奶。

治疗的药物包括肾上腺素、抗组织胺药、皮质类固醇等。

（1）肾上腺素（1/1000浓度）2～10 mg，肌肉注射或皮下注射。

（2）盐酸扑敏宁，1 mg/kg，肌肉注射或皮下注射。

（3）速尿，0.5～1.0 mg/kg，肌肉注射（如果有肺水肿）。

（4）地塞米松，20～40 mg，静脉或肌肉注射，怀孕牛禁用。

（5）氟胺烟酸葡胺，1.1 mg/kg，肌肉注射。

（6）对乳变态反应，如果母牛表现严重的变态反应时，要立即把奶挤出，结合对症治疗。

多数病例仅需一次治疗，但伴有严重肺水肿或荨麻疹的牛，为了彻底解决问题，可能需数次治疗，间隔8~12 h。注意事项如下。

（1）为防止牛因变应反应并发症导致的死亡，建议在疫苗接种后，留守人员继续观察牛群的反应，及时发现异常情况，就地急救。

（2）在注射血清制剂或某些药物时，提前询问农场主该牛以前是否注射过该类药物，防止过敏反应的发生。

（3）在各种条件许可的情况下，尽量多次挤奶。

第三节　循环系统疾病

心力衰竭

心力衰竭又称心脏衰弱，它不是一种独立的心脏疾病，而往往是营养不良或其他全身性疾病过程中特有的一组症候群，即心肌收缩力减弱，心脏机能不全，使心脏的输出量减少，动脉压下降，静脉回流受阻，从而导致全身血液循环障碍性疾病。

（一）病因

有原发性和继发性两类。

原发性病因，主要是由于心脏负荷突然加重，如保定时的剧烈挣扎，静脉注射色素制剂、钙剂速度过快，补液量过大，超过心脏耐受量等。

继发性病因，主要见于恶性口蹄疫、牛出血性败血症、急性胃肠炎、生产瘫痪、酮血病、败血性子宫炎，乳腺炎败血症等多种中毒性疾病过程中，其发生往往与毒素对心肌的直接刺激有关。此外，影响血液循环的疾病，如心肌炎、慢性心内膜炎、慢性肺泡气肿、慢性肾炎等常继发心力衰竭。

（二）症状

心力衰竭可分为急性和慢性两种类型。

急性心力衰竭：发病急骤，突然死亡，来不及救治。主要表现为突然倒地，四肢划动，昏迷，黏膜苍白，呼吸困难。

慢性心力衰竭：发展缓慢，病程较长，除表现有精神沉郁，前胃迟缓，重要症状是全身肌肉的紧张性降低耳的活动减少，站立不稳。同时，在身体低位和四肢下部出现浮肿。病初心搏动增强，后期则减弱，并伴有节律不齐或心内杂音。

由于体循环不良，可引起全身器官淤血、水肿。右心衰竭为主时，特征是下颌和胸前皮下水肿，颈静脉怒张。当脑出血时，因脑组织缺氧而出现类似慢性脑室积水的症状；肺淤血时，常出现肺水肿及慢性支气管炎症；肾淤血时，尿量减少，尿中出现蛋白质、肾上皮及其管型，消化道淤血，引起前胃迟缓，腹泻，贫血，黄疸，虚弱。左心衰竭为主时，以肺淤血水肿为特征，表现为呼吸次数增加，咳嗽，胸部听诊出现湿啰音。

（三）治疗

治疗原则是以加强护理，减轻心脏负担及改善心脏机能为主，辅以对症治疗。

加强护理：给予易于消化的优质饲料，并适当控制或禁喂食盐。

改善心脏功能：采用葡萄糖疗法、维生素疗法，除增强心肌营养外，主要是应用强心药，以改善血液循环，提高心脏输出量。强心药的种类很多，在心力衰竭时，多不用咖啡因和樟脑制剂，而多选用洋地黄制剂。输液量不能太大输液速度要慢。出现消化障碍，可以灌服健胃剂，配合利尿剂。

对严重的急性心力衰竭进行急救，可立即注尼可刹米10~20 ml，或皮下注射0.1%肾上腺素皮下注射10 ml，同时静脉注射25%葡萄糖1 000 ml，ATP200 ml，复方氯化钠500 ml等。

第四节 泌尿系统疾病

肾 炎

肾炎是肾小球、肾小管或肾间质组织发生炎症性病理变化的总称。临床上可分为急性肾炎、慢性肾炎和间质性肾炎。病的主要特征是肾区敏感和疼痛、水肿、蛋白尿、血尿及尿液中含有其他病理产物。

（一）病因

肾炎的病因目前认为病的发生与感染、中毒及变态反应有关。

感染因素：多发于某些传染病，如口蹄疫结核、败血症、传染性胸膜肺炎等，由于病毒和细菌及其毒素作用于肾脏所引起，或是由于变态反应所致。

中毒因素：由于内源性毒素或外源性毒素等有毒物质经肾脏排出时产生强烈刺激而发病。

此外，由于邻近器官的炎症（如肾盂炎、膀胱炎、子宫内膜炎、阴道炎）的转移蔓延而引起。机体受寒感冒，营养不良，过劳是引起肾炎的诱因。

慢性肾炎多由急性肾炎转变而来，也可由长期轻度地刺激肾脏所引起。

间质性肾炎的发生主要与患某些慢性传染病和慢性中毒病有关。也有人认为本病是慢性肾炎的转归和结局。

（二）症状

急性肾炎时，精神沉郁，食欲减退，消化不良，体温升高。由于肾脏疼痛，病畜站立时拱背，两后肢开张或集拢于腹下，强迫行走时背腰僵硬，步态强拘。外部强力压诊或经直肠按压肾脏，有疼痛反应，肾脏肿大。病牛频频排尿，每次排尿较少，重症则无尿，尿色浓暗。尿中可出现病理性产物，可见蛋白质、红细胞、白细胞和各种管型等。动脉血压升高，主动脉第二心音增强。病的后期可发生水肿，病情严重时，可见胸下、腹下、乳房及四肢等处水肿。

慢性肾炎症状与急性肾炎基本相似，病至后期，于眼睑、胸膜下或四肢末端出现水肿，严重时发生体腔积水或肺水肿。尿量不定，比重增高，蛋白含量增加，尿沉渣中见有多量肾上皮细胞、管型（颗粒、上皮）。重病例可引起慢性氮血症性尿毒症。

间质性肾炎主要表现为初期尿量增多，后期减少，尿沉渣中见少量蛋白、红细胞、白细胞及肾上皮细胞。血压升高，心脏肥大，主动脉第二心音增强。尿量减少，比重增高，皮下水肿（心性水肿）。直肠内触诊肾脏，体积减小，呈坚硬感，但无疼痛、敏感现象。

（三）治疗

本病的治疗原则主要是消除病因，加强护理，消炎及利尿为主，辅以对症治疗。

加强护理：置病畜于温暖、干燥、通风良好的厩舍中，给予易消化的饲料，减少蛋白质和食盐的供给，限制饮水。

消除感染：常用青霉素、链霉素联合应用。

免疫抑制疗法：慢性病理应用激素疗法，如强的松龙，氢化可的松及地塞米松磷酸钠，肌肉注射或静脉注射。

利尿消肿：常用的利尿剂、双氢克尿塞、速尿。

对症疗法：当心脏衰弱时给以强心剂，当发生尿中毒时，可应用5%碳酸氢钠注射液500 ml静脉注射。当大量尿血时，可选用止血剂，如安络血注射液，牛、或应用维生素 K、止血敏等。

第五节　神经系统疾病

中　暑

在炎热季节，因家畜头部受到阳光直射，引起脑及脑膜充血和脑实质急性病变，导致中枢神经系统机能障碍的现象，称为日射病。因外界气温高，湿度大，致使产热增多，散热减少，使体内积热，引起严重的中枢神经系统功能紊乱现象，称热射病。日射病和热射病统称中暑。本病的临床特征是，体温显著升高，循环障碍和出现一定的神经症状。

（一）病因

酷暑盛夏车船输送或长途陆路驱赶，而未采取防暑措施；牛圈缺少遮阳棚，烈日直射其头部是引起日射病的主要原因。外界气温高，圈舍，挤奶厅，湿度大，通风不良，散热减少是热射病发生的常见原因。

（二）症状

日射病：初期，精神沉郁，四肢无力，步态不稳，共济失调，突然倒地，四肢作游泳样划动。随病情发展，出现，血管运动中枢、呼吸中枢、体温调节中枢机能紊乱，心力衰竭，静脉怒张，脉微欲绝；呼吸急促，有的体温升高，皮肤干燥。兴奋发作，狂躁不安，常常发生剧烈的痉挛或抽搐，迅速死亡。

热射病：体温升高达40℃以上，皮温升高，全身出汗。由于脑膜充血和急性脑水肿，具有明显的一般脑症状。多数病例表现精神沉郁，卧地不起，陷于昏迷。但有的表现精神兴奋，狂暴不安。随着病情恶化，心力衰竭，血液循环障碍。脉搏疾速而微弱，呼吸浅表、间歇、极度困难。濒死前，体温下降，昏迷不醒，陷于窒息和心脏停搏状态。

3. 治疗

本病治疗原则是，加强护理，防暑降温，维持心肺机能，纠正水盐代谢和酸碱平衡紊乱。

加强护理，立即将病畜放置阴凉通风地方。促进体温放散，首先用冷水浇头或冷敷，头部放置冰袋，冰盐水灌肠。药物降温可用氯丙嗪肌肉注射或混于生理盐水中静脉注射。

根据实践经验，牛可颈静脉放血1 000～2 000 ml，再用5%葡萄糖生理盐水1 000～2 000 ml，20%安钠咖10 ml，静脉注射。

防止肺水肿，在行降温疗法之前或之后，静脉注射地塞米松每千克体重1～2 mg。对心功能不全的，可用强心剂，如安钠咖，洋地黄制剂。

对脱水严重或循环衰竭的病畜，可静脉注射生理盐水和5%葡萄糖液。若出现自体中毒现象可用5%碳酸氢钠500 ml静脉注射。

参考文献

1. 莫放. 养牛生产学 [M]. 北京：中国农业大学出版社，2021.

2. 刘太宇. 养牛生产 [M]. 北京：中国农业大学出版社，2008.

3. 杨孝列. 动物营养与饲料 [M]. 北京：中国农业大学出版社，2015.

4. 蔡宝祥. 家畜传染病学 [M]. 北京：中国农业出版社，2006.

5. 王建华. 兽医内科学 [M]. 北京：中国农业出版社，2010.

6. 汪明. 兽医寄生虫学 [M]. 北京：中国农业出版社，2003.

7. 吴心华. 牛病防治 [M]. 银川：宁夏人民出版社，2010.

8. 何生虎. 动物营养代谢病 [M]. 银川：宁夏人民出版社，2005.

附　录　一般牛场管理防疫制度

肉牛养殖场人员管理制度

为了养殖场的工作秩序，节约和降低成本，提高效益，实施科学、规范、制度化管理，明确员工权利与职责，特制定本制度，请遵照执行。

个人负责制养殖场在负责人的管理指导下，负责具体工作的实施，实行个人负责制，赋予一定的权力，承担相应的责任，权责统一。

1. 养殖场人员实行个人负责制，赋予权力，承担责任。

2. 养殖场主管负责场部对全体员工和日常事务的管理，对养殖基地负责人负责，及时汇报养殖场情况。

3. 各岗位员工坚守岗位职责，做好本职工作，不得擅自离岗。

4. 做好养殖场的安全防盗措施和工作。

5. 晚上轮班，看护好场部的牲畜和其他物品。

6. 养殖场技术员要经常深入牛舍，观察牛群健康状况。

7. 分工与协作统一，在一个合作团队下，开展各自的工作。

8. 协调做好养殖场的各项安全防范工作。

肉牛养殖场兽医技术员职责

1. 兽医技术员负责养殖场病虫防治、防疫、药品发放和疫情汇报。

2. 依据各个季节的不同病害，结合本场实际情况采取主动积极的措施进行防护。

3. 技术员应根据病虫害发生情况开出当日处方用药，并根据当日处方用药与配药一起准备药品，按当日处方使用方法和剂量全程监督施药。

4. 技术员应每日观察病虫害发生情况，对病虫害应做到早预防、早发现、早治疗。对异常牛只要进行镜检以确定病虫害，遇到无法确定的情况应当日汇报给养殖场负责人，以便上报动物疫病预防控制机构进一步确认，并把确定的情况及时告诉技术员。

5. 如发生重大疫病及重要事项时，应及时做好隔离防护措施，确保人畜安全。

6. 养殖场兽医技术人员发现牛群出现异常病症，应将重要疫病及重要事项报告养殖场负责人及当地动物卫生监督机构。

肉牛养殖场饲料及投入品管理制度

1. 饲料需来自无农药全生态的农场、农家等生产的玉米、水稻、黄豆等。

2. 饲料中不得添加国家禁止使用的药物或添加剂。

3. 饲料进仓应由采购人员与饲喂人员当面交接，仓管员还必须清点进仓饲料数量及质量。

4. 仓管员应保持有仓库的卫生。库内禁止放置任何药品和有害物质，饲料必须隔墙离地分品种存放。

5. 建立饲料进出仓库记录，详细记录每天进出仓情况。

6. 饲料调配应由技术员根据实际情况配制和投量。

7. 调配间、搅拌机及用具应保持清洁，做到不定时地消毒，调配间禁止放置有害物品。

8. 保持水槽，食槽，牲畜舍清洁，工具摆放有序。

9. 饲料的配制应根据肉牛不同生长发育时的营养需要和标准进行合理、安全的配制，以满足肉牛发育的需要。

10. 饲喂肉牛时应按制度饲喂，不堆槽、不空槽、不喂发霉变质的饲料。应拣出饲料中的异物。

肉牛养殖场卫生防疫管理制度

一、生活区的垃圾具备防护措施，及时清理，保持清洁。

二、病、死牲畜当天烧毁或深埋，用过的药品外包装等统一放置并定期销毁。

三、定期对养殖场进行消毒和疾病防疫药品投放。

四、购进活牛必须来自非疫区的健康牛群，并附有产地县级以上动物卫生监督机构出具的有效检疫证明。进场前，须经兽医逐头实施临床检查，合格后方可进入隔离饲养区。隔离饲养7~10 d后，由兽医技术人员观察确认无动物传染病临床症状并经驱虫，加施耳标后，方可转入育肥区饲养。兽医技术员对进入育肥区的牛要逐头建立牛只档案。

五、育肥牛在育肥场必须经过饲养60 d。出场前隔离检疫7 d，经隔离检疫合格方可出栏。

六、进入育肥场的人员、车辆，必须经严格消毒后方可进入。做好防疫消毒工作，要定期清扫、消毒栏舍、饲槽、运动场。做好废弃物和废水的无害化处理。不得在生产区内宰杀病残牛。定期1周1次养殖场全面消毒。

七、发现一般传染病及时报告所在地动物卫生监督机构；发现可疑一类传染病或发病率、死亡率较高的动物疾病，应采取紧急防范措施并于2 h内报告所在地动物卫生监督机构。

肉牛养殖场药物使用管理制度

一、建立完整的药品购进记录。记录内容包括：药品的品名、剂量、规格、有效期、生产厂商、供货单位、购进数量、购货日期。

二、药品的质量验收：包括药品外观性质检查、药品内外包装及标识的检查，主要内容有：品名、规格、主要成分、批准文号、生产日期、有效期等。

三、搬运、装卸药品时应轻拿轻放、严格按照药品外包装标志要求堆放和采取措施。

四、药品仓库专仓专用、专人专管。在仓库内不得堆放其他杂物，特别是易燃易爆物品。药品按剂量或用途及储存要求分类存放，陈列药品的货柜应保持清洁和干燥。地面必须保持整洁，非相关人员不得进入。

五、药品出库应开具《药品领用记录》，详细填写品种、剂型、规格、数量、使用日期、使用人员、何处使用，须在技术员指导下使用，并做好记录，严格遵守停药期规定。

六、不向无兽药经营许可证的销售单位购牲畜用药物，兽药和说明书符合农业部规定的要求，不购进禁用药、无批准文号、无成分标识的药品。

七、用药实行处方管理制度，处方内容包括：用药名称、剂量、使用方法、使用频率、用药目的，处方需经过监督员签字审核，确保不使用禁用药、不明成分的药物及未经国家批准或已经淘汰的兽药，领药者凭用药处方领药使用。

肉牛养殖场消毒管理制度

一、养殖场大门处必须设有消毒池，并保证有效的消毒浓度。养殖场内应设有兽医室、消毒室、病畜隔离舍。

二、进出场车辆、人员及用具要严格消毒。除经消毒池外还应经紫外线消毒，进出场生活区消毒10 min，生产区消毒15 min，并更衣换鞋。

三、每年进行2～4次结核病定期预防消毒，常用消毒药为5% 来苏儿、10%漂白粉、3% 福尔马林溶液，为阳性牛进行监测、隔离治疗。

四、场区内每周消毒1～2次。场区周围及场内污水池、排粪坑、下水道出口，每周消毒1次。

五、畜禽舍内每周至少消毒1次。饲槽、饮水器应每天清洗1次，每周消毒清洗1次。

六、消毒药应选择对人和动物安全，没有残留毒性、对设备没有破坏性，不会在动物体内有害积累的消毒剂。消毒药应定期轮换使用。

七、每批肉牛出栏时，要彻底清除粪便，用高压水枪冲洗干净，待舍内晾干后进行喷雾消毒或熏蒸消毒。

八、场区、圈舍、休息室、厕所等公共场所以及饲养人员的工作服、鞋、帽等应经常清洗消毒。

九、运输牛的车辆消毒必须在肉牛饲养场外专门的车辆消毒处，用浓度0.5%过氧乙酸溶液消毒。

肉牛养殖场免疫制度

一、国家规定的重大动物疫病必须进行强制免疫。

二、坚持常年按程序免疫，做到应免尽免，对新补栏肉牛要及时补免，不留空当。

三、重大动物疫病以外的免疫根据实际情况而定，需要免疫的必须按程序免疫。

四、免疫时必须规范操作，按要求更换注射针头，并做好各项消毒工作，防止人为传播疫情。

五、疫苗的运输和保存按不同疫苗贮存运输要求进行操作，保证疫苗质量。

六、定期采血送检，对免疫效果进行监督，确保免疫质量。

七、建立完整的免疫档案。对畜禽实行标识管理，按农业部规定使用耳标。

肉牛养殖场防疫信息报告制度

一、为加强本场生产与防疫信息报告工作，保证报告信息准确、及时，特制定本制度。

二、防疫信息报告是指引入肉牛报告、发病肉牛报告、肉牛死亡报告、出栏肉牛报告以及其他与防疫有关信息。

三、防疫管理责任人，具体负责动物防疫信息报告工作。

四、引入肉牛到达本场，及时向当地动物卫生监督所报告数量、种类、日龄、来源地、同意引入决定书编号、检疫合格证明等信息，并接受动物卫生监督机构监督检查。

五、发现大批量肉牛发病或可疑重大动物疫病时，立即向动物卫生监督所报告发病动物种类、数量、发病时间、发病症状、发病过程、疑似病因以及执业兽医诊断结果等信息。

六、发生批量发病时，立即向当地动物卫生监督机构报告发病数量、死亡时间、死因，以及执业兽医诊断结果等信息。

七、饲养肉牛达到出栏日龄准备出栏时，向动物卫生监督所报告，申请检疫，填写检疫申报单，详细记录检疫申报记录。

八、动物防疫信息按规定要及时报告当地动物卫生监督机构，并做好相应记录。

肉牛养殖场外引动物隔离制度

一、为加强外引动物落地监管，预防外引动物突发疫病，特制定本制度。

二、买牛时，一定要从非疫区购买。购买前须经当地兽医部门检疫，签发检疫证明书。对购入的牛，进行全身消毒和驱虫后，方可引入场内，进场后，仍应隔离于100～200 m以外的地方，继续观察1个月，进一步确认健康后，再并群饲养。引入育肥牛时，对口蹄疫、结核病、布氏杆菌病、副结核病和牛传染性胸膜肺炎进行检疫。

三、严格遵守省政府关于外引动物实行报批报验、指定通道进入及隔离观察的管理规定。禁止未经报批报验私自引入动物。引入的动物要按规定，在动物卫生监督部门监督下，进行隔离观察。

四、隔离期间要对隔离动物进行规定病种的免疫；每日进行1次群体健康检查；每两天进行1次个体测温；每两天进行1次活体消毒和环境消毒，并做好隔离观察记录。

五、要配合当地动物疫病预防控制机构做好检（监）测工作。

六、发现动物发病、死亡，立即向县级以上动物卫生监督机构报告。经诊断为国家重大动物疫病的，要在当地动物卫生监督机构的监督下，进行扑杀、无害化处理。

七、外引动物在隔离期满，无动物疫病发生，经动物卫生监督机构许可，方可与当地动物混养。

养殖场无害化处理制度

一、为加强本场无害化处理管理，有效防控重大动物疫病发生和蔓延，特制定本制度。

二、本场兽医主管领导负责无害化处理的检查和指导工作。兽医技术人员负责患病死亡和不明原因死亡动物及其产品的无害化处理工作。饲养人员负责垫料、排泄物、废弃物以及被污染的饲料等无害化处理工作。

三、场内设无害化处理间，配备无害化处理设备。

四、患病死亡和不明原因死亡动物及其产品按照《病害动物和病害动物产品生物安全处理规程》进行无害化处理，并做好记录。

五、患病死亡和不明原因死亡动物的无害化处理在动物卫生监督机构的监督下进行。

六、无害化措施以尽量减少损失，保护环境，不污染空气、土壤和水源为原则，污水集中回收和净化，并达到国家规定排放标准。

七、发生重大动物疫情时，按照动物卫生监督部门的技术要求做好无害化处理工作。

养殖场养殖档案管理制度

一、规模饲养场应按规定建立养殖档案，并使用全省统一养殖档案记录。

二、档案管理应设专人管理，并负责档案的日常整理，确保养殖信息及时准确地记录在养殖档案。

三、畜禽养殖档案的保存，应由专人管理，齐备的档案保存设备，根据不同时期、不同内容，分门别类，统一存放，以方便查找使用。

四、建立畜禽台式档案的同时，有专人建立畜禽养殖电子档案，以便传统式档案发生意外时补救。

五、做好防火、防水、防潮、防盗、防有害生物、防尘、防高温等工作，定期检查保管情况，确保档案的安全，做到无丢失、无霉变、无虫蛀、无差错。

六、畜禽养殖档案应规范填写，不得随意更改档案内容。

七、畜禽养殖档案的借阅，应设置专门的借阅记录，并附有借阅人和证明人签字栏，以及养殖场负责人同意借阅签字。

八、随意更改、毁坏畜禽养殖档案的将给予相应的处罚。

养殖场疫病监测及疫情报告制度

一、定期对动物疫病和免疫后抗体水平进行监测，了解免疫状态，选择最佳免疫时机，有效控制疫病发生。

二、积极配合动物疫病预防控制机构的监测抽查。

三、发现疑似重大动物疫病时，要立即隔离病畜，并立即向当地畜牧兽医部门报告。

四、积极配合畜牧兽医部门或专家现场诊断。

五、一旦确诊为重大动物疫病时，要配合畜牧兽医部门采取控制扑灭措施，并无害化处理病死畜禽，彻底清理消毒，场内人员、物品不得外出。

六、对于重大动物疫情，不得瞒报、迟报或谎报。

七、接受动物卫生监督部门的监督和指导。

八、疫病监测及疫情报告每月上报一次，即每月1—2日上报上月的疫情监测及疫情情况，发现疑似重大动物疫情应立即报告。

肉牛养殖场检疫申报制度

一、为有效防控动物疫病，维护公共卫生安全，养殖场的肉牛在离开养殖场前必须实行产地检疫申报。

二、肉牛养殖场的肉牛在出场前1~3 d应向当地的动物卫生监督所申报。

三、申报检疫的肉牛必须经强制免疫和佩戴动物标识后，方可申报。

四、肉牛养殖场的肉牛经检疫人员检疫合格后方可出场。

五、运输动物的车辆装载前和卸载后应清洗消毒，并取得动物运载工具消毒证明。

六、跨行政区域调运动物、动物产品必须凭出县境动物检疫证明和消毒证明运输、经营。

七、未经检疫的动物禁止调离本场，检疫不合格的动物实行隔离观察、治疗。

八、跨省引进乳用动物、种用动物及其精液、胚胎、种蛋的，应当向省动物防疫监督机构中请办理审批手续。到达输入地后，向动物检疫中报（报验）点进行报验。检疫申报（报验）点接到货（主）的报验申请后指派检疫员到现场进行查证、验物。各类证明齐全、证物相符，临床检验健康的，允许引入。

肉牛养殖场生产管理制度

一、配料员管理制度

1.场区内使用的饲料必须符合国家检验检疫局有关部门出口食用动物饲用饲料的规定。

2.配料员必须对使用的饲料进行详细记录来源、产地和主要成分，不得使用不符合规定的饲料及饲料添加剂。

二、兽医责任制度

1.按规定做好活牛的传染病免疫接种，并做好记录，包括免疫接种日期、疫苗种类、免疫方式、剂量及负责接种人姓名等工作。

2.遵守国家的有关规定，不得使用任何明文规定禁用药品。将使用的药品名称、种类、使用时间、剂量及给药方式等填入监管手册。对活牛食用的饲料要详细记录来源、产地和主要成分。

卫生防疫管理制度

一、购进活牛必须来自非疫区的健康牛群，并附有产地县级以上动物卫生监督机构出具的有效检疫证明。进场前，须经兽医逐头实施临床检查，合格后方可进入隔离饲养区。隔离饲养7～10 d后，由兽医技术人员观察确认无动物传染病临床症状并经驱虫，加施耳标后，方可转入育肥区饲养。兽医技术员对进入育肥区的牛要逐头建立牛只档案。

二、育肥牛在育肥场必须经过饲养60 d。出场前隔离检疫7 d，经隔离检疫合格方可出栏。

三、进入育肥场的人员、车辆，必须经严格消毒后方可进入。做好防疫消毒工作，要定期清扫、消毒栏舍、饲槽、运动场。做好废弃物和废水的无害化处理。不得在生产区内宰杀病残牛。定期1周1次养殖场全面消毒。

四、发现一般传染病及时报告所在地动物卫生监督机构；发现可疑一类传染病或发病率、死亡率较高的动物疾病，应采取紧急防范措施并于2 h内报告所在地动物卫生监督机构。

动物防疫制度

一、自觉遵守《动物防疫法》《畜牧法》《畜禽标识和养殖档案管理办法》等法律法规，坚持"预防为主，防治结合，防重于治"原则，预防动物疫病发生，提高养殖效益。

二、养殖场（小区）配备与养殖规模相适应的畜牧兽医技术人员，建设符合动物防疫条件并依法申领《动物防疫条件合格证》。

三、养殖场（小区）法人为动物防疫工作主要责任人，负责组织落实动物防疫各项制度，定期做好场内环境清洁、消毒、灭鼠、灭蝇等工作，履行动物疫病综合防控职责。

四、提倡自繁自养，商品畜禽实行全进全出或分单元全进全出制饲养管理。

五、实行封闭性管理，生产区内禁养其他动物。定期对生产区、栏舍、用具等进行严格消毒。禁止无关人员、动物、车辆随意进出，对进出人员、车辆要严格消毒。

六、严格按规定做好强制免疫、消毒、病死畜禽无害化处理、检疫、调运备案、隔离观察、疫情报告、疫苗使用管理、疫病监测等防控工作。

七、严格按规定建立和规范填写防疫档案、免疫证（卡），加施免疫标识。各类档案记录应真实、完整、整洁并有相关人员签名。养殖档案和防疫档案保存时间：商品猪、禽为2年，牛为20年，羊为10年，种畜禽长期保存。

八、接受市畜牧水产局、市动物卫生监督所、乡镇畜牧兽医站和挂牌兽医的依法监管和抽样监测。

动物免疫制度

一、严格执行政府强制免疫计划和实施方案，严格按规定做好强制免疫病种及其他疫病的免疫工作，确保免疫密度和质量达到国家规定标准。

二、遵守国家关于生物安全管理规定，使用来自于合法渠道的合格疫苗产品。

三、严格按规定和疫苗说明书分类保管、储藏、规范管理疫苗。失效、废弃或残余疫苗以及使用过的疫苗瓶一律按规定无害化处理，不乱丢弃疫苗及疫苗包装物。

四、落实养殖场（小区）按程序自主实施免疫制度，按需领用国家免费强制免疫疫苗。领用前，应向当地乡镇（街道）畜牧兽医站报告畜禽种类、饲养规模、疫苗品种及用量等，经审核后方能领取疫苗。

五、严格按免疫操作规程、免疫程序实施免疫，正确免疫途径、部位、剂量等，确保有效性。认真做好免疫各环节的消毒工作，防止带毒或交叉感染。

六、按照国家关于免疫标识管理的规定，在应当加施标识畜禽的指定部位加施标识。

七、定期对主要病种进行免疫抗体监测，落实补免措施，确保防疫质量。

八、按规定做好免疫记录、填写免疫证（卡）。

九、接受市动物卫生监督机构或挂牌兽医的监管。

消毒制度

一、合理选择消毒方法、消毒剂，科学制订消毒计划和程序，严格按照消毒规程实施消毒，并做好人员防护。

二、生产区出入口设与门同宽，长至少4 m，深0.3 m以上的消毒池，各养殖圈舍出入口设置消毒池或者消毒垫。适时更换池（垫）水、池（垫）药，保持有效药液容量和浓度。

三、生产区入口处设置更衣消毒室。所有人员必须经更衣、双手消毒，经过消毒池和消毒室后才能进入生产区。工作服、胶鞋等要专人使用并定期清洗消毒，不得带出。

四、进入生产区车辆必须彻底消毒，同时应对随车人员、物品进行严格消毒。

五、定期或适时对圈舍、场地、用具及周围环境（包括污水池、排粪沟、下水道出口等）进行清扫、冲洗和消毒，必要时带畜禽消毒，保持清洁卫生。同时要做好饲用器具、诊疗器械等的消毒工作。

六、畜禽周转舍、台、磅秤及周围环境每售一批畜禽后大消毒1次。圈舍空置1周后方可再饲养。

七、畜禽发生一般性疫病或突然死亡时，应立即对所在圈舍进行局部强化消毒，规范死亡畜禽的消毒及无害化处理。

八、所有生产资料进入生产区都必须严格执行消毒制度。

九、按规定做好本场（小区）消毒记录。

病死畜禽无害化处理制度

一、对病死或死因不明畜禽，应坚持"五不一处理"原则，即不宰杀、不食用、不销售、不转运、不乱丢，规范进行无害化处理。

二、病死或死因不明畜禽无害化处理应按照《病害动物和病害动物产品生物安全处理规程》进行，修建与处理规模相适应的无害化处理设施。

三、病死或死因不明畜禽的无害化处理应在动物卫生监督机构或挂牌兽医监督指导下进行。采取深埋无害化处理的场所应远离人口聚集区、畜禽养殖场（户）、水源、泄洪区和交通要道，防止动物疫病传播。

四、对病死或死因不明畜禽污染的饲料、排泄物、废弃物等，应喷洒消毒剂后与尸体一并深埋。

五、在无害化处理过程中及疫病流行期间要注意个人防护，防止人畜共患病传染给人。

六、无害化处理结束后，必须彻底对其圈舍、用具、道路等进行消毒，防止病原传播。

七、当养殖场（小区）发生重大动物疫情时，应服从重大动物疫病处置决定，对同群或染疫畜禽进行扑杀，对病死、扑杀畜禽和相关畜禽产品、污染物进行无害化处理。

八、按规定做好本场（小区）无害化处理记录。

动物疫情报告制度

一、动物疫情实行逐级报告制度。养殖场（小区）业主是疫情报告第一责任人，应当按照规定要求，及时向当地乡镇（街道）畜牧兽医站报告本场突发动物疫情，并按规定按月上报本场动物发病死亡情况。

二、养殖场（小区）动物疫情报表以书面报告为主，紧急情况时可电话报告。

三、任何人不得乱报、谎报、漏报、瞒报重大动物疫情，违者将按有关规定依法处理、处罚。

四、发现重大动物疫病或疑似重大动物疫病（或重点控制的人畜共患病），应立即采取隔离、控制转运和消毒等防控措施，同时电话报告当地乡镇（街道）畜牧兽医站，经其诊断核实为可疑疫情的，在当地动物防疫机构的指导下，按规定开展先期处置。

五、按规定做好本场（小区）动物疫情记录。

动物检疫申报制度

一、出售或迁移畜禽，应提前向当地乡镇（街道）畜牧兽医站或其动物检疫申报点申报检疫，并取得合法动物检疫合格证明。

二、从区外引进非种用乳用畜禽和区外市内引进种用乳用畜禽，引进前应向区动物卫生监督机构申报备案。对从市外引进种用乳用动物的，应按规定报市动物卫生监督所审批同意。

三、市外调入畜禽必须来自非疫区，应具有合法检疫证明等材料（含动物检疫证明、动物调运备案单或乳用、种用动物检疫审批表等），并须经指定道口动物卫生监督检查站检查合格并签章。

四、市外引进畜禽到达目的地后，应在24 h内向输入地动物卫生监督机构报告，按规定进行隔离检疫观察。

五、按规定做好本场（小区）动物检疫申报记录。

进出人员管理制度

一、所有与饲养、动物疫病诊疗及防疫监管无关的人员一律不得进入生产区。确因工作需要进出生产区的，须经养殖场（小区）负责人批准并严格消毒后方能进入。

二、进出生产区的饲养员、兽医技术人员及防疫监管人员等都必须依照消毒制度和规范，进行严格消毒方可进出。

三、场内兽医不得随意外出诊治动物疫病。特殊情况需要对外进行技术援助支持的，必须经本场负责人批准，并经严格消毒后才能进出。

四、各养殖栋舍饲养人员不得随意串舍，不得交叉使用圈舍的用具及设备。

五、任何人不得将本场之外的动物及动物产品等带入场内。

六、按规定做好本场（小区）人员进出及消毒记录。

畜禽隔离观察制度

一、养殖场（小区）须建立隔离观察舍。隔离观察舍大小要满足养殖规模和引进畜禽需要。

二、隔离观察舍在每次使用前后，均应彻底清洗、消毒，并空置1~2周。

三、对患病畜禽应及时送入隔离观察舍，进行隔离诊治或处理，并严格消毒，防止连续感染和交叉感染。

四、凡引入畜禽均应按规定进行隔离观察。隔离观察期间，要密切观察畜禽体态、特征和生理指标是否正常，检查重大动物疫病免疫抗体是否合格。抗体不合格的要实施重大动物疫病强化免疫；发现异常，要立即采取规范的诊疗措施。隔离期满，并经检测合格的动物，方可销售或混群饲养。

五、畜禽隔离观察期间，若发现有疑似重大动物疫情，应立即向乡镇（街道）畜牧兽医站报告，并采取隔离、消毒、控制移动等紧急措施。

六、按规定做好本场（小区）畜禽隔离观察记录。

免疫标识管理制度

一、新出生畜禽，在实施首免时加施免疫标识。

二、免疫标识只能从当地畜牧兽医站领取，不得从非法渠道获得。不得买卖、转让，不得重复使用。

三、实施免疫后，应在猪、牛、羊左耳中部加施免疫标识，需要再次加施免疫标识，在右耳中部加施。在防疫档案中记录标识编码。

四、免疫标识严重磨损、破损、脱落后，应当及时加施新的标识，并在防疫档案中记录新标识编码。

五、猪、牛、羊重大动物疫病免疫接种后必须加施免疫标识，没有加施免疫标识的，不得运出养殖场（小区）。

六、免疫标识号应与畜禽免疫记录、免疫证（卡）上的信息对应一致，实现可追溯。